建筑与装饰工程计量计价导则实训教程

王在生　赵春红　张友全　编著

邢莉燕　冯　钢　主审

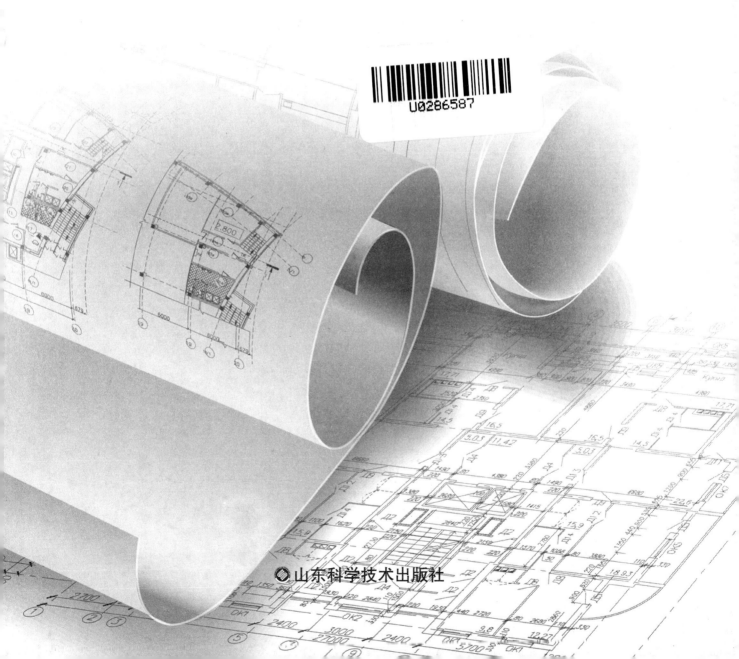

山东科学技术出版社

图书在版编目(CIP)数据

建筑与装饰工程计量计价导则实训教程/王在生,赵春红,
张友全编著. —济南:山东科学技术出版社,2014
ISBN 978-7-5331-7231-2

Ⅰ.①建… Ⅱ.①王… ②赵… ③张… Ⅲ.①建筑装饰－
工程造价－技术培训－教材 Ⅳ.①TU723.3

中国版本图书馆 CIP 数据核字(2013)第 313187 号

建筑与装饰工程计量计价导则实训教程

王在生　赵春红　张友金　编著

出版者:山东科学技术出版社
地址:济南市玉函路 16 号
邮编:250002　电话:(0531)82098088
网址:www.lkj.com.cn
电子邮件:sdkj@sdpress.com.cn
发行者:山东科学技术出版社
地址:济南市玉函路 16 号
邮编:250002　电话:(0531)82098071
印刷者:山东新华印务有限责任公司
地址:济南市世纪大道 2366 号
邮编:250104　电话:(0531)82079112

开本:889mm×1194mm　1/16
印张:14.25
版次:2014 年 3 月第 1 版第 1 次印刷

ISBN 978 - 7 - 5331 - 7231 - 2
定价:39.00 元

前　言

实行清单计价,如果人们感到不如定额计价方便,就不会自觉去执行。最近,听说一个地区定额管理部门的调查结论是:招标方(甲方)大都不愿意实行清单计价,要求恢复定额计价模式。

在 2013 年 5 月的一次北京 2013 新清单宣贯会上,领导讲话提到,2008 年国内应用清单计价达到了 30%,现在达到了 95%。虽然我们认为目前还达不到这么多,但愿为此而努力。

为了规范建筑、装饰工程计量计价行为,统一计算方法,确保工程量计算的准确性和完整性,以便于核对工程量,有必要制定"建筑与装饰工程计量计价技术导则"。

工程量清单计价规范、计量规范和定额工程量计算规则与技术导则的区别在于:前者是针对一个工序(如挖土方)或一个构件(如柱子)的工作内容和计算规则的规定;后者是针对一个单位工程如何套用项目模板来解决挂接清单和套用定额的重复性劳动,以及如何采用科学、统筹的理论来计算整体工程量的方法和全费价计算方法。

导则是实现清单计价规范、计量规范和工程量规则的具体方法、步骤和保证其工程量正确性和完整性的具体措施。社会应倡导在准确的前提下提高效率,否则,没有正确的保障,再快的计算结果也是不合格的。

导则总结了我国从 20 世纪 70 年代以来推广统筹法计算工程量的经验,结合采用计算机算量(表算)以及 21 世纪初兴起的图算工程量方法,倡导图算和表算相结合的方法来完成一个单位工程的整体工程量计算。

本书通过对导则的详细讲解,结合两个实际完整的案例,以解决以下问题:

(1)如何使清单计价模式比定额计价模式简约,让大家都愿意采用清单计价模式。

改进以下四点(经验主义、教条主义、个人作坊、传统算法)将有助于清单计价的进一步发展。

①克服经验主义,尽快实行全费综合单价。

②杜绝教条主义,用简约式项目特征描述代替问答式描述。

③将个人作坊式的套清单和定额改为集装箱式的项目模板调用,以杜绝重复劳动。

④将"综合单价分析表"的正算和反算(传统算法)改为统一法计算。

以上四点,如能得到各软件公司的响应,那么清单计价难的问题将会有所改善。

(2)如何使算量准确和便于核对,让大家做电脑算量的主人,而不是单纯迷信软件计算。

①彻底摆脱手算，实现电算化。

②统一工程量计算表格。

③执行工程量计算导则，推行算量六大表。

④从改编大学教材入手，重视校核，规范数据采集方法，实行完整案例教学。

（3）工程计量应当作为一门科学来研究，也应该有相应高学历人材的培养。现在从事工程计量教学的老师十分匮乏，大家都为考研和读博而去研究合同和索赔。但国内企业哪有如此多的岗位来安置这些研究合同和索赔的大学生、研究生和博士生！

工程造价应分为造价技术（工科）和造价管理（理科）两个专业。造价技术包括计量和计价，培养的是造价工程师，是各企业做具体工作的精英。造价管理研究合同、索赔以及成本控制，培养的是企业的高级管理人才。希望将造价技术中的工程计量作为一门分支科学来研究，以便培养出硕士、博士，改变有的大学课程要外聘企业预算员来上课的现状。

网上经常发现这样的帖子"求一套有图纸、有工程量计算的完整预算"，说明几十年来社会上尚缺少这样的完整资料。本书填补了这一空白。

本书由王在生应用研究员、赵春红高级工程师和张友全副教授编著，吴春雷、连玲玲、姜兆巅、杨建辉、郑冀东、单秀君校对和整理，钢筋部分由王璐完成，郝婧文负责图纸绘制并参加了校对工作。导则编制组成员参与了讨论定稿，在此对他们付出的劳动表示衷心感谢。

本书由山东建筑大学管理工程学院邢莉燕教授和济南工程职业技术学院冯钢教授主审。

由于编者水平有限，书中错误和不妥之处在所难免，欢迎各位专家、造价和软件业界同行以及广大相关院校的师生批评指正，让我们共同为造价事业的发展作出较大的贡献。

编 者

2014 年 1 月

目 录

1 工程计量计价概述

《房屋建筑与装饰工程工程量计算规范》（GB 50854-2013,以下简称《2013 计量规范》）于 2013 年 7 月 1 日施行。其中,房屋建筑与装饰工程计价必须按本规范规定的工程量计算规则进行工程计量,此条为强制性条文。

我国出台工程量计算规范尚属首次。原 2003 年和 2008 年出台的《建设工程工程量清单计价规范》中,此部分内容放入附录 A 与附录 B 中。2013 新规范的变化体现在以下 6 个方面:①结构上由附录 A、附录 B 改为单列计量规范;②计量、计价的规定;③项目划分;④项目特征;⑤计量单位、计算规则;⑥工作内容。

以上详细内容可参阅《2013 建设工程计价计量规范辅导》（以下简称《2013 规范辅导》）中的"参考文献"（第 222～225 页）。

1.1 工程计量的定义

《2013 计量规范》对工程量计算的定义是:指建设工程项目以工程设计图纸、施工组织设计或施工方案及有关技术经济文件为依据,按照相关工程国家标准的计算规则、计量单位等规定,进行工程数量的计算活动,在工程建设中简称工程计量。

有关资料中还提到:工程量计算力求准确,它是编制工程量清单、确定建筑工程直接费用、编制施工组织设计、编制材料供应计划、进行统计工作和实现经济核算的重要依据。

实行清单计价以来,对工程量计算提出了新的要求:第一,实行工程量清单计价,可避免所有投标人按照同一图纸计算工程量的重复劳动,节省大量的社会财富和时间。第二,规范将清单工程量的正确性和完整性由招标人负责定为强制性条文。第三,投标方没有计算工程量的义务和修改工程量的权利。

由此可以得出结论:招投标过程中的计量工作完全是招标方（甲方）的职责。现行的让投标人计算工程量的做法是违背清单计价规范的浪费行为。

既然如此,那么投标人如何了解招标方的计量过程。这就牵涉工程计量的定义问题——为什么是做,而不是做好?

工程量计算的定义应包含转化、校核、公开三方面内容。

1. 转化

将设计图纸中标注的尺寸,根据工程量计算规则及相关规定,转化为工程量及计算式。只有结果而没有计算式的成果是不完整的。

2. 校核

对工程量的计算结果要进行校核,并对其正确性和完整性负责,通过表算列出计算式,再用图算进行验证,结合套用项目模板,可以保证工程量计算的正确性和完整性。

3. 公开

按照统一的工程量计算规程进行列式,形成工程量计算书,并将其与设计图纸等一传到底,可以有效地避免全过程造价管理中工程量计算的重复劳动。

工程量计算的结果必须列出计算式,才便于校对和存档。图算的计算式存在不完整（有些布尔算式只有结果)、太繁琐、不便存档、不普遍(如市政、园林、仿古、修缮等专业尚无图算软件)的问题,故只能作为校核的手段。所以对工程量计算的定义:①不能只有工程量,而没有计算式。②对计算结果要验证,并对其正确性和完整性负责。先打破"1 人算 10 遍 10 个样"的谬论,自己要证明自己的计算正确,要用两种方法来证明,譬如用图算方法来证明表算结果的正确。③要想避免重复劳动,必须制定工程计量计价技术导则,以便实现公开工程量计算式。

1.2 工程造价技术的"四化"

工程造价分为造价技术和造价管理两个学科。造价技术属理科范畴,研究计量和计价;造价管理属文科范畴,研究合同、索赔以及成本控制。在企业中也分为这两大职能部门,各配备相应的专业人才。

造价技术中,计量是计价的前处理,两者紧密相连。工程计量的目的是为了计价,都要遵循计价规范、计量规范和相应的计算规则。为了使计量准确、完整,计价简便,应结合计价落实工程计量的定义,必须实现工程造价技术的电算化、简约化、规范化和模板化,简称"四化"。

1.2.1 电算化

1. 彻底摆脱手算

当今世界已经进入电脑时代,各行各业均离不开电脑。但我们的大学计量教材中,却满篇都是小学生的算数算法,甚至连《2013 规范辅导》中也采用了手算工程量模式。

2. 表算为主,图算为辅

表算体现预算员的水平,能做到对正确性和完整性负责,能回答出计量结果的正确与否,不懂造价就不会算量。图算除人的因素外,还与软件开发者的水平有关;但算量者不知对错,只能回答是软件算的,不懂造价的人也能算量。

3. 大学教育应以表算为主

电算化应从大学教材着手,将工程量计算作为统筹法的一门分支科学来研究。图形算量的研究毕竟是软件公司的事,随着 BIM 的实现,将来设计院的图纸可以带出工程量来,就不需要再重复建模算量了,所以不能局限于把学生培养成软件的"奴隶",而要把学生培养成计算工程量的主人,要用电算化的手段来实现统筹法计算工程量,用于全过程造价控制中对工程量准确性的需求。而图算的工程量仅供校核使用。

1.2.2 简约化

简约化包括以下四个方面:

1. 简化项目特征的描述

项目特征描述的目的是为了确定综合单价,与单价无关的内容不需要描述。2013 清单在项目名称和特征描述上有以下改进:

(1) 名称可以改动:如小电器可以直接输入插座或开关等,这样一来,连特征描述也可以省略。

(2) 提倡简化式描述,并认为书本上的问答式描述是应用软件造成的(但教材上多数仍采用问答式,应相信这只是一个认识过程,10 年的习惯做法无法很快改变)。

(3) 随着项目模板的推广应用,统一清单项目特征描述的艰难任务一定会顺利完成。

下面列举一个在建筑工程中矩形柱的例子。

项目特征描述对比表　　　　　　　　　　　　表1-1

项目编码	项 目 名 称		
	问 答 式		简 化 式
010402001001	矩形柱	①柱高度:7.60m	矩形柱:C25
		②柱截面尺寸:300mm×400mm	
		③混凝土强度等级:C25	
		④混凝土拌合料要求:现场集中搅拌制作	

此例引自2003规范宣贯教材,说明当时已经出现了项目特征描述的简化模式。

问答式将项目名称和特征描述分列,简化式合为一列;问答式是由软件提出4个问题,逐项回答,不论是否与单价有关,均照本列出,也可以不回答而以":"(冒号)结束;这是盲目应用软件所致;简化式可以直接写出与单价有关的内容,关于混凝土拌合料要求可在说明中列出,不必每项都列出。

2. 简化定额项目名称的描述

定额名称的简约描述应避免按定额本的大小标题机械叠加,最好经有经验的老预算员审定,由主管部门统一各造价软件的名称。

山东省定额站于2013年3月公布的价目表名称,完全采用了简约的描述方式,相信不久就会改变各软件公司自行制定定额项目名称的混乱局面。

定额名称描述对比表　　　　　　　　　　　　表1-2

序号	定额号	定 额 名 称	
		统筹e算(YT)	其他软件(Q)
1	1-1-11	拉铲挖自卸汽车运普通土1km内	拉铲挖掘机挖土方,自卸汽车运土方,运距1km以内,普通土,单独土石方
2	3-4-28	双层彩钢压板墙、聚氨酯板填±20mm	双层彩钢压型板墙,聚氨酯板填充,厚度每增减20mm

3. 简化换算项目名称的描述

(1)一切按定额说明或解释而增加的项目均应做成换算定额与原定额一样调用。

(2)强度等级换算方法应统一。

换算定额名称描述对比表　　　　　　　　　　　　表1-3

软 件	编 码	项 目 名 称	单 位
其他软件	4-2-5 G81037 G81039	C204现浇砼有梁式带形基础 换为(C304现浇砼碎石<40mm)	10m³
统筹e算	4-2-5.39	C304现浇砼有梁式带形基础	10m³

以上两种换算方法对比:上面一种换算号和换算名称均较复杂,编码处需人机对话,将定额中的砼强度等级C204的材料编号81037改为C304的材料编号81035;下面的名称简化,而且也不需人机对话。

(3)倍数换算:如厚度、运距、遍数等,表示一种增减性额度关系。用定额号带"＊"号乘倍数表示。

(4)常用换算:按定额说明对其进行统一的名称、数据、单位等内容的调整。用定额号或定额换算号后面加"'"表示。针对山东省消耗量定额可表示以下6种换算:

①商品混凝土:现浇砼改为商砼以便在套价软件中进行价格调整。

②三、四类材：木门窗制作人机乘 1.3,安装人机乘 1.35。

③弧形墙砌筑：人工乘 1.1,材料乘 1.03。

④弧形墙抹灰：人工乘系数 1.15。

⑤竹胶板制作：将胶合板模板定额中的胶合板扣除,另套竹胶板制作项目。

⑥安装定额中法兰单位由"副"改"片",主材数量为 1 片,人、材、机乘系数 0.61,螺栓数量不变。

上述 6 种换算均在软件中解决,可以实现盲打,均不需要人机对话。

4. 计算式的简约化

(1) 要充分利用提取公因式、合并同类项的代数原则简化计算式。

(2) 采集数据要同心算结合,例如用 6.24 代替 6+0.24 或 6+0.12×2 等。

(3) 计算式应尽量简化,例如某图算软件输出的柱脚手架计算式为：((((1040[截宽]＋300[截高])×2)/1000)＋3.6)×3.1,应简化为：((1.04+0.3)×2+3.6)×3.1。

(4) 计算方法应简化,计算式要完整。例如：KL2 的工程量＝(2.1×0.54＋8.9×0.5)×0.3＝1.675(m³)。

某图形软件的计算式＝0.3[宽度]×0.65[高度]×12.25[中心线长度]－0.2438[扣柱]－0.4649[扣现浇板]＝1.6802(m³)。

点评：按净长计算不需扣柱,按梁的净高计算不需扣板；图形算量的自动扣减功能是按中心线而不按净长计算所致,并非优点而是自找麻烦,且扣柱和扣板的量均无计算式。

1.2.3 规范化

1. 目前书本上介绍的单位工程计算顺序

(1) 按施工先后顺序计算。

(2) 按清单编码顺序计算。

(3) 按轴线编号顺序计算工程量。

2. 对以上顺序的质疑

(1) 是一种简单的罗列,缺乏科学性。

(2) 在实际操作中都有一定的难度,会有些重复劳动,也难免会有些漏项。

3.《房屋建筑与装饰工程计量计价技术导则》中提出的工程量计算顺序

该顺序是六大表,即门窗过梁表、基数表、构件表、项目模板、钢筋汇总表、工程量计算书。

4. 数据采集规程

图 1-1 为计算工程量的 11 条数据采集规程。通过教学实践证明,可以基本上做到每人所录入的数据顺序一致而不必在图纸上做任何记号。

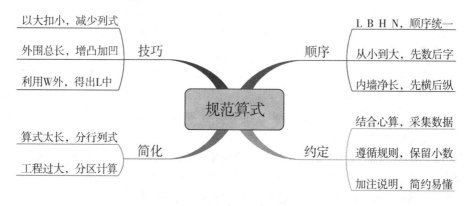

图 1-1　工程量数据采集规程

规范化是指所列计算式要遵循规范,也就是上面所讲的 11 条规程,以保证不但自己日后能看懂,而且别人也能看懂。要彻底打破"10 人算 10 个样和 1 人算 10 遍也是 10 个样"的现状。最简单的例子就是计算门窗面积,有的人用数量×宽度×高度,而有的人用宽度×高度×数量,计算顺序不能统一。如果大家统一都使用 L×B×H×N 的规程来计算的话,那么就可以使大家列式统一,公开工程量计算式的要求,便易于被人接受。

规范化的另一含义是指要严格执行工程量计算规则,绝不允许随心所欲或自以为是,想怎样算就怎样算。以下是书中常见的不遵守计算规则的例子:

例 1:楼梯的计算规则是按水平投影面积计算,包括楼梯梁,而有一本教程却计算了直行楼梯,又计算了梯梁和楼梯平板的工程量。

例 2:满堂基础的底板和梁是不可分割的一个构件,按计算规则规定可依据梁高分别套有梁式满堂基础和无梁式满堂基础,而有的教程却分别按基础梁和满堂基础来计算。

例 3:清单和定额中均有有梁板的项目,但大部分图形算量软件缺少有梁板构件,用户只能分开计算梁和板。由于框架梁又分单梁和有梁板,故没有框架梁的子目,而软件中却有框架梁构件,造成了误导。

例 4:关于保留小数的问题,规定计算结果保留两位小数,一些人为了所谓的精确,坚持保留 3 位以上,那不能证明算的精准,只能证明这些人太任性,计算规则都不想遵守。

1.2.4 模板化

模板化是指要造价师只干创造性劳动。

项目模板:一个地区的同类工程要编哪些清单、套用哪些定额基本雷同。一些新手最大的毛病就是漏项,"漏了项目漏了钱"这句话是建筑业的老生常谈。套清单和套定额,这些都不是创造性工作,完全可以借鉴前人的模板来修订,既省时、省力,又能保证其完整性。

表格模板:例如门窗过梁表、基数表和构件表以及工程量计算书都可以作为模板,提供给下一个工程作为参考。

关于模板化的应用,本书将在两个案例中详细讲述。

小结

工程计量计价实现了"四化",就为"公开工程量计算式"打下了基础。计算式一旦公开,就可以避免大量重复劳动,节省大量人力资源,缩短了审核工程量和招投标时间。而且在众人的关注和监督之下,自己的计算错误会被及时发现,自己的计算水平也会不断提高。这会对整个建筑业的公平竞争做出贡献,开创工程计量的新篇章。

1.3 全国统一定额与企业定额的关系

1.3.1 工程量清单与定额的关系

1. 清单是由定额演变而来

住建部在以往的宣贯提纲中阐述了以下观点:

(1)规范清单计价项目的设置,参考了全国统一定额的项目划分,使清单计价项目设置与定额计价项目设置相衔接,以便于推广工程量清单计价方式。

(2)规范中的"项目特征",基本上取自原定额的项目(或子目)设置的内容。

（3）规范中的"工程内容"与定额子目相关联，它是综合单价的组价内容。

（4）工程量清单计价，企业需要根据自己的实际消耗成本报价，在目前多数企业没有企业定额的情况下，现行全国统一定额仍然可作为消耗量定额的重要参考。

2. 清单计价与定额计价的区别

目前，社会上流传的工程量清单计价与定额计价有三点区别。

（1）工程量清单计价是实行量价分离的原则。建设项目工程量由招标人提供，投标人依据企业自己的技术能力和管理水平自主报价，所有投标人在招标过程中都站在同一起跑线上竞争，建设工程发承包在公开、公平的情况下进行。

定额计价，企业不分大小，一律按照国家统一的预算定额计算工程量，按规定的费率计价，其所报的工程造价实际上是社会平均价。

（2）工程量清单计价业主与承包商风险共担，业主提供量，投标人提供价，风险分摊。

（3）工程量清单计价方式中项目实体和措施分离，这样加大了承包企业的竞争力度，鼓励企业采用合理技术措施，提高技术水平和生产效率。市场竞争机制可以充分发挥。按定额方式计价的人工、材料、机械消耗量反映社会平均技术水平，不能充分体现企业自身的"个性"，竞争空间有限。

工程量清单计价实行量价分离的原则，难道定额计价就不能实行量价分离吗？

业主提供量，投标人提供价，风险分摊。难道定额计价也不能实行吗？

工程量清单计价方式中，项目实体和措施分离，现在定额也是分离的吗？

总起来看，清单计价与定额计价的结果是一样的。因为清单要靠定额来组价。以上三点均是政策区别，非方法区别。

3. 清单计价与定额计价的关系

（1）清单计价是"披着马夹"的定额：清单要靠定额来形成价格，清单计价只是在定额基础上披上一件全国统一的马夹。

（2）清单计价比定额计价以前难在哪里？

①清单和定额分别计算，要算两遍。

②计算规则不统一。

③特征描述繁杂，不统一而形成因人而异。

（3）2013清单在项目组成中有哪些改进？

①计算规则与定额趋向一致，挖土方考虑工作面和放坡，电缆、电线考虑搭接或预留长度。

②项目内容合并：砼和模板可以在一个清单内，也可以分列。

③项目内容分解：屋面分找平和防水，电缆与电缆头、电线与接线盒分列。

（4）2013清单在项目名称和特征描述上有哪些改进？

① 名称可以改动：如小电器可以直接输入插座或开关等。

② 提倡简化式描述，并认为书本上的问答式描述是应用软件造成的（但教材上多数仍采用问答式）。

（5）套清单和定额的两种方式：查字典与调档案。

①现在套清单和定额可以归结为查字典方式，软件可以自动带出清单和定额，需要预算员调整也属此方式。

②采用项目模板可以归结为调档案方式。

③应用项目模板可以清单与定额同时算量，由于2013建设工程计价计量规范的改进，绝大多数情况下只是加个"＝"号而已，故可以彻底解决清单计价难的问题。

1.3.2 关于量价合一与量价分离

由量价合一到量价分离是计价政策的改变，它与计价方法无关。有人认为，定额计价即工料单价法,属于量价合一;清单计价即综合单价法,属于量价分离;这是把量价合一和量价分离理解为不同的计价方法,是不确切的。量和价可以指的是工程量和报价,也可以当成定额的消耗量和人、材、机取定价。当政策允许按企业消耗量或市场价调整时,谓之量价分离,体现了公平。当政策规定按定额量和政府公布价计算时,谓之量价合一,体现了公正,例如用于招标控制价的编制规定。

清单计价和工料单价法计价均可采用量价合一的政策,如招标控制价的编制,必须按定额和有关部门发布的指导价计算,如有错误允许投诉;而投标报价则实行量价分离的政策,不但价格可调,连消耗量也可随企业不同而自由调整。量价合一与量价分离如图1-2所示,图中用方框表示固定,圆框表示可调。

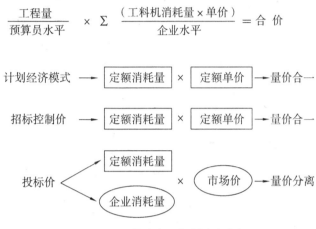

图 1-2　量价合一与量价分离

《2013计量规范》规定应采用单价合同,体现了量价分离;而总价合同的实质则是量价合一,故总价合同违背了工程量清单的准确性和完整性由招标人负责的强制性规定,所以说总价合同是不符合规范的一种行为,只能在特殊情况下应用。

1.3.3 企业定额应定义为企业消耗量调整表

企业实行的定额与国家定额应执行"六统一"原则,即计算规则、工作内容、编号、名称、单位和人材机组成的统一,不同的是消耗量和价格,如图1-3所示。企业定额不应(或没有必要)与国家定额对立起来另搞一套,否则将无法适应招标控制价的投标要求。

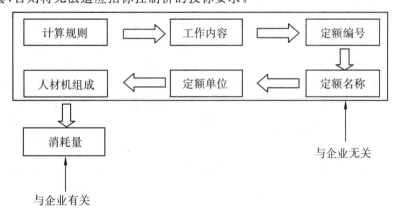

图 1-3　定额七要素

清单规范在国内是统一的,定额规定在省内是统一的,企业没有必要再搞一套自己的定额,但允许对定额的消耗量进行调整,故不能称为企业定额,只能称为"企业消耗量调整表"而已。故它没有独立的定额编号和名称。

由此看来,《2013计量规范》中表-09(综合单价分析表)的"注1"如不使用省级或行业建设主管部门发布的计价依据,可不填定额编号、名称等,已没有任何意义,应当取消。

1.3.4 算量不能脱离定额

新中国成立初期,我国引进了苏联的定额计价方法,60多年来已深入人心,并积累了大量的经验。加入WTO后,有些学者认为定额是计划经济的产物,现在执行的是过渡阶段清单模式,主张五年内取消定额。当时也有学者认为,定额是个好东西,不应轻易去掉。

从执行工程量清单计价至今,11年过去了,国家的消耗量定额并未取消,这说明定额确实是个好东西,好在它一个定额号可以代表以下6项内容:①项目名称和计量单位;②工程量计算规则;③工作内容;④定额说明和综合解释;⑤人、材、机组成;⑥省基价(计费基础)和地市价。

相对定额而言,工程量清单的编码只能表示前两项内容,通过描述,它不可能把后四项内容表达清楚,清单只能通过定额来计价。从另一方面来说,定额又是计算工程量的法规,古人云"无规矩不成方圆",否则无法统一工程量的计算方法。

1.4 论计量计价中的教条主义

教条主义给当前的经济建设带来了严重后果。这一问题客观存在,但没有引起学者的关注。

工程计量计价中的教条主义分为三种:一种是盲目学外国的,称为激进派;一种是盲目执行国内规定的,称为保守派。激进派主张取消定额,保守派则主张严格执行定额,即使错了也要执行,两者的观点针锋相对;其共同点是都不与实际相结合,故均称为教条主义。还有一种是自以为是的教条主义,称为个人教条主义。

1.4.1 激进教条主义

激进教条主义的主要论点是主张取消定额。从2002年开始就建议建设部5年内取消定额,至今改为以下几种论调:①在目前多数企业没有企业定额的情况下,现行全国统一定额仍然可作为消耗量定额的重要参考。这是否意味着将来的企业定额要取代全国统一定额。②在目前形势下,估计10年内不会取消定额。这是否意味着10年后的企业定额要取代全国统一定额。

将来必须要取消定额吗?大家都知道,定额也是从外国(苏联)学来的。外国人说定额是个好东西,在他们国家里做不到(这里指的是英国和美国)。但日本也执行定额。

在我国,定额计价实行了60年,已经深入人心,但对一批年轻的学者来说,他们并没有使用定额的具体实践,只看到英美国家只有企业定额而没有国家定额,于是就主张取消国家定额,而且形成了一股强大的要求取消定额的群体。但外国人了解了中国定额后,感到是个好东西,反映到原建设部的领导那里,于是在宣贯2003清单计价规范时,针对出现的综合单价分析表中没有定额号的版本,领导借用外国人说的"定额是个好东西"来维护定额的存在。

2008清单计价规范(GB50500-2008)中提到了招标控制价必须依据定额来编制,在综合单价分析表中出现了定额号、定额名称,于是引起了某些专家教授的不满,认为这是定额的回归。这时,住建部领导在宣贯时,又引用了外国人说"定额是个好东西,在他们国家里做不到",以此来强化我国应用定额的重要性和先进性。

我国实行的招标控制价制度,实际上是巩固了国家定额的地位。但由于取消定额的这种观点存在,故在《2013计价规范》的表-09中做了让步,并没有删掉2008计价规范中的"如不使用省级或行业建设主管部门发布的计价依据,可不填写定额编号、名称等"这句话,显然是与招标控制价的编制规定自相矛盾。

取消定额论带来的后果是:企业定额搞了这些年,至今仍处于多数企业没有企业定额的情况,也没有采用企业定额编制招标控制价的案例。

1.4.2 保守教条主义

保守教条主义是指机械地执行上级定额规定,它的经典语录是"错了也要执行",它与激进教条主义取消定额的论点是针锋相对的。主要表现在以下几个方面:

1. 清单的项目名称一字不许改

这一点在《2013 计价规范》宣贯时已给予更正。也就是说,名称可以用更恰当的名称来代替。我们看一下《2013 规范辅导》中第 141 页的例子:有的项目名称包含范围较大,这时采用具体的名称较为恰当,如 011407001 墙面喷刷涂料,可采用 011407001001 外墙乳胶漆、011407001002 外墙乳胶漆,较为直观。

2. 清单的特征描述必须按规范逐条回答,不回答时也要列出题目

参见表 1-1 中问答式描述,本来柱的安装高度和截面尺寸都与混凝土柱的价格无关,假如有 5 个高度、5 种截面,理论上可以列出 25 个清单,如果混凝土强度等级相同,则价格都是一样的,这是一种实际案例;也有将安装高度列为 3～5m;截面列为 400mm×400mm～600mm×600mm,合为一个清单;也有对此两项特征的冒号后面不填任何内容等情况,都是教条主义的实例。

《2013 规范辅导》第 142 页中列举了 6 个例子来说明问答式描述与简化式描述的区别。但这本书中后面的案例却都是问答式描述。如改成简化式描述,则这本 680 页的书至少可以减掉 200 页。

一位建筑大学的教授响应了简化描述的号召,在其新编的《建设工程工程量清单计价实务》案例中全这采用简化描述,感觉很方便,减少了大量的文字,既清楚又节约表格。

3. 定额项目名称必须按照定额本一字不许改

定额本是根据出版要求,其项目名称均按标题分列。开发造价软件时,录入定额数据的人员大都是学计算机的非造价专业人员,由于不懂定额或没有干过预算,故只能按定额本上的大小标题罗列或叠加。有的公司则选用老预算员来组建定额名称,于是形成了截然不同的两类版本。一类复杂,一类简约,见表 1-2。复杂者坚持自己的教条主义观点,强调的是与定额完全保持一致;简约者凭借本身的专业水平赢得了省市定额站的青睐,在公布的价目表中采用了简约的名称。

4. 定额换算与定额名称不能混列

定额换算是根据定额说明和附注增加或衍生的项目,这样做虽然节省定额本的排版内容,但在实际应用中却不能直接调用,而一般要通过人机会话进行换算来解决。

有的软件采用了换算定额库的形式,将换算内容建成换算库一劳永逸地保存下来,与定额库一起调用,非常简便。例如:按山东定额说明,灰土若为基础垫层,人工、机械分别乘以下列系数:条形基础 1.05;独立基础 1.10;灰土就地取土时,应扣除灰土配比中的黏土。

为此,在软件的定额换算库中做了以下换算定额:

2-1-1	3:7灰土垫层	2-1-1-3	3:7灰土垫层 就地取土
2-1-1-1	3:7灰土垫层(条形基础)	2-1-1-4	3:7灰土垫层(条形基础)就地取土
2-1-1-2	3:7灰土垫层(独立基础)	2-1-1-5	3:7灰土垫层(独立基础)就地取土

这种处理方法由于不需要人机对话,深受用户欢迎,也受到定额管理部门的认可,并在他们的地区价目表中正式公布。但并不是所有管理部门都认同,他们不采用的理由是为了定额的严肃性(坚持教条主义原则),不允许在定额中增加换算。

1.4.3 个人教条主义

个人教条主义是指不分是非、不讲原则、盲目按个人观点行事者。

其一,2013 计量规范中规定了工程计量的有效位数,除"t"为保留 3 位小数外,其余为两位小数。

但在招投标中,个别管理者不对招标单位的工程量清单进行审查,致使工程量的小数位在2～3位以上,却片面地对投标人正确执行规范规定而与工程量清单小数位不一致的现象做废标处理。

其二,有些人分不清准确与精确的概念,盲目认为精确即准确。例如:有人讲他的钢筋软件可以将钢筋的重量计算准确到"克";有的软件在输出结果的表中竟将计算结果的小数位保留了15位,见表1-4。

某图形算量软件输出结果 表1-4

老虎窗	数量（个）	板体积（m³）	墙体积（m³）	顶板内侧面积（m²）	顶板出檐底面积（m²）	墙面内装面积（m²）	墙面外装面积（m²）	窗洞口面积（m²）	板洞口面积（m²）	板洞口周长（m）
LHC-1	2	1.2666	0.3993	5.4923	3.9375	2.2973	2.5502	2.184	4.6537	13.105
小计	2	1.26656155532865	0.39925716232 5856	5.4922925371 4999	3.93745939115552	2.297255 53022292	2.55018374750 663	2.184	4.6536835682 1706	13.104974858 4034

其三,关于合价取整的案例已在住建部的宣贯教材和规范辅导中普遍采用,但有些人却一再坚持准确到分,于是在招投标中对合价取整的报价做了废标处理。这样做太过于武断了。

1.5 清单项目名称与特征描述的合并与分列

在《2003计价规范》中项目名称与特征描述合为一列,2008和2013计价规范中均分成两列,2011年制定的《山东省建设工程工程量清单计价规则》中又合为一列。在《2013规范辅导》中,项目名称可以不按规范名称填写,并举例:011407001 墙面喷刷涂料可采用 011407001001 外墙乳胶漆、011407001002 内墙乳胶漆,较为直观。既然如此,项目特征就不必再描述了。

将特征描述分列的理由是强调它的重要性,但在一些表格中却没有此列。例如:在《2013规范辅导》的综合单价分析表(表-09)中,只有项目名称而没有特征描述,在所有的清单工程量计算表中也仅有项目名称一列。这两个重要的表中都漏掉了这一重要组成,而合为一列就不会出现此问题。

有人列举了外国招标工程量清单的例子,有的一个分项要用一页纸来详细描述,那是他们国家没有统一的定额所致。我们的一个定额号代表了定额的七要素,根本不需要各投标单位来重复描述,这也就是外国人说定额是个好东西的理由吧!招标控制价不只是公布总价,而且要将有关编制资料公开、备查,以便于投标人对招标人恶意设置投标限价的行为进行投诉。这是我们国家的特色。

实行了项目模板,有些详细做法和图纸说明均可以在模板中描述,更简化了特征描述的内容。所以,项目名称与特征描述合为一列是可行的。本书中的案例中完全采用了将两者合为一列的方式。

1.6 综合单价分析表

在《2003规范辅导》中,最早提出两种计算综合单价的方法:在建筑案例中采用的是求出单位清单的定额量来,直接得出综合单价,称为"正算";在安装案例中采用的是按实际定额用量来计算出总价后,再被清单量相除反求出综合单价,称为"反算"。

《2013计价规范》中的综合单价分析表(表-09)仍沿用了2008计价规范的模式;10多年来各地在应用时大都采用了正算;但由于正算不精确,有时也采用反算,计算总价后反求出综合单价。

山东省则采用了一种集正算与反算优点于一身的统一模式,现介绍如下:

综合单价分析表 表 1-5

项目编码	项目名称	单位	工程量	综合单价组成					综合单价
				人工费	材料费	机械费	计费基础	管理费和利润	
010505001001	有梁板;C30	m³	46.34	304.51	490.1	22.44	795.15	64.4	881.45
4-2-41.2′	C302 商品砼斜板、折板	10m³	4.634	78.21	281.22	0.94	338.48	16.92	
10-4-160-1′	斜有梁板胶合板模板钢支撑（扣胶合板）	10m²	36.19	177.57	71.46	19.36	268.39	13.42	
10-4-315	板竹胶板模板制作	10m²	8.83	23.52	132.57	0.84	156.93	7.85	
10-4-176	板钢支撑高＞3.6m 每增 3m	10m²	21.069	25.21	4.85	1.3	31.35	1.57	

1. 工程量采用了反算数据,保留了原清单量和定额量(此点非常重要)。

2. 综合单价的每项组成数据保持了与正算表的数据一致。其方法是每项被清单量相除得出,而不是得出总价来再被清单量相除。

3. 按现行的山东省取费规定,管理费和利润的计费基础是省定额直接费,它不等于前 3 项之和,故必须列出。

4. 原表-09 下面的材料费明细部分另由材料汇总表来替代。原表-09 的格式更适合于项目很少的大型水利或公路工程,一般建筑安装工程单位工程的分部分项都达到了上百项,将材料汇总表列出是必要的,该表可替代原表-09 的材料费明细部分(如工程需要时亦可选择将材料费明细输出)。

1.7 关于全费综合单价

对现行综合单价,《2013 规范辅导》做了如下解释:该定义仍是一种狭义上的综合单价,规费和税金并不包括在项目单价中。国际上的所谓综合单价,一般是指包括全部费用的综合单价,在我国目前建筑市场存在过度竞争的情况下,保障税金和规费等不可竞争的费用仍是很有必要的。

我们知道,在任何国家和任何情况下,税金(规费)都是不可竞争的,无须采取单列的措施来保障。故此理由不成立。

全费价的好处是显而易见的,符合节能和低碳要求,既节省大量表格又利于结算,而且我国一些专业定额已经采取了全费单价。这说明现行的综合单价符合中国国情的理由也不成立。

《2013 规范辅导》又解释:随着我国社会主义市场经济体制的进一步完善,社会保障机制的进一步健全,实行全费用的综合单价也将只是时间问题。

此外,实行全费综合单价并没有任何障碍和困难,仅仅是增加一张全费价表作为纸面文档,而仍保留原 26 张表作为电子文档。下面通过一个具体案例来说明。

全费计价表(表 1-6)只需要 1 张表,合计价 49956 元;原计价表至少需要以下 3 张表:分部分项清单计价表(表 1-7)、措施项目计价表(表 1-8)和单位工程汇总表(表 1-9),合计价相同。

全费计价表 表 1-6

序号	项目编码	项目名称	单位	工程量	全费单价	合 价
1	010505001001	有梁板;C30	m³	46.34	435.75	20193
		小 计				20193
2	CS1.1	砼、钢筋砼模板及支撑				25170
3	CS1.2	垂直运输机械				4593
		小 计				29763
		合 计				49956

分部分项清单计价表

表 1-7

序号	项目编码	项目名称 项目特征	单位	工程量	综合单价	合价	其中:暂估价
					金 额(元)		
1	010505001001	有梁板;C30	m³	46.34	387.78	17970	12587
		合 计				17970	12587

措施项目计价表

表 1-8

序号	项目名称	计费基础	费率(%)	金 额(元)	备注
1	砼、钢筋砼模板及支撑			22876	
2	垂直运输机械			4174	
3	夜间施工	直接工程费	0.7	119	
4	二次搬运	直接工程费	0.6	102	
5	冬雨季施工	直接工程费	0.8	136	
6	已完工程及设备保护	直接工程费	0.15	25	
	合 计			27432	

说明:按山东省计价规定,直接费由直接工程费和措施费组成,措施费中分按定额计取和按费率计取两种。按费率计取的计算基础是直接工程费(不含模板),上表按模板进入措施费计算。如果依据《2013 计价规范》规定,模板与有梁板合为一个清单计算时,其计算结果是不同的。

单位工程汇总表

表 1-9

序号	项目名称	计算基础	费率(%)	金额(元)
1	分部分项工程量清单计价合计			17970
2	措施项目清单计价合计			27432
3	其他项目清单计价合计			
4	清单计价合计	分部分项＋措施项目＋其他项目		45402
5	其中,人工费 R			17060
6	规费			2874
7	安全文明施工费			1417
8	环境保护费	分部分项＋措施项目＋其他项目	0.11	50
9	文明施工费	分部分项＋措施项目＋其他项目	0.29	132
10	临时设施费	分部分项＋措施项目＋其他项目	0.72	327
11	安全施工费	分部分项＋措施项目＋其他项目	2	908
12	工程排污费	分部分项＋措施项目＋其他项目	0.26	118
13	社会保障费	分部分项＋措施项目＋其他项目	2.6	1180
14	住房公积金	分部分项＋措施项目＋其他项目	0.2	91
15	危险工作意外伤害保险	分部分项＋措施项目＋其他项目	0.15	68
16	税金	分部分项＋措施项目＋其他项目＋规费	3.48	1680
17	合 计	分部分项＋措施项目＋其他项目＋规费＋税金		49956

1.8 工程计量计价技术导则

1.8.1 现状与对策

1. 现状

一位网友在 2013 年 8 月 13 日的筑龙网上发帖,内容如下:

(1) 就我接触到的现在毕业的工民建专业学生,本科毕业证拿到了,居然看不懂图纸,奇怪吗?

(2) 不会看图纸,怎么做预算? 他的本科论文答辩是如何通过的? 值得怀疑。

(3) 估计学造价的就不知道造价是怎么构成的,现在的清单综合单价不伦不类,干了几年预算的人员都没有搞懂什么意思,只能照葫芦画瓢,人云亦云。

(4) 目前有企业定额的单位在国内基本没有,不要说什么机密,都是拿着国家或者本地一些综合单价的东西在抄袭或者沿用,就算有自己的企业定额也没有用,因为别人不认同。

以上情况基本属实。我国在大学本科开设造价管理课程已经十几年了,至今也没听说有此专业的博士在讲课。

相应的国家考试也应分造价工程师和造价经济师两类。

一个人干一辈子预算,可能没有签过合同;管一辈子合同,可以不懂定额。学计算机的人员也可能会考出造价师来,给他讲定额,他常常回答:"我是学计算机的,你问我定额干什么?"

不但现在刚毕业的造价专业毕业生不会做预算,有些造价师也不懂预算,考造价员通不过,却能考出造价师来。这种例子举不胜举。

2. 对策

我们的对策就是用科学统一的顺序、统筹的电算方法、统一的表格,遵循 11 条数据采集规程,采用项目模板来计算工程量,使其计算简便、方法统一、校核方便,以便保证其计算结果的准确性和完整性。这就是我们下面要讲的建筑与装饰工程计量计价技术导则。

1.8.2 建筑与装饰工程计量计价技术导则

《房屋建筑与装饰工程计量规范》(GB500854-2013)是针对一个工序(如挖土方)或一个构件(如柱子)的工作内容和计算规则的规定;《2013 计价规范》是为了统一建设工程计价文件的编制原则和计价方法。

《建筑与装饰工程计量计价技术导则》是针对一个单位工程,解决如何套用项目模板来代替挂接清单和套用定额的重复性劳动,以及如何根据前面讲的工程计量计价"四化"的要求,采用科学、统筹的理论来完成整体工程计量和计价工作。

本导则是实现清单计价规范、计量规范和工程量规则的具体方法、步骤和保证其工程量正确性和完整性的具体措施。

本导则主张在准确的前提下提高效率。否则,没有正确的保障,再快的计算结果也是不合格的。

本导则总结了我国 20 世纪 70 年代以来推广统筹法计算工程量的经验,结合采用计算机算量(表算)以及 21 世纪初兴起的图算工程量方法,倡导图算和表算相结合的方法完成一个单位工程的整体工程量计算。

许多案例说明,工程量的造假是腐败的根源。本导则的制定和推行有助于铲除这一腐败的源泉。下面对总则部分进行讲解。

《建筑与装饰工程计量计价技术导则》中的总则共 13 条,其中强制性条文 5 条。

【条文】1.0.1 为规范建筑、装饰工程量计量计价行为,统一计算方法,确保工程量计算的准确性和完整性,以便于核对工程量,根据有关法规,制定本导则。

【要点说明】本条阐述了制定本计算导则的目的和法律依据。

【条文】1.0.2 本导则适用于工程计价活动中编制招标控制价和工程价款结算的工程量计算过程,包括图算和表算(统筹 e 算)。投标方没有计算工程量的义务和修改工程量的权利。

【要点说明】本条所指的是编制招标控制价和工程价款结算的工程量计算过程,而不包括投标中的工程量计算,这是因为规范明确规定:工程量的准确性和完整性由招标方负责,投标方没有计算工程量的义务和修改工程量的权利。

本导则包括图算和表算(统筹 e 算),意义在于工程量计算不能只用图算,也不能只用表算,要通过两种计算方法来保证其正确性和完整性。故它不存在排斥图算或排斥表算的问题。至于时间问题,在招标控制价编制时没有限制,在竣工结算时,只要资料齐全,政策上给的时间是充足的。这就避免了目前工程量计算"图快不图准"的现状。

【条文】1.0.3 清单和定额工程量应依据项目模板(项目清单定额表)同时计算,避免重复劳动,确保工程量计算的完整性。

【要点说明】本条提出了应用项目模板的强制性规定。它是计价改革的重要举措,将使工程量清单计价中所产生的复杂性、操作性、应用性中的诸多问题迎刃而解。

【条文】1.0.4 工程量计算应提供计算依据,遵循公开计算式的原则。

【要点说明】本条提出公开计算式的原则是强制性规定。由于图算采用布尔运算时没有计算式,故要求与表算结合,用图算验证表算结果,公开表算的计算式。

【条文】1.0.5 工程量计算应遵循一算多用的统筹法原则。

【要点说明】本条提出工程量计算应遵循一算多用的统筹法原则,统筹法是我国 20 世纪 70 年代开始在全国推广的计算方法,它是一种科学的计算方法,应当继续发扬光大,如果图算中加入统筹法的元素,将是一项重大改进。

【条文】1.0.6 工程量计算应采用提取公因式、合并同类项来简化计算和应用二维序号变量的代数原则。

【要点说明】本条提出的代数原则将会改进目前教材中和表算中大多采用小学生算术算法的现状,用代数代替算术,使其走向更科学、简约的计算方法。

【条文】1.0.7 工程量计算应遵循闭合原则来校核,应采用图算与表算相结合的方法来验证其正确性和完整性,并提供校核依据。

【要点说明】本条提出用闭合原则来校核,是强制性规定。

第一,它是对统筹法的重要改进。原统筹法提出了"三线一面",和后人提出的"三线二面",其中的室内面积是用外围面积减墙身面积得来,这样在"三线二面"的各项计算中,都有出错的可能,因此我们无法用基数本身来证明其基数的正确;现在计算了"三线三面"后,就可以用"外围面积-墙身面积-室内面积 ≈0"这一闭合原则来校核,即可证明各项基数的正确。

第二,现在的教材中只讲如何计算,一般不讲如何校核,甚至将错误和误差混淆,认为是不可避免的正常现象。这就必然与工程量计算的正确性和完整性相悖,而使《2013 计量规范》中的这一强制性条文成为一条没有相应措施来保证的空话。

第三,本条文提出要采用图算与表算相结合的方法来验证其正确性和完整性,并提供校核依据。目前,国内已经逐步淘汰手工用笔和纸来算量(简称手算),并发展为图算和表算。验证图算的正确与否不能用手算,必须用表算来验证。

【条文】1.0.8 工程量计算过程中应对图纸进行碰撞检查,将解决方案做出图纸会审记录或算量备忘录。

【要点说明】本条强调了工程量计算过程中应对图纸进行碰撞检查,将解决方案做出图纸会审记录或算量备忘录。这是目前国内计算工程量被忽略的一个问题，现作为强制性条文执行。

以某测试工程为例，在门窗统计表中发现了 16 处错误，可分为数量统计不对、门窗高度与结构碰撞、门窗尺寸与立面不符及表中尺寸与大样不符等多种情况。

图纸中建筑与结构的矛盾，平面与立面、剖面及大样的矛盾层出不穷，算量的过程也是一个模拟施工的过程，及早发现问题并尽快解决，可以给建设单位避免许多不必要的损失。

一个好的预算员不应仅仅满足于看懂图纸，而应当是懂建筑、懂结构、懂施工的全才。对于图纸中的问题应做出备忘录，最好在图纸会审后，根据三方的会审记录对工程量计算中的问题及时做出调整。

【条文】1.0.9 表算中的数据录入和图算中的计算式输出均应遵循本导则所列的 11 项数据采集规程，以利于统一计算式，便于核对，实现工程量计算的电算化、简约化、规范化和模板化。

【要点说明】本条所指的 11 项数据采集规程将在后续章节中列出，为了有利于统一计算式，便于核对，此处建议图算和表算均参照执行。

【条文】1.0.10 招标方应向中标方提供完整的工程量计算成果，其中应包括：门窗过梁表（表-2）、基数表（表-3）、构件表（表-4）、项目模板（表-5）、钢筋汇总表（表-6）和工程量计算书（表-7）。结算时承包方应向发包方提供上述表格的调整部分。

【要点说明】本条是强制性条文。招标方应向中标方提供 6 种表格，结算时承包方应向发包方提供上述表格的调整部分。

此 6 种表格包含了计算依据和计算结果。投标时各投标方均没有计算工程量的义务和修改工程量的权利。但结算时必须依据原资料提供调整部分的计算依据。

【条文】1.0.11 工程量清单和招标控制价应同时编制。实行工程量清单计价的工程应采用单价合同，故招标控制价应当是对综合单价的限制而不是总价。对综合单价进行限制，可以有效防止不平衡报价等恶意竞争行为。

【要点说明】工程量清单和招标控制价不能分别编制，应由同一单位完成。招标控制价不能只公布总价，应连同所有资料一起公开，并报主管部门备案，以利于投标人进行投诉。

招标控制价既然是最高限价，高出部分应由招标单位的上级部门负责审批；低价部分应允许投标单位投诉，以防止招标单位的恶意限价行为。

【条文】1.0.12 工程量清单和招标控制价的编制应遵循简约和低碳原则。项目特征描述应采用简约式而摒弃问答式，定额名称应统一，倡导用换算库和统一换算方法来代替人机会话式的定额换算。

【要点说明】项目清单特征描述的混乱、定额名称和换算方法的不统一，不但造成了不同软件的数据不能共享，而且也不符合简约和低碳要求。政府主管部门有必要实现标准化。

【条文】1.0.13 采用统一法计算综合单价分析表，摒弃传统的正算和反算方法。

【要点说明】正算的缺点是不能显示原清单和定额量，反算的缺点是不能直接得出人、材、机单价，但它们的计算原理简单、容易理解。统一法单价既能显示原清单和定额量，又能直接得出人、材、机单价，只是在计算出人、材、机总价后，再被清单量除得出相应的单价，它的计算原理稍微复杂一点。

【条文】1.0.14 招投标应倡导采用全费价作为书面文档，其他计价表格均提供电子文档，以利于环保和低碳。应防止软件公司利用招标工具箱进行行业垄断；提供电子文档时应提供打开软件，不应将电子文档利用数据接口形式导入指定软件，防止利用垄断行为而造成废标。

【要点说明】全费综合单价的应用只是时间问题，说明主管部门已经达成了初步共识。全费价对招投标和工程结算十分有利。有人提出在招投标中全面使用电子文档是不妥的，因为纸面文档的法律效力是不可替代的。

在招投标过程中，有的省市为了防止垄断，不允许造价软件公司编制招投标软件，这样做其实没有必要,只要不因数据不能导入而废标即可。所以,本条提出由各投标人提供软件来打开自己的造价文档,不存在将数据导入指定软件的问题。评标时应以纸质文档的全费价为主。

复 习 思 考 题

1. 简述工程量计算的定义。
2. 你对工程量计算的"四化"是如何理解的?
3. 试谈对如何编制企业定额的理解?
4. 试谈自己工作中教条主义的表现。
5. 试谈清单项目特征描述由问答式改为简约式的意义。
6. 试谈用统一算法替代正算、反算的必要性和可行性。
7. 试谈采用全费综合单价的意义和可行性。
8. 论述实行工程计量计价技术导则的意义和阻力。

作 业 题

1. 应用你所熟悉的算量和计价软件,依据附录 1 的图纸计算出工程报价。可参照表 1-6、1-7、1-8、1-9 的结果。

2 工程计量表格

2.1 计量顺序、校核与成果输出

2.1.1 工程计量顺序

一般教材上提到单位工程的计算顺序：①按施工先后顺序计算；②按清单编码顺序计算；③按轴线编号顺序计算工程量。

有人习惯于按第一种施工顺序计算，拿到图纸后，从平整场地、挖土方开始，先基础、再计算构件和主体，最后计算装饰部分。目前，此种顺序占主流。

计算工程量的目的是为了计价，要考虑如何与清单或定额结合的问题。故有人主张在熟悉清单和定额计算规则的基础上，根据清单编码和定额编号的顺序来计算工程量，认为这样能防止漏项，达到事半功倍的效果。此情况属于第二种顺序。

有人习惯于先按图纸一张一张地计算工程量（又称消灭图纸算法），然后再套清单和定额，根据相应计算规则进行整理和补充，这样做可以不漏图纸，保证算量完整。上面说的按轴线编号顺序计算工程量（第三种）属于此情况。

以上的顺序在实际操作中都有一定的难度，会有些重复劳动，也难免会有些漏项。

本教程提出了另一种工程量计算顺序，即按照六大表顺序计算（这是笔者在施工单位做预算的顺序）：门窗过梁表→基数表→构件表→项目模板→钢筋汇总表→工程量计算书。具体工作流程如图2-1所示。

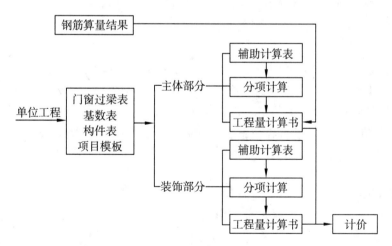

图 2-1 表格算量工作流程

算量文件以单位工程为基础，可按标段分为三级（工程项目、单项工程、单位工程）、二级（工程项目、单位工程）或一级（单位工程）存储。这样做可方便归档管理，也符合清单要求。

进入单位工程后，门窗过梁表、基数表、构件表、项目模板等数据和形成的变量以及钢筋算量结果可在任意分部中调用。单位工程内设置分部，可以将项目模板按分部调入，省去每次工程重新做清单/定额项目的麻烦；在实物量计算界面下，可以利用辅助计算表格录入数据，得到计算式，然后将计算式调入相应的清单或定额项内，形成清单/定额工程量计算书文件。最后，统筹 e 算软件实现了算

17

量、钢筋、套价的"无缝连接"。

这样做的主导思想是：

第一步要熟悉图纸，在此基础上完成门窗过梁表、基数表和构件表的编制工作。在此阶段要对图纸进行审查，通过编制3个表找出图纸中的矛盾，并做出备忘录来记录自己处理矛盾的方法，以便找设计部门做出设计更正。这一步是图算和表算必须要做的。

第二步要熟悉清单和定额，套用项目模板。在我国实行的是有招标控制价的清单计价模式，招标控制价包括清单工程量和定额工程量的计价和计量（当定额与清单工程量计算规则不同时，应另行计算，否则不必计算，由于清单和定额的计算规则绝大部分相同，故应提倡清单与定额同步计算）。对一般新手来说，由于没有经验，往往不知如何操作，于是请教老预算员。与其这样，不如调用项目模板，在原有项目模板的基础上进行调整后，完成该工程所需的清单和定额项目。这一步也是图算和表算都必须要做的。

第三步是应用图形算量做出钢筋汇总表。

第四步是将项目模板调入，按模板顺序来计算工程量，完成工程量计算书。

第五步是将计算书由软件自动加工（分离措施项目、按需要排序等）形成工程量表，选择采用的费率和地区价格后完成计价工作。

网上一个"造价新手上路指南"的帖子，讲了近10多年来用以下方法带了许多徒弟的成功经验：

第一，花一周时间去认真阅读计价规范，再花一周时间去认真阅读当地现行定额的说明和计算规则，以后的时间内要不断地阅读计价规范和当地现行定额。

第二，找一份有图纸且有计算过程的规模不大的工程造价文件（相信这个在事务所里不难做到），认真阅读、对照。

第三，撇开别人做好的成果，自己动手根据图纸列清单项，完成后和原成果文件对比。找出差异，直到完善。

第四，同样的过程，对列出的每个清单项下列计价子目。

第五，以上都完成后，就是计算工程量了。同样是自己动手，再对比。

第六，自己上机，用软件根据自己计算的结果，计算工程造价。这个过程可能需要阅读当地许多的计价规定文件。

以上过程重复几次，直到熟练为止。当然，如果能找一个师傅指点，效果会更好。

可以看出：第一步熟悉图纸，被忽略；序号1～4相当于上面的第二步要熟悉清单和定额，套用项目模板；序号5和序号6相当于上面的第3、4、5步。

总之，统一计量、计价的工作流程在教材中就总结出一套来，让学生照着去做，而不是到了工作单位后再去学习和摸索。

2.1.2 工程计量的校核

一般教材中大都不讲校核方法，所以形成了"10人算10个样和1人算10遍也是10个样"的现状。计算工程量也是一门科学，并已经列入大学课程，但以往并没有形成科学的计算方法。

科学的方法必须经过校核。校核的方法有三种：一是自身闭合法；二是用两种方法计算；三是重算一遍。统筹e算提出了"表算为主、图算为辅、两算并举、相互验证"的理念，要求每个工程都要用表格电算一遍（以便于公开计算式），再用图算来校对一遍。

统筹e算（表格电算）分为计量和计价（套清单/定额）两部分。由于图形算量的计算式不完整、太庞大和对量困难等缺陷，不能一传到底解决重复劳动问题；现阶段图快不图准时，可以应付计量快捷的需要，一旦要求准确和公开计算式后，就只能进行计量，作为统筹e算计量结果的校核之用。这样一来，图形算量软件不必再挂接当地定额和清单，将省去不少重复的软件开发和维护工作。

传统的统筹法计算基数提出了"三线一面",统筹 e 算提出了"三线三面",见表 2-1。

三线三面基数表 表 2-1

基数名称	三线一面代号	三线三面代号
外墙中线长	$L_{中}$	L1
内墙净长	$L_{内}$	N1
外墙外边长	$L_{外}$	W1
外围面积	$S_{底}$	S1
墙体面积		Q1
室内面积		R1

提出"三线三面"的理由是：基数应当通过校核来保证其正确性。

虽然，墙体面积可以通过 $L_{中}$ 或 $L_{内}$ 乘以墙厚得出，室内面积可以用外围面积减墙体面积得出，但是如果某项基数算错，就会影响后面调用的结果全错。不经过校核而带来的后果是严重的。笔者的经验证明：没有经过校核的基数几乎没有一个是经得起闭合检验的。

另外，各种长度分别用 $L_{中}$、$L_{内}$ 和 $L_{外}$ 标注不利于变量的表示，我们将 3 种长度分别用 L、N、W 打头字母表示，后面的数字可以表示层数以及墙厚等，拓展了基数的用途。

校核工作不仅仅限于基数校核，应当在整个计量过程中随时体现。

本节所提计量顺序和校核问题是当前教材中普遍没有涉及的问题。对这两个问题应给予高度重视，才能使计量成为一门科学在大学里讲授，才能有效解决计量准确和克服对量难的问题，才能解决目前工程造价专业的毕业生不能立即上手工作的局面。

2.1.3 工程计量的成果与输出

计量工作的成果应当贯穿项目管理的始终，这是计量计价技术导则的指导思想。笔者从施工单位的技术员做起，所做工作就是熟悉图纸，参加图纸会审，整理会审记录，下达门窗加工单、预制构件加工单、现浇构件单（给钢筋车间的任务书）以及钢筋配料单等，然后向甲方提出三材（钢材、木材、水泥）计划，其中的钢材是依据钢筋下料单提供的，比较准确（否则将受到材料部门的质疑）。接下来从计算基数开始，用统筹法计算工程量，通过材料分析，做出工地施工备料计划，最后据此进行工程结算。错误和挫折带来的教训，使笔者深刻体会到校核工作的重要性。这是我国计划经济时代的工作流程，因为那时都是按实、按定额规定结算，当时设计院提供的预算仅供参考，并没有提出要对其正确性和完整性负责的概念，也不作为结算依据。

实行工程量清单计价以来，强调了工程量清单的正确性和完整性由招标方来承担的政策，计量的繁重工作落到了招标人委托的咨询单位人员的手中，以前在施工单位中技术员要做的细致工作提到事前来做，这一重大的改变目前尚未完全适应，由于咨询单位的预算人员缺少施工经验，以至于形成的编清单和招标控制价的水平和经验远不如投标人。这就造成了工程量清单的正确性和完整性由招标人负责的强制性规定难于落实。

有些人以时间紧迫为借口，拒绝把工作做细。常见的说法是：投标时间那么紧，不可能把工作做细。这纯粹是误导。从 2003 年实行工程量清单计价以来，国家就强调不让所有投标人按同一图纸做计算工程量的重复劳动；从 2008 至 2013 清单计价规范中都明确规定了，工程量清单的正确性和完整性由招标人负责这一强制性规定，投标人没有核实的义务，更没有修改的权利。

工程计量是招标人必须做好的工作。为了加速这一变革的实现，应从政策上给予鞭策，为此，技术导则提出了一系列表格也应由计量者来提供，并一传到底，避免下游的重复劳动，作为一名造价工作者,"做"就要"做好",要提高到服务于全社会的思想境界来对待每一项工作。

2.2 门窗过梁表

本节所指的门窗过梁表是包括门窗统计表、门窗表和过梁表3种表格的总称。

熟悉图纸是计量计价的首要工作。图纸总说明、建筑设计说明和结构设计说明是选择项目模板的依据;计量工作首先要关注的是图纸上的门窗统计表(有的图纸简化为门窗表),对没有分层的要进行分层,然后生成按墙体分类的门窗表和对应的过梁表,形成门窗和过梁的各类变量,以便于计量时调用。

需要指出的是:图形算量往往不把门窗过梁表当回事。一般人认为门窗都是外包,甚至连工程量都不提供。某市进行了一次软件功能测试,我们发现原设计图纸中的门窗表有16个明显错误,包括总个数不对、分层个数不对、尺寸与大样不符以及门窗尺寸与立面不符等,结果被置之不理。

2.2.1 门窗表与门窗统计表

表2-2的表格摘自本书附录2中综合楼施工图建施10。该表只给出了总量,没有分层列出数量。由CAD图纸导入统筹e算软件后,将以门窗表(表2-3)的形式出现。

门窗表

表2-2

序号	编号	洞口尺寸	数量	类　型	备注
M1	DLM100-44	2400×3300	1	铝合金地弹簧门	图集 L03J602
M2	PLM70-120	1800×3300	1	铝合金平开门	图集 L03J602
M3	M2-529	1500×2400	1	胶合板门	图集 L92J601
M4	M2-601	1800×2400	1	胶合板门	图集 L92J601
M5	M2-67	900×2400	32	胶合板门	图集 L92J601
M6	M2-68	900×2400	12	胶合板门	图集 L92J601
M7	M2-547	1500×2400	4	胶合板门	图集 L92J601
M8	M2-313	1200×2100	1	胶合板门	图集 L92J601
M9	GFM-1224-B	1200×2400	4	钢质防火门	图集 L92J606
M10	PLM70-119	1800×2400	1	铝合金平开门	图集 L03J602
M11	PLM70-105	1200×2100	1	铝合金平开门	图集 L03J602
C1	PLC53-07	900×1500	5	铝合金窗蓝色玻璃	图集 L03J602
C2	PLC53-08	900×2400	1	铝合金窗蓝色玻璃	图集 L03J602
C3	PLC53-13	1200×1500	20	铝合金窗蓝色玻璃	图集 L03J602
C4	PLC53-17	1200×2400	4	铝合金窗蓝色玻璃	图集 L03J602
C5	PLC53-23	1500×1500	36	铝合金窗蓝色玻璃	图集 L03J602
C6	PLC53-27	1500×2400	10	铝合金窗蓝色玻璃	图集 L03J602
C7	PLC53-33	1800×1500	12	铝合金窗蓝色玻璃	图集 L03J602
C8	PLC53-37	1800×2400	2	铝合金窗蓝色玻璃	图集 L03J602
C9	PLC53-43	2100×1500	18	铝合金窗蓝色玻璃	图集 L03J602
C10	PLC53-47	2100×2400	8	铝合金窗蓝色玻璃	图集 L03J602
C11	TC1	1800×2400	2	塑钢飘窗	建施 10
C12	TC2	1800×1500	8	塑钢飘窗	建施 10
C13	老虎窗	1200×1000	2	塑钢窗	建施 09

接下来需要做的是(见表2-3):

(1)在表头列出本工程所需的4个墙体(30W墙、18N墙、30D墙、24砼),其中的30表示墙厚,W表示外墙;并将门窗个数分解,例如:C1的5个分解为2~5层4个、顶层1个,依次类推。

(2)形成以M、C、MD打头的一系列变量用于计算门窗工程量以及相应的墙体扣减量。调用时C表示全部窗的工程量,C(30)表示30D墙和30W墙窗的合计量,C(30W)仅表示30W墙窗的面积量,5C1表示5个C1窗的工程量。

(3)填上该门窗所对应的过梁代号,分别表示以下4种过梁形式:GLn表示现浇过梁;YGLn表示预制过梁;QGLn表示圈梁代过梁;KGLn表示与框架梁整浇部分。

(4)由此表可输出相应的门窗统计表,见表2-4。

门窗表

工程名称:综合楼 　　　　　　　　　　　　　　　　　　　　　　　　　　　　表2-3

门窗号	图纸编号	洞口尺寸	面积	数量	30W墙	18N墙	30D墙	24砼	洞口过梁号
C1	PLC53-07	0.9×1.5	1.35	5	5				GL1
2~5层				4	1×4				
顶层				1	1				
C2	PLC53-08	0.9×2.4	2.16	1	1				GL1
1层				1	1				
C3	PLC53-13	1.2×1.5	1.8	20	20				GL2
2~5层				16	4×4				
顶层				4	4				

门窗统计表

工程名称:综合楼 　　　　　　　　　　　　　　　　　　　　　　　　　　　　表2-4

门窗号	图纸编号	洞口尺寸	面积	数量	一1层	1层	2~5层	顶层	合　计
		………							
M11	PLM70-105	1.2×2.1	2.52	1				1	2.52
			数量	59	1	6	48	4	
			面积	152.10	5.94	24.48	112.32	9.36	
C1	PLC53-07	0.9×1.5	1.35	5			4	1	6.75
C2	PLC53-08	0.9×2.4	2.16	1		1			2.16
		………							
			数量	128	8	19	84	17	
			面积	343.85	35.28	72.00	199.80	36.77	

2.2.2 过梁表

过梁表依据门窗表(表2-3)自动生成后加工而成。它的每个过梁长度在洞口长度上加0.5m,高度需要根据图纸要求填写,后面的门窗号根据门窗表的信息自动带出。

该表形成以GL打头的一系列变量用于计算四种类型的过梁工程量以及相应的墙体扣减量。

例如:调用时GL(30)表示30D墙和30W墙的过梁总量,GL(30W)仅表示30W墙的总量,GL表示全部过梁工程量,4GL1表示4个GL1过梁的工程量。

过梁表

工程名称:综合楼 表 2-5

过梁号	图纸编号	长×宽×高	体积	数量	30W墙	18N墙	30D墙	24砼	洞口门窗号
GL1	结施06	1.4×0.3×0.18	0.076	6	6				C1;C2
GL2		1.7×0.3×0.18	0.092	24	24				C3;C4
		......							

2.3 基数表

基数是计算工程量的基本数据,可分三类基数,下面以综合楼中的基数为例分别讲述。

2.3.1 三线三面基数(表 2-6)

三线三面基数

工程名称:综合楼 表 2-6

序号	基数	名称	计 算 式	基数值
30		顶层		
31	S6	外围面积	$19.95×12.5-7.5×5.4$	208.875
32	W6	外墙长	$2(19.95+12.5)$	64.9
33	L6	30外墙中	$W6-1.2$	63.7
34	N6	18内墙长	$[4]2.86+[D]11.85$	14.71
35		会议室	$19.35×8.86-7.5×2.36=153.741$	
36	RT6	楼梯间	$5.81×2.86=16.617$	
37	R6	室内面积	$\sum+RW$	186.774
38		校核	$S6-(L6×0.3+N6×0.18+N12×0.12)-R6=0$	

表 2-6 中列出了顶层(6 层)的三线三面基数,其中,S6 表示外围面积(以大扣小的规则列出);W6 表示外墙长(其中的 19.95 和 12.5 与面积对应一致);L6 表示外墙中(利用外墙长扣 4 个墙厚得出);N6 表示内墙净长(注明先数字轴后字母轴顺序);R6 表示室内面积(由会议室面积、楼梯面积和卫生间面积 RW 组成)。

墙身水平面积没有给出变量名,故校核时列式 L6×0.3+N6×0.18+N12×0.12 表示,其中 N12 是 12 内墙长,由于各楼层一致,在此直接调用即可。

校核结果为 0,证明三线三面基数正确。

2.3.2 基础基数

综合楼的基础基数(39～80)共 41 项,涵盖了本工程一次算出、多次应用的数据。下面以表 2-7 中几项基数的计算方法给予说明。

基础基数

工程名称:综合楼 表 2-7

序号	基数	名　称	计　算　式	基数值
39			(已知:H=4.55,R=4.8,求雨篷弧长 PL 及面积 P)	
40		圆心角 A	2×87.014	174.028
41		弦长 C	2×4.8×SIN(174.028/2)	9.59
42	PL	弧长 L	π×4.8×174.028/180	14.579
43	P	雨篷面积	[14.579×4.8−9.59×(4.8−4.55)]/2	33.792
44		外墙保温	[L0+0.25+0.3+2×0.08+(W+4×0.08)×5+W6+4×0.08]×0.08	40.036
45	JM	建筑面积	S0+S×5+S6+P/2+H44	2145.757
46	JT	建筑体积	S0×4.2+S×17.4+S6×4.25+3.275×4.65×4.2	7609.97

说明:

(1)弧长 PL 与雨篷面积 P 的计算:综合楼工程门厅前面是一个弓形雨篷,它的弧长 PL 用于计算雨篷栏板的构件体积和抹灰量。它的面积 P 用于计算雨篷混凝土量和台阶的工程量。一次算出这两个基数,可以在以后的计算中多次调用。

统筹 e 算计算弧形面积示意,如图 2-2 所示。

图 2-2　统筹 e 算计算弧形面积示意图

图 2-2 分为三部分:左侧为一示意图,与中间的 4 个参数对应。在中间区输入任意两个参数,例如 H 和 R,右侧会显示出 5 个计算结果。选择提取弓形面积按钮,则 4 个计算式被调入计算书中。如基数表中的 39～43 项。耗时不到 2 分钟。读者可以用 CAD 方法试试,看用多长时间;一般用手算方法,查公式计算则需要 1 小时左右。

(2)外墙保温计算式详解:

地下室保温的周长:L0+0.25+0.3+2×0.08。

1～5 层保温的周长:(W+4×0.08)×5。

顶层保温的周长:W6+4×0.08。

(3)建筑面积应考虑保温层厚度是依据建筑面积计算规范 3.0.22 特指按保温隔热层外边线计算。

(4)建筑体积的计算是为了计算竣工清理,按消耗量定额计算规则为外墙外围水平面积,并没有特指按保温隔热层外边线计算,故没有考虑保温层厚度。

综合楼案例中还涉及以下基数,分别用以下打头字母表示:Jx 表示内墙基础长;Kx 表示内墙基底长;Tx 表示屋面延尺系数;Ax 表示弧长及老虎窗面积;WM 表示屋面斜面积。

以上基数将作为全局变量供整个工程调用。

2.3.3 构件基数

分别用以下打头字母表示:Rxx 表示板面积;WKZxx 表示外框柱长度;KLxx 表示外框梁长度;KNxx 表示内框梁长度。

综合楼的构件基数(81～109)共 29 项,见表 2-8。

构件基数

工程名称:综合楼 　　　　　　　　　　　　　　　　　　　　　　　　　　　　　　　　　　　　　表 2-8

序号	基数	名称	计 算 式	基数值
82	WKZ	1～5 外框柱长	[1]0.5×2+0.75+[5](0.35+0.5)×2+[A]0.5×2+0.35+[E]0.75+0.5×3+0.35	7.4
		……		
85	RB11	110 厚板面积	7.3×1.9×2+7.2×(2.1+2.8)+5.7×2.1+5.8×(2.1+2.8)	103.41
86	RB15	150 厚板面积	26.9×11.9−RB11−[楼梯]5.7×2.825	200.598
		……		
94	KL65	外梁 65	[1]10.6+[5]10.5+[E]24.6	45.7
95	KL6	外梁 KL6(4)	[A]25.7	25.7
96		校核外梁长	L−WKZ−KL65−KL60=0	

下面针对表 2-8 中几项基数的计算方法给予说明。

(1)1～5 层外墙框架梁长度 WKZ 的计算,在基数中用于校核外梁的长度(96 行)。

(2)第 85～95 板面积和梁长度的计算:《山东省消耗量定额计算规则》规定:梁与板整体现浇时,梁高算至板底;紧接着又规定:有梁板包括主、次梁及板,工程量按梁、板体积之和计算。

前一条是"梁与板整体现浇时,梁高算至板底",要求将梁分成上下两部分来计算;后一条则是工程量按梁、板体积之和计算,不需要分成两部分来计算,这就形成了在算量软件中,有的执行按梁、板体积之和计算,而将外梁按全高计算(省事);有的则将梁高(不分内外)均算至板底(人为地加大算量的复杂性),这样一来,由于相应的规定是:梁扣柱(梁长算至柱侧面)、板不扣柱头(不扣除柱、垛所占板的面积)以及板头的模板不计算(伸入墙内的梁头、板头均不计算模板面积)等,给两种算法带来了不同的结果。

本教材采取了按有梁板体积之和(外梁按全高,内梁按净高)的计算方法来计算基数。

板的计算原则:板算至外梁内侧,外梁内板厚者压满梁,板薄者算至梁侧。如第 85 项 110 板的尺寸不含内梁,第 86 项 150 板的尺寸含所有内梁。

梁的计算原则:外梁按全高计算,内梁算至板底。当梁两侧板高不一致时,按板厚者扣减,而不是按平均厚度计算。

(3)关于基数命名:凡构件尺寸相同者,应遵循合并同类项原则以构件高度命名,如 KL65 表示 1 轴的 KL1(2A)、5 轴的 KL10(3)和 E 轴的 KL7(4)之和;只有一种尺寸者如 1 轴的 KL6(4)直接用 KL6 表示。

(4)第 96 项进行外梁长度的校核,用的是外梁的中心线长扣除柱子和梁的长度等于 0 来证明。

2.4 构件表

2.4.1 构件表的结构

构件表的结构,见表2-9。构件表的表头可分序号、名称、尺寸、层次和数量五大列;序号分两列,一列为名称序号,一列为子序号,可以将子序号列收缩;构件类别一般按定额项目中的名称分列,在子序号列填构件编号或名称;尺寸分3列,代表3个数连乘得出体积,当空白时默认为1,也可输计算式;数量列为各层的合计数。

构件表

工程名称:综合楼   表2-9

序号		构件类别/名称	L	a	b	基础	一1层	1层	2～4层	5层	顶层	数量
1		独立基础										
	1	J-1	3.5	3.5	1	2						2
	2	J-2	3	3	0.9	3	1					4
	3	J-3	2.6	2.6	0.8	1						1
	4	J-4	2.4	2.4	0.8	2	2					4
	5	J-5	2	2	0.8	3						3
	6	J-6	4.5	2	0.8	1						1
	7	J-7	1.8	1.8	0.8	1	2					3
	8	J-8	1.8	1.8	0.45	2						2
		......										
8		有梁板										
		......										
	5	6层150板	RBD15	0.15						1		1
	6	6层110板	RBD11	0.11						1		1
		......										
	10	2～6层外梁65	KL65	0.3	0.65			1	1×3	1		5
	11	2～6层KL6	KL6	0.3	0.6			1	1×3	1		5
	12	2～5层内梁65	KN65	0.3	0.5			1	1×3			4
	13	2～5层内梁25×65	KN652	0.25	0.5			1	1×3			4
	14	2～5层内梁25×60	KN602	0.25	0.45			1	1×3			4
	15	2～5层内梁45	KN45	0.3	0.3			1	1×3			4

2.4.2 独立基础构件

按基础大样图的尺寸填写,调入计算书后按 L×a×b(自动加上乘号)表示。

2.4.3 有梁板构件

将相同截面的构件长度汇总为基数变量,打破了传统的按图示构件分类计算,是对计算过程的简化。以2～6层为例,KL65的长度是1轴的KL1(2A)+5轴的KL10(3)+E轴的KL7(4)之和。如果用图纸上的描述,需要3行计算式,占3行表,利用基数KL65则减少了67%的表格。同时,这样更便于核对。

第11行的KL6只有1个梁,就没有必要再另命名了。

2.5 项目模板(清单定额表)

一般来说,一个地区的同类工程要编哪些清单,套用哪些定额,都是相似和基本雷同的。一些新手最大的毛病就是漏项,"漏了项目漏了钱"这句话是建筑业的老生常谈。套清单和套定额,这些都不是创造性工作,完全可以借鉴前人的模板来修订,既省时、省力,又能保证其完整性。

2.5.1 套清单和定额的两种方式——查字典与调档案

一是查字典方式,又称个人作坊模式。现在常用的人工套清单、定额以及软件可以自动带出清单、定额,需要预算员调整都属此方式。

二是调档案方式,又称集装箱模式。采用项目模板来解决套用清单和定额的工作可以归结为调档案方式。应用项目模板可以将清单与定额同时算量,由于2013工程计价计量规范的改进,绝大多数情况下只是加个"="号而已,故可以彻底解决清单计价难的问题。

为了便于项目模板的应用,统筹e算中设计了项目模板管理功能。开始存储了100个项目的模板,代表了不同结构、不同类型的工程项目(综合楼、泵房、商品房、车库、医院等)的建筑、装饰、水、电、暖、通风、空调、弱电等各单位工程形成的清单/定额表,供大家选用。可以随时增加和修改,以便于套用。

在项目模板中均采用了简化的项目特征描述,以便替代教材上常用的问答式描述方法。表2-10是一个平屋面防水的项目模板。

项目清单定额表

工程名称:泵房 　　　　　　　　　　　　　　　　　　　　　　　　　　　表2-10

序号	项目名称及工作内容	编号	清单/定额名称
16	屋15;水泥砂浆平屋面	010902003	屋面刚性层:屋面二次抹压防水层25
	①25厚1:2.5水泥砂浆抹平压光1m×1m分格,密封胶嵌缝	6-2-3	水泥砂浆二次抹压防水层20
	②隔离层(干铺玻纤布)1道	9-1-3-2	1:2.5砂浆找平层±5
	③防水层:3厚高聚物改性沥青防水卷材	010902001	屋面卷材防水;改性沥青防水卷材2道,屋15
	④刷基层处理剂1道	9-1-178	地面耐碱纤维网格布
	⑤20厚1:3水泥砂浆找平	6-2-34	平面一层高强APP改性沥青卷材
	⑥保温层:硬质聚氨酯泡沫板	010902002	屋面涂膜防水;改性沥青防水涂料
	⑦防水层:3厚高聚物改性沥青防水涂料	6-2-88	平面聚合物复合改性沥青1遍
	⑧刷基层处理剂1道	9-4-243	防水界面处理剂涂敷
	⑨20厚1:3水泥砂浆找平	011101006	平面砂浆找平层;1:3水泥砂浆2遍
	⑩40厚(最薄处)1:8水泥珍珠岩找坡层2%	9-1-1	1:3砂浆硬基层上找平层20
	⑪钢筋砼屋面板	9-1-2	1:3砂浆填充料上找平层20
		011001001	保温隔热屋面;聚氨酯泡沫板100
		6-3-42	砼板上干铺聚氨酯泡沫板100
		011001001	保温隔热屋面;现浇水泥珍珠岩1:8找坡
		6-3-15-1	砼板上现浇水泥珍珠岩1:8

项目清单定额表由4列组成:

(1)序号列表示一个分项,点击它可以将该分项的清单定额的16条信息调入编制区。

（2）项目名称和工作内容列填写该分项的工作内容及做法要求，它是清单项目特征描述的内容；例如，010902001 屋面卷材防水：改性沥青防水卷材2道，屋15。

问答式描述如下：①卷材品种、规格：改性沥青防水卷材2道；②防水层做法：屋15。

简化式描述去掉了问答题，但防水层做法均采用屋15，是应用了可采用参见标准图的描述方法。详细做法依据标准图录入，利用该模板省去了每项工程都要查阅标准图和套用定额要重新录入的麻烦。

（3）编号处即可录入清单编码，又可录入定额编号，故统称编号。关于定额换算问题，要由符号加数字表示，参见1.2.2中的第3条简化换算项目名称的描述。对于临时换算，在定额号后面加H表示，以便在计价中解决。要杜绝人机会话。

（4）清单/定额名称列，直接填写用简化方式描述的清单名称和特征描述，这里是必须将名称与特征合为一列的。

对项目的处理采用了项目模板，有以下三点显著效益：

一是可以保证项目的完整性和正确性（可以在此基础上不断修正和积累）。以本书参考文献12为例：由软件自动带出的定额为54项，项目模板列出了106项定额，同时还带出了清单52项。

二是可以简化清单项目特征描述，避免重复劳动，让造价人员只做创造性工作。

三是彻底解决清单计价难的问题，有利于清单计价模式的普及，提高造价文件的编制质量。

2.6 钢筋计算表格

2.6.1 钢筋明细表

下面通过实例来讲解钢筋明细表的编制方法，见表2-11。

钢筋明细表

工程名称：综合楼　　　　　　　　　　　　　　　　　　　　　　　　　　　　　表 2-11

序号	构件名称	数量	筋号	规格	图形	计算式	长度	根数	重量
2	基础梁								
1	JL(1轴)	1	1-2.上部贯通筋	Φ20	240 ⌐10350⌐ 240	15d+9475+875+500	11150	4	110.16
2			1-2.下部贯通筋	Φ20	300 ⌐10350⌐ 300	(15d+475)+9000+(875+15d)	10950	4	108.19
3			箍筋1	Φ8	320 / 450	2(320+450)+27.8d	1762	42	29.23
4			箍筋2	Φ8	120 / 450	2(120+450)+27.8d	1362	42	22.59
5	JL(4轴)	1	1-3.上部贯通筋	Φ20	240 ⌐12450⌐ 240	15d+12450+15d +500	13510	4	133.48
6			1-3.下部贯通筋	Φ20	300 ⌐12450⌐ 300	(15d+475)+12000+(15d+475)+500	13550	4	133.87
7			箍筋1	Φ8	320 / 450	2(320+450)+27.8d	1762	52	36.19
8			箍筋2	Φ8	120 / 450	2(120+450)+27.8d	1362	52	27.98

说明：

（1）钢筋明细表的格式应统一。

27

（2）规格应按图纸中表示方法，不宜采取分类型和直径两列来表示。

（3）箍筋注明的是内径尺寸，其他钢筋表示的是外围尺寸。

（4）长度以毫米为单位，重量以公斤为单位，取两位小数。

2.6.2 钢筋汇总表（表2-12）

钢筋汇总表　　　　　　　　　　　　　　　　　　　　表2-12

规格＼构件	基础	柱	构造柱	墙	梁、板	圈梁	过梁	楼梯	其他构件	拉结筋	合计
φ4									4		4
φ6			129		1646		584	248	59		2665
φ8	743	6990		128	12121			52	378		20433
φ10					22749		799	468			23995
φ12					335		860		61		1257
Φ10	231							563			794
Φ12			180	3318							3498
Φ14	1844							91			1935
Φ16	24	443			289						755
Φ18		2697			1175			447			4319
Φ20	3175	8477			11521						23173
Φ22					7966						7966
Φ25					2189						2189
合计	6017	18607	309	3446	59991		2243	1869	503		92983

说明：

（1）钢筋汇总表的格式按技术导则要求，统一分10列构件进行汇总。

（2）重量以公斤为单位取整。

2.7 辅助计算表

辅助计算表的应用源于1976年我国开始应用电子计算机，使用穿孔纸带向计算机录入原始数据的年代，与中国建筑技术发展中心研制的用于小型计算机的软件配套使用。当时设计的初始数据表是带定额号的，分基础、主体、装修和预制4个分部共34种表格，每个分部中均含一数表、二数表、三数表和四数表，故有些重复表格。

应用微电脑计算工程量源于1985年，当时设计的初始数据表为17种（见本书参考文献1）。统筹e算的表格始于2008年，将辅助计算表定型为12种（见本书参考文献2），从2012年开始，将清单算量和定额算量合为一体后，尤其是项目模板（清单/定额表）的应用，使算量与定额的关系松散，辅助计算表发展为单纯计算实物量所用。

辅助计算表是一种利用在图形大样上按图在表中输入数据（可显示在图中）或在图的指定位置输入数据，提取到表上而完成的一数多用、计算多项工程量的方法。例如：一个房间可以输入房间的长、宽、高和房间数，可计算出房间的总长（计算踢脚线）、平面面积（计算地面、顶棚）、立面面积（脚手架）和墙面积（需要再填写门窗洞口尺寸和墙垛尺寸）。统筹e算共设计了12种表。

A. 基础综合:计算基础挖槽、垫层、搅拌、模板、砌体、回填、运余土、钎探。

B. 挖槽:计算挖地槽、垫层、搅拌、模板、钎探。

C. 挖坑:计算挖方(圆)坑、垫层、搅拌、模板、钎探。

D. 截头方锥体:计算混凝土独立基础或柱帽等构件的混凝土、搅拌、模板。

E. 独立基础:计算杯型基础或独立基础等构件的混凝土、搅拌、模板。

F. 工形柱:计算工形柱的混凝土、模板、搅拌。

G. 构造柱:计算构造柱及马牙槎的混凝土、搅拌、模板、拉结筋。

F. 现浇构件:计算现浇构件(梁、柱、板)的混凝土、搅拌、模板。

G. 室内装修:计算房间的周长、墙面、地面、顶棚和脚手架。

H. 门窗装修:计算门窗、筒子板、贴脸、台板。

I. 屋面表:计算屋面、泛水、找坡、保温。

J. 市政道路表:计算道路基层、结合层、面层(市政工程专用)。

辅助计算表属于中间计算过程,它的计算式和结果都反映在计算书中,故不属于计算导则要求提供的六大表。下面通过 C 表和 G 表来介绍其结构和功能。

2.7.1 挖坑表

挖坑表的界面如图 2-3 所示。上半部分为按表格方式录入数据,下半部为图示界面,录入数据后在相应位置自动显示。

依次录入坑长、坑宽、垫层厚、垫层工作面、坑深、放坡系数 T(在基数中按混合土计算)和数量后,自动生成挖坑、垫层、垫层模板和钎探的工程量及相应的汇总量。

也可以在图示界面相应位置录入数据,选择提取后进入表格计算出结果。

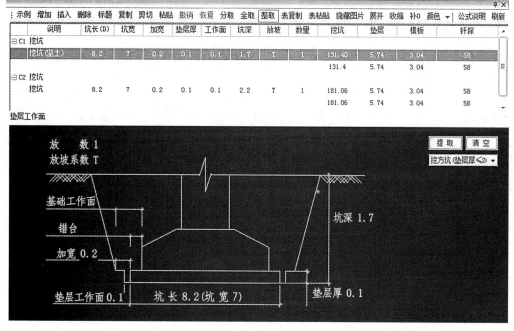

图 2-3 挖坑计算图表

说明:

(1)本例应结合附录 1 结施 02 来看。总挖坑深度为 2.2m,其中距室外坪 0.5m 为普通土,以下 1.7m 为坚土。表中先按 1.7m 计算挖坚土量,再按 2.2m 计算全部挖土量,用全部挖土量减去挖坚土量得出挖普通土量,这样做避免了计算普通土时先要计算底宽的麻烦。

(2)按计算规则:混凝土垫层的工作面为0.1m,混凝土基础的工作面为0.3m,基础错台为0.1m,故加宽部分为0.2m。

(3)根据定额计算规则,计算土方放坡系数时不计算垫层厚度。故放坡从垫层上平计算。地坑的计算公式:

$$\{[L+2C+T(H-D)]\times[B+2C+T(H-D)]\times(H-D)+T^2(H-D)^3/3+(L+2C1)\times(B+2C1)\times D\}\times N$$

式中:L表示坑长;B表示坑宽;C表示加宽;D表示垫层厚;C1表示垫层工作面;H表示坑深;T表示放坡系数;N表示数量。

(4)其他计算公式:

$$垫层量=L\times B\times D\times N$$

$$模板量=2\times(L+B)\times D\times N$$

钎探量为每个坑的底面积进位取整后再乘以数量。

(5)将表格计算结果调入实物量中有3种模式:

①分取:选取C1或C2,将其中的数据和结果分别调入。

②全取:将C表中的数据和结果全部调入并合并。

③整取:将C表中的数据和结果全部调入,但不合并。

以下是将C表整取调入实物量计算书的结果,见表2-13。

实物量计算书

表2-13

序号	编号/部位	项目名称/计算式		工程量
1		挖坑:坚土	m³	131.4
		(8.6+T×1.6)×(7.4+T×1.6)×1.6+T^2×1.6^3/3+8.4×7.2×0.1		
2		垫层	m³	5.74
		8.2×7×0.1		
3		垫层模板	m²	3.04
		2×(8.2+7)×0.1		
4		钎探	个	58
		58		
5		挖坑	m³	181.06
		(8.6+T×2.1)×(7.4+T×2.1)×2.1+T^2×2.1^3/3+8.4×7.2×0.1		
6		挖坑:垫层	m³	5.74
		8.2×7×0.1		
7		挖坑:模板	m²	3.04
		2×(8.2+7)×0.1		
8		挖坑:钎探	个	58
		58		

2.7.2 室内装修表

室内装修表的界面如图2-4所示。上半部分为按表格方式录入数据,下半部为图示界面,录入数据后在相应位置自动显示。

依次录入房间的a边、b边和高度,当高度大于3.6m时,脚手架按满堂脚手计算,工程量同平面面积,否则计算装饰脚手架面积(不扣门窗洞口)。

增垛扣墙是指遇附墙垛要增加侧面的抹灰面积,扣墙(前面加"－"号)是指墙体断开部分(连脚手架也不计算)。

立面洞口指的是门、窗及洞口,这里可直接录入门窗洞变量(如 M1+3C1),调用门窗表数据。

输入间数后,自动生成踢脚线、墙面、平面和脚手架面积及相应的汇总量。

当遇到 L 形房间时,要采用大扣小的方法,按房间的两个长边录入数据,按一个大面积计算平面、踢脚、墙面和脚手架,在下一行再把应扣除面积的 a 边和 b 边录入,不要输入高度,则本行只计算平面面积。这样做可以少录入扣墙的长度,少计算 3 个(踢脚线、墙面、脚手架)工程量。

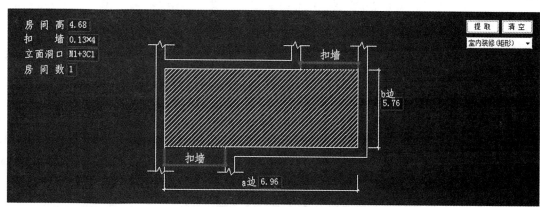

图 2-4　室内装修计算图表

说明:

(1)本例应结合附录 1 建施 02 来看。房间净长 6.96,净宽 5.76,净高 3.3－0.12＋1.5＝4.68(要遵循先数字轴后字母轴的顺序和与心算结合的原则)。房间内的台阶部分另外处理。

(2)房间内有 2 个附墙垛,按增垛填写 0.13×4。

(3)立面门窗洞口填 1 个 M1、3 个 C1,间数为 1 间。

(4)后面得出踢脚线、墙面和平面的工程量。

$$周长工程量＝[2×(a＋b)－Q]×N(按长度计算)$$

$$墙面积工程量＝\{[2×(a＋b)－Q]×H－D\}×N$$

$$平面(地面或顶棚)面积工程量＝a×b×N$$

$$脚手架工程量＝[2×(a＋b)－Q]×H×N(墙脚手)$$

实物量计算书　　　　　　　　　　　　　　　　　　　表 2-14

序号	编号/部位	项目名称/计算式		工程量
9		踢脚线	m	24.16
		2×(6.96＋5.76)＋0.13×4－1.8		
10		墙面	m²	101.29
		[2×(6.96＋5.76)＋0.13×4]×4.68－M1－3C1		
11		平面	m²	40.09
		6.96×5.76		

2.8 工程量计算书

2.8.1 清单工程量计算表

在《2013 计量规范》中没有公布计算表的样式,在《2013 规范辅导》中普遍应用的清单工程量计算表仅适用于手算,现将《2013 规范辅导》第 235 页的例题(图纸省略)摘录如下(表 2-15):

清单工程量计算表

工程名称:某工程   表 2-15

序号	清单项目编码	清单项目名称	计 算 式	工程量合计	计量单位
1	010101001001	平整场地	$S=11.04\times3.24+5.1\times7.44=73.71$	73.71	m²
2	010101003001	挖沟槽土方	$L_中=(10.8+8.1)\times2=37.8$ $L_内=3-0.92-0.3\times2=1.48$ $S1-1(2-2)=(0.92+2\times0.3)\times1.3=1.98$ $V=(37.8+1.48)\times1.98=77.77$	77.77	m³

该表存在的问题如下:

(1)清单与定额量应同时计算。在 2013 计价规范中,将工程量清单和招标控制价由招标方编制均列为强制性条文,不允许只编制工程量清单而不编制招标控制价,故只有清单工程量而没有定额工程量计算的表是不完善的。

(2)表 2-15 中仅有清单项目名称而没有特征描述,应执行名称与描述合二为一的方式。

(3)表 2-15 是一种手算方式,与当今广泛应用电算的时代不符。

将表 2-15 的数据用统筹 e 算方式表示,见表 2-16。

2.8.2 工程量计算书

工程量计算书(表 2-16)是计算技术导则中强制执行的统一表格,适用于电算。

工程量计算书

工程名称:某工程   表 2-16

序号	编号/部位		项目名称/计算式		工程量	
1	1	010101001001	平整场地	m²		73.71
		S	$11.04\times8.34-3.6\times5.1$			
2		1-4-1	人工场地平整	m²	167.23	
	1	W	$2(11.04+8.34)=37.8$			
	2		D1+2H1+16		167.23	
3	2	010101003001	挖沟槽土方;坚土	m³		78.8
	1	L	$(10.8+8.1)\times2=37.8$			
	2	K	$3-0.92=2.08$			
	3		$(H1+H2)\times1.52\times1.3$		78.8	
4		1-2-12	人工挖沟槽坚土深 2m 内	=		78.8
5		1-4-4-1	基底钎探(灌砂)	眼	62	
			D3/1.3+1			

说明：

(1)电算可以采用代数算法(使用变量和序号变量)，手算只能使用算数算法。

(2)为了统一列式，要求严格执行技术导则规定。第 1 项计算式 $11.04 \times 8.34 - 3.6 \times 5.1$ 是按第 1 章所讲的 11 条数据采集规程的以大扣小原则录入数据，符合技术导则要求。而与此结果相同的表 2-16 中的 $11.04 \times 3.24 + 5.1 \times 7.44 = 73.71$ 计算式是不规范的。

(3)变量有两种形式：基数变量和序号变量。例如：第 2.2 项的计算式中，第 1 项的值，可以在基数表中定义为 S(基数变量)后，用 S 来表示，也可以用 D1(序号变量)来表示。

(4)平整场地的清单工程量等于外围面积，定额工程量应按现行定额计算规则，外加 2m 计算。

(5)挖基础土方的清单工程量，按 2013 规范规定，应考虑放坡和工作面，本案例是坚土，按规范的三类土考虑，放坡起点为 1.5m，故不予考虑，仅考虑工作面 0.3m，原基础宽度 0.92m，现按 1.52m 计算。

(6)挖基础土方的长度，外墙按中心线长计算，内墙依据清单计算规则，以基础垫层底面积乘以挖土深度计算，规范辅导中扣除了工作面是不对的，故结果 78.80 与 77.77 不符。

(7)第 4 项定额的工程量与 2013 清单计量规范的计算规则一致，故用"="号表示工程量与计量单位均与上项相同，不需重复计算。

(8)按山东省定额计算规则，1-2-12 挖沟槽中的工作内容包含基底夯实，不需单列；但若实行大开挖，套用挖土方定额子项时，需另加 1-4-5～8 原土夯实项目。

(9)1-4-4-1 是原定额 1-4-4 基底钎探与 1-4-17 钎探灌砂的合并换算定额。由于这两项定额不可分割，故做成换算定额将 2 项定额合二为一。其工程量按每平方米 1 个计算。

(10)在计算过程中，基数取 3 位小数，中间结果和计算式按规范中的计量单位的精度要求来保留小数。

2.8.3 工程量计算书与清单工程量计算表的区别

计算表只计算清单工程量，序号为 1 列；计算书是清单量与定额量同时计算，序号为 2 列，第 1 列表示总序号(居中)，第 2 列表示清单序号(靠右)和项内计算式序号(靠左，当计算式只有 1 行时省略)。

计算表的清单项目编码列只列出清单编码；计算书则为编号/部位列，可填写清单编码、定额号和部位名称。

计算表的项目名称和计算式分为 2 列，项目名称单占 1 列，将特征描述填入计算式列内；计算书的项目名称与计算式在同一列内，可填写清单(含特征描述)、定额名称、计算式和单位、中间结果。

计算表的工程量合计为 1 列，只表示清单工程量；计算书为 2 列，分别表示清单量和定额量。

计算表属于手算范畴，只能手工录入清单编码及名称、定额号及名称等；计算书则可以一次调入项目模板，也可逐项录入清单编码或定额号后，自动带出名称，输入换算号时，自动进行换算而不需人机对话。

计算表只能录入数字进行算数运算；计算书则可实现基数变量调用和序号变量、二维序号变量的调用，彻底解决统筹法中一算多用的问题。

总之，计算书应当由电脑来完成。现在已全面进入信息时代，一切手算的表格和计算均应由电脑来实现。尤其是大学教材和 2013 建设工程计价计量规范辅导中的例题，不应再采用手算方式来讲解计算原理和表示方法。这是时代的要求，应当向财务人员脱离手工记账、设计人员甩掉图板那样来一次彻底的变革，而不是一提起工程计量的电算化就单指要用图形算量，因为图形算量存在不易交流、计算式繁杂且不完整、计算结果难于核对等诸多问题。应当重视与手算接近的统筹 e 算方法，实行电算和手算相结合的方法来保证其正确性和完整性。

由计量软件的"奴隶"到计量软件的"主人"，统筹 e 算给出了一个解决问题的范例。

复 习 思 考 题

1. 分析目前国内教材中的工程量计算顺序与技术导则六大表顺序的区别。

2. 分析传统统筹法计算基数的"三线一面"与统筹 e 算的"三线三面"的区别。

3. 用实例说明进行图纸审查与校核工程量的必要性和方法。

4. 如何让自己的工作成果发挥更大效益?

5. 简述门窗统计表、门窗表和过梁表的生成过程和应用。

6. 简述三类基数的应用。

7. 简述项目模板(清单/定额表)的用途。

8. 简述构件表的应用。

9. 定额的计算规则中,前面讲"梁高算至板底",后一条则是工程量按梁、板体积之和计算,你是如何理解的? 何时会出现两种计算结果,你将如何解决?

10. 简述钢筋明细表与钢筋汇总表的应用。

11. 掌握挖坑计算表的应用,用其他图算或表算软件对书中计算结果进行验证和对比。

12. 掌握室内装修计算表的应用,用其他图算或表算软件对书中计算结果进行验证和对比。

13. 简述工程量计算书与规范辅导中清单工程量计算表的区别。

14. 有人希望软件能自动计量和计价,你认为何时能实现? 请说明理由。

15. 请对当前大学教材中有关计量部分的内容做出评价。

16. 试分析当前造价专业大学毕业生出校门后不能立即上手工作的原因和对策。

3 泵房工程计量

3.1 泵房案例清单/定额知识

3.1.1 基础工程

1. 场地平整

我们查得定额中每 $10m^2$ 人工平整场地 41.58 元和机械平整场地 5.67 元(2013 省价),但不能因此断定机械平整场地是便宜的。因为机械平整需要推土机进场费 3959.89 元,故要通过计算找到一个等价的临界点 k,才能判断出是人工便宜还是机械便宜。

$$41.58k=5.67k+3959.89$$
$$k=3959.80/(41.58-5.67)=110.27(10m^2)$$

即当人工挖土且场地平整的工程量大于 $1102.7m^2$ 时,机械平整场地才比人工平整场地便宜。如果采用机械挖土时,此项推土机进场费可由挖土来共同承担,这时应采用机械平整场地。

2. 挖基础土方及外运

(1)单独土石方要满足室外坪以上、大于 $5000m^3$ 两个条件。有的案例遇大开挖基坑土方时自动套出的 1-1-1 人工挖普通土是错误的。

(2)应分清挖土方与挖基坑土方的界限。有的案例遇大开挖基坑土方时自动套出的 1-3-12 挖掘机挖槽坑普通土也是错误的。

(3)一般机械挖土方应套 6 项定额(其中 2 项是机械进场费)。

项目清单定额表   表 3-1

序号	项目名称及工作内容	编号	清单/定额名称
	建筑		
1	平整场地	010101001	平整场地
		1-4-2	机械场地平整
		10-5-4	75kW 履带推土机场外运输
2	挖基坑土方	010101004	挖基坑土方;普通土
	①大开挖(普通土)	1-3-9	挖掘机挖普通土
	②基底钎探(灌砂)	010101004	挖基坑土方;坚土
	③基底夯实	1-3-10	挖掘机挖坚土
		1-2-3-2	人工挖机械剩余 5%坚土深 2m 内
		1-4-4-1	基底钎探(灌砂)
		1-4-6	机械原土夯实
		10-5-6	$1m^3$ 内履带液压单斗挖掘机运输费

以上是挖土外运 1km 内且人工挖土部分不外运的情况下。

当土方全部外运且运距超过 1km,例如运距为 10km 时应增加 3 项定额:①1-3-45(装载机装土方);②1-3-57(自卸汽车运土方 1km 内);③1-3-58×9(自卸汽车运土方增运 1km×9)。其中,前 2 项为人工挖土外运,第 3 项为全部土方外运超运距的定额套项。

（4）人工挖沟槽的定额工作内容中包含槽底打夯,如果套用人工挖土方或机械挖土方定额时,需另加机械原土夯实。

（5）2013 清单计价规范规定:底面积不大于 $150m^2$ 时为基坑,否则为挖土方;定额规定:底面积不大于 $20m^2$ 时为基坑,本案例底面积为 $57.4m^2$,仍执行定额规定按挖土方计算。

3. 关于放坡及工作面的工程量

2013 清单和定额计算规则中有关放坡和工作面的规定如下:

基础施工所需的工作面按表 3-2 计算。

基础工作面宽度表　　　　　　　　　　　　　　　表 3-2

基础材料	单边工作面宽度（m）
砖基础	0.20
毛石基础	0.15
混凝土基础	0.30
基础垂直面防水层	（自防水层面）0.80
支挡土板	0.10

混凝土垫层工作面宽度按支挡土板计算。

土方开挖的放坡深度和放坡系数,按设计规定计算。设计无规定时按表 3-3 计算。

土方放坡系数表　　　　　　　　　　　　　　　表 3-3

土 类	放坡系数		
	人工挖土	机械挖土	
		坑内作业	坑上作业
普通土	1：0.50	1：0.33	1：0.65
坚 土	1：0.30	1：0.20	1：0.50

（1）土类为单一土质时,普通土开挖深度大于 1.2m、坚土开挖深度大于 1.7m,允许放坡。

（2）土类为混合土质时,开挖深度大于 1.5m,允许放坡。放坡坡度按不同土类厚度加权平均计算综合放坡系数。

（3）计算土方放坡深度时,当垫层高度小于 200mm 时不计算基础垫层的厚度。

（4）放坡与支挡土板相互不得重复计算。

（5）计算放坡时,放坡交叉处的重复工程量不予扣除。

4. 基底钎探与回填土

（1）基底钎探应再套灌砂定额或直接套 1-4-4-1 换算定额,该定额包含了两项定额的工作内容和消耗量。

（2）回填土的工程量应由挖土量扣除基础、砌体、垫层以及地面用土。2008 清单与定额的不同在于挖土的计算规则不同（定额要增加放坡和工作面）,故形成清单的回填土量小于定额回填土量而使综合单价偏高的情况。结算时由于清单的挖土量增加而使回填土的总价格过高。

2013 清单计价规范与定额计算规则相同。本工程按 2013 规范计算。

（3）由于回填而产生的运土项目,应考虑回填夯实增加的系数 1.15。

（4）本工程采用灰土回填,套用 1-4-12-2、1-4-13-2 子目,人工增 3.12 工日,增 3:7 灰土 $10.1m^3$。由于采用就地取土,每立方米需土量为 10.1×1.15。

5. 基础

(1)基础与墙身以设计室内地坪为界,设计室内地坪以下为基础、以上为墙身。有地下室者,以地下室室内地坪为界,以下为基础,以上为墙身。挡土墙与基础的划分以挡土墙设计地坪标高低的一侧为界,以下为基础,以上为墙身。本工程应以半地下室室内地坪－1.500 为界。但在清单中应考虑包括地上的防潮层。

(2)构造柱的高度由基础圈梁顶至女儿墙压顶底计算。

(3)垫层按 2013 规范规定:混凝土垫层按附录 E 中编码 010501001 列项,除外没有包括垫层要求的清单项目(如灰土垫层等)按 010404001 列项。

3.1.2 主体工程

1. 墙高度

(1)外墙:清单计价规范规定:有钢筋混凝土楼板隔层者算至板顶,平屋顶算至钢筋混凝土板底。定额计算规则规定:平屋顶算至钢筋混凝土板顶。

(2)女儿墙:从屋面板上表面算至女儿墙顶面(如有混凝土压顶时算至压顶下表面)。

(3)本教程是按图示高度计算,即外墙算至女儿墙压顶底,扣除圈梁和构造柱,墙垛并入墙体计算。

2. 构造柱高度

构造柱按全高计算,嵌接墙体部分(马牙槎)并入柱身体积。马牙槎按出槎长度的一半乘以柱高计算,不考虑扣除门窗口侧壁无槎部分。

3. 梁、板

凡与梁整浇的板均按有梁板计算。本工程外墙为 QL,有梁板算至外墙内皮。

4. 屋面

(1)2013 计量规范中的卷材防水和涂膜防水项目,将原 2008 规范中抹找平层的工作内容取消,另立一个找平层项目清单。

(2)关于平屋面防水采用保温层来找坡的厚度,一般均采用两个方向不同的坡度,例如本工程的 2%和 1%,其找坡的平均厚度在基数中进行计算。

5. 钢筋

(1)关于钢筋清单的划分,目前有 3 种方法:一是以钢筋规格和类型详细分列;二是按钢筋类型分为 φ10 以上和 φ10 以下列出清单;三是按钢筋类型不分规格列出清单。我们采用的是第 3 种方式。

(2)同一规格的箍筋与其他钢筋分列。

(3)钢筋接头不单设清单,而是列入同类型的清单内。

3.1.3 措施项目

1. 模板与混凝土项目同时计算,是按 2013 规范规定含在构件清单内或由软件来处理归入措施项目。

2. 砌体项目的脚手架与砌体同时计算,由软件来处理归入措施项目。

3. 有梁板不计算脚手架。

3.1.4 装修工程

1. 门窗的计量单位应采用"m²",而不宜采用"樘"。这样做符合国情,因为定额的计量单位是"m²"。另外,还要考虑砌体和抹灰墙面的扣减问题,若采用"樘"是无法调用其工程量的。

2. 块料楼地面应注意 2008 规范清单计算规则与定额计算规则是不同的。前者规定:门洞、空圈、暖气包槽、壁龛的开口部分不增加面积;后者规定:门洞、空圈、暖气包槽、壁龛的开口部分并入相应的工程量内。2013规范则与定额计算规则是一致的。

3. 关于清单计量单位与定额计量单位的不同问题。块料踢脚线在2008规范中以"m²"为单位,在2013规范中以"m²"或"m"为单位,这样做就能使清单与定额两者的计算单位统一,而不需要换算。

4. 关于装修工程中的脚手架问题,应与墙面抹灰(套装饰脚手)和顶棚抹灰(>3.6m时套满堂脚手)同时计算,形成的工程量表由软件来处理归入措施项目。

3.2 泵房门窗过梁表、基数表、构件表

这3种表格应在熟悉图纸的过程中完成,是技术导则要求为便于对量而必须提供的表格。

3.2.1 门窗过梁表(表3-4、表3-5)

门窗表

工程名称:泵房 表3-4

门窗号	图纸编号	洞口尺寸	面积	24W墙	数量	洞口过梁号
M1	M1824	1.8×2.4	4.32	1	1	GL1
C1	C1815	1.8×1.5	2.7	3	3	GL2

过梁表

工程名称:泵房 表3-5

过梁号	图纸编号	L×B×H	体积	24W墙	数量	洞口门窗号
GL1	YP	2.3×0.24×0.3	0.166	1	1	M1
GL2	J-2-03	2.3×0.24×0.24	0.132	3	3	C1

3.2.2 基数表(表3-6)

基数表

工程名称:泵房 表3-6

序号	变量	部位及名称	计算式	基数值
1	S	外围面积	7.44×6.24	46.426
2	W	外墙长	2(7.44+6.24)	27.36
3	L	外墙中	W−0.96	26.4
4	R	室内面积	6.96×5.76	40.09
5	Q	墙体面积	L×0.24	6.336
6		校核	S−Q−R=0	
7	JT	建筑体积	S×4.8	222.845
8	TH	屋面找坡厚度	0.04+(5.76×0.02+3.48×0.01)/2	0.115
9	T	综合放坡系数	(0.5×0.65+1.6×0.5)/2.1	0.536
10	TL	台阶坡度系数	SQRT(1.5^2+2^2)/1.8	1.389

说明：

(1)屋面找坡厚度的计算如图 3-1 所示。

图 3-1　屋面找坡厚度的计算图表

(2)综合放坡系数：根据图纸说明，室外坪以下 500mm 为普通土，以下为坚土，由表 3-3 查得：坑上作业普通土的放坡系数为 0.65，深度为 0.5m，坚土的放坡系数为 0.5，深度为 1.6m，则混合土的放坡系数为：(0.5×0.65＋1.6×0.5)/2.1＝0.536。

(3)台阶坡度系数：此坡度系数用于计算室内台阶的斜长，SQRT(1.5^2＋2^2)/1.8＝1.389。

3.2.3 构件表(表 3-7)

构件表

工程名称：泵房
　　　　　　　　　　　　　　　　　　　　　　　　　　　　　　　　　　　表 3-7

序号	构件类别/名称		L	a	b	基础	一层	数量
1	条形基础							
		J-1	L	1.8	0.3	1		1
2	设备基础							
			0.7	0.7	0.65	1		1
3	圈梁							
	1	DQL	L	0.24	0.24	1		1
	2	QL-1	L	0.24	0.24		1	1
4	构造柱							
	1	GZ	1.56＋3.8	0.24	0.24		4	4
	2	女儿墙 GZ	0.5	0.24	0.24		10	10
5	有梁板							
	1	板	R		0.12		1	1
	2	梁	6.24	0.25	0.38		1	1
	3	梁垫	0.35×0.24＋0.37×0.13		0.24		2	2
6	雨篷							
			2.3	0.9			1	1
7	压顶							
		女儿墙	L	0.36	0.085		1	1

说明：

(1)表中的 L、R 均来自基数。

(2)当 a、b 为空时默认为 1。

(3)女儿墙中间构造柱按每 2m 一个考虑。

3.3 泵房项目清单/定额表

泵房项目清单/定额表,见表3-8。

项目清单/定额表

工程名称:泵房

表 3-8

序号	项 目 名 称	编 号	清单/定额名称
	建筑		
1	平整场地	010101001	平整场地
	平整场地	*1-4-2	机械场地平整
		10-5-4	75kW 履带推土机场外运输
2	挖基坑土方	010101004	挖基坑土方;普通土
	①大开挖(普通±0.5m,以下为坚土)	*1-3-9	挖掘机挖普通土
	②基底钎探(灌砂)	010101004	挖基坑土方;坚土
	③基底夯实	1-3-10	挖掘机挖坚土
		*1-2-3-2	人工挖机械剩余5%坚土深2m内
		*1-4-4-1	基底钎探(灌砂)
		1-4-6	机械原土夯实
		10-5-6	1m³ 内履带带液压单斗挖掘机运输费
3	带形基础	010501001	垫层;C15
	①C15 砼垫层	*2-1-13-1′	C154 商砼无筋砼垫层(条形基础)
	②C30 条基	*10-4-49	砼基础垫层木模板
		010501002	带形基础;C30
		*4-2-4.39′	C304 商砼无梁式带形基础
		*10-4-12′	无梁砼带形基胶合板模木支撑[扣胶合板]
		*10-4-310	基础竹胶板模板制作
4	设备基础	010501001	垫层;设备基础垫层 C15
	①C15 砼垫层	2-1-13-2′	C154 商砼无筋砼垫层(独立基础)
	②C30 设备基础	10-4-49	砼基础垫层木模板
		010501006	设备基础;C30
		*4-2-14.39′	C304 商砼设备基础
		*4-2-15.39′	C304 商砼二次灌浆
		10-4-61′	5m³ 内设备基础胶合板模钢支撑[扣胶合板]
		10-4-310	基础竹胶板模板制作
5	集水坑槽	010507003	地沟;集水沟槽,C15
	①C15 集水坑槽	4-2-59.19′	C152 商砼小型池槽
		10-4-214	小型池槽木模板木支撑(外形体积)
6	砖基础	010401001	砖基础;M10 砂浆
	①M10 砂浆粉煤灰砖墙 240	*3-1-1.09	M10 砂浆基础

(续表)

序号	项 目 名 称	编　　号	清单/定额名称
7	基础圈梁	010503004	圈梁;基础圈梁 C25
	①C25 基础圈梁	＊4-2-26.28′	C253 商砼圈梁
		＊10-4-127′	圈梁胶合板模板木支撑[扣胶合板]
		10-4-310	基础竹胶板模板制作
8	回填	010103001	回填方;3:7灰土
	①槽坑回填	1-4-12-2	槽坑人工夯填3:7灰土(就地取土)
	②余土外运 10km	＊1-4-13-2	槽坑机械夯填3:7灰土(就地取土)
		1-3-45	装载机装土方
		1-3-57	自卸汽车运土方1km内
		1-3-58＊9	自卸汽车运土方增运1km×9
9	构造柱	010502002	构造柱;C25
	①C25 构造柱	＊4-2-20′	C253 商品砼构造柱
		＊10-4-89′	矩形柱胶合板模板木支撑[扣胶合板]
		＊10-4-312	构造柱竹胶板模板制作
10	过梁	010503005	过梁;C25
	①C25 现浇过梁	＊4-2-27.28′	C253 商砼过梁
		＊10-4-118′	过梁胶合板模板木支撑[扣胶合板]
		10-4-313	梁竹胶板模板制作
11	圈梁	010503004	圈梁;C25
	①C25 圈梁	4-2-26.28′	C253 商砼圈梁
		10-4-127′	圈梁胶合板模板木支撑[扣胶合板]
		10-4-313	梁竹胶板模板制作
12	压顶	010507005	压顶;C25
	①C25 压顶	＊4-2-58.2′	C252 商砼压顶
		10-4-213	扶手,压顶木模板木支撑
13	砌体	010401003	实心砖墙;M10 砂浆粉煤灰砖墙 240
	①M10 砂浆粉煤灰砖墙 240	3-3-3.09	M10 砂浆结粉煤灰轻质砖墙 240
	②20 厚防潮层 1:2.5 水泥砂浆加 5% 防水粉	6-2-5H	基础 1:2.5 防水砂浆防潮层 20
	③M7.5 混浆粉煤灰砖墙 240	010401003	实心砖墙;M7.5 混浆粉煤灰砖墙 240
		＊3-3-3.04	M7.5 混浆结粉煤灰轻质砖墙 240
		＊10-1-103	双排外钢管脚手架6m内
14	有梁板	010505001	有梁板;C30
	①C30 有梁板	＊4-2-36.2′	C302 商砼有梁板
		＊10-4-160′	有梁板胶合板模板钢支撑[扣胶合板]
		＊10-4-315	板竹胶板模板制作
		10-4-176	板钢支撑高超过 3.6m 每增 3m

（续表）

序号	项目名称	编号	清单/定额名称
15	雨篷	010505008	雨篷;C25
	①C25雨篷	*4-2-49.21'	C252商砼雨篷
		*4-2-65.21*2'	C252商砼阳台,雨篷每+10×2
		10-4-203	直形悬挑板阳台雨篷木模板木支撑
16	屋15:水泥砂浆平屋面	010902003	屋面刚性层;屋面二次抹压防水层25
	①25厚1:2.5水泥砂浆抹平压光1m×1m分格,密封胶嵌缝	6-2-3	水泥砂浆二次抹压防水层20
	②隔离层(干铺玻纤布)1道	9-1-3-2	1:2.5砂浆找平层±5
	③防水层:3厚高聚物改性沥青防水卷材	010902001	屋面卷材防水;改性沥青防水卷材2道
	④刷基层处理剂1道	9-1-178	地面耐碱纤维网格布
	⑤20厚1:3水泥砂浆找平	6-2-34	平面一层高强APP改性沥青卷材
	⑥保温层:硬质聚氨酯泡沫板	010902002	屋面涂膜防水;改性沥青防水涂料
	⑦防水层:3厚高聚物改性沥青防水涂料	6-2-88	平面聚合物复合改性沥青1遍
	⑧刷基层处理剂1道	9-4-243	防水界面处理剂涂敷
	⑨20厚1:3水泥砂浆找平	011101006	平面砂浆找平层;1:3水泥砂浆2遍
	⑩40厚(最薄处)1:8水泥珍珠岩找坡层2%	*9-1-1	1:3砂浆硬基层上找平层20
	⑪钢筋砼屋面板	9-1-2	1:3砂浆填充料上找平层20
		011001001	保温隔热屋面;聚氨酯泡沫板100
		6-3-42	砼板上干铺聚氨酯泡沫板100
		011001001	保温隔热屋面;现浇水泥珍珠岩1:8找坡
		*6-3-15-1	砼板上现浇水泥珍珠岩1:8
17	地6:细石砼防潮地面防水	010904002	地面涂膜防水
	①1厚合成高分子防水涂料	6-2-93	1.5厚LM高分子涂料防水层
	②刷基层处理剂1道	9-4-243	防水界面处理剂涂敷
18	屋面排水	010902004	屋面排水管;塑料水落管φ100
	①塑料落水管	*6-4-9	塑料水落管φ100
	②铸铁弯头落水口	*6-4-22	铸铁弯头落水口(含算子板)
	③塑料水斗	*6-4-10	塑料水斗
19	一级钢筋	010515001	现浇构件钢筋;一级钢
	①砌体加固筋φ6	*4-1-2	现浇构件圆钢筋φ6.5
	②现浇钢筋φ6	*4-1-3	现浇构件圆钢筋φ8
	③箍筋	*4-1-53	现浇构件箍筋φ8
		*4-1-98	砌体加固筋φ6.5内
20	三级钢筋	010515001	现浇构件钢筋;三级钢
	①现浇钢筋	*4-1-104	现浇构件螺纹钢筋Ⅲ级φ8
		*4-1-105	现浇构件螺纹钢筋Ⅲ级φ10
		*4-1-106	现浇构件螺纹钢筋Ⅲ级φ12
		*4-1-107	现浇构件螺纹钢筋Ⅲ级φ14
		*4-1-111	现浇构件螺纹钢筋Ⅲ级φ22

（续表）

序号	项 目 名 称	编　号	清单/定额名称
21	砼散水:散 1	010507001	散水:散 1
	①60 厚 C20 砼随打随抹,上撒 1:1 水泥细砂压实抹光	＊8-7-51′	C20 细石商砼散水 3:7 灰土垫层
	②150 厚 3:7 灰土	10-4-49	砼基础垫层木模板
	③素土夯实		
22	砼台阶 L03J004-1/11	010507004	台阶:C20
	①素土夯实(另列)	＊4-2-57′	C202 商品砼台阶
	②100 厚 C15 砼垫层(另列)	10-4-205	台阶木模板木支撑
	③C20 砼台阶		
	④防滑地砖台阶抹面(装饰)		
23	砼垫层	010501001	垫层;C15
	①素土夯实	1-4-6	机械原土夯实
	②100 厚台阶 C15 砼垫层	2-1-13′	C154 商砼无筋砼垫层
	③60 厚地面 C15 砼垫层		
24	灰土垫层	010404001	垫层;3:7 灰土就地取土
	①300 厚地面 3:7 灰土	2-1-1-3	3:7 灰土垫层(就地取土)
	②150 厚室内台阶灰土		
25	竣工清理	01B001	竣工清理
	竣工清理	＊1-4-3	竣工清理
	装饰		
26	塑钢门	010802001	塑钢门
	①塑钢门	5-6-1	塑料平开门安装
27	塑钢窗	010807001	塑钢窗;带纱扇
	①成品塑钢窗带纱扇	5-6-3	塑料窗带纱扇安装
28	窗台板	010809004	石材窗台板;花岗岩窗台
	①花岗石窗台	＊9-5-23	窗台板水泥砂浆花岗岩面层
29	地 6:细石砼防潮地面	011101003	细石混凝土地面;地 6
	①40 厚 C20 细石砼,表面撒 1:1 水泥砂子随打随抹光	9-1-26′	C20 细石商砼地面 40
	②1 厚合成高分子防水涂料(另列)	9-1-1	1:3 砂浆硬基层上找平层 20
	③刷基层处理剂 1 道(另列)		
	④20 厚 1:3 水泥砂浆抹平		
	⑤素水泥 1 道		
	⑥60 厚 C15 砼垫层(另列)		
	⑦300 厚 3:7 灰土夯实(另列)		
	⑧素土夯实,压实系数≥0.9(另列)		

（续表）

序号	项目名称	编号	清单/定额名称
30	踢4：面砖踢脚（砖墙）	011105003	块料踢脚线；面砖踢脚
	①5～10厚面砖，用3～5厚1:1水泥砂浆或建筑胶粘剂粘贴，白水泥浆擦缝	9-1-86	水泥砂浆彩釉砖踢脚板
	②6厚1:2.5水泥砂浆压实抹光		
	③9厚1:3水泥砂浆打底扫毛		
31	棚4：混合砂浆涂料顶棚	011301001	天棚抹灰；棚4
	①现浇钢筋砼楼板	9-3-5	砼面顶棚混合砂浆找平
	②素水泥浆1道	＊10-1-27	满堂钢管脚手架
	③7厚1:0.5:3水泥石灰膏砂浆打底扫毛	011407002	天棚喷刷涂料；刷乳胶漆2遍
	④7厚1:0.5:2.5水泥石灰膏砂浆找平	9-4-151	室内顶棚刷乳胶漆2遍
	⑤内墙涂料		
32	内墙4：混合砂浆抹面内墙（砖墙）	011201001	墙面一般抹灰；内墙4
	①内墙涂料	9-2-31	砖墙面墙裙混合砂浆14+6
	②7厚1:0.3:2.5水泥石灰膏砂浆压实赶光	9-2-108	1:1:6混合砂浆装饰抹灰±1
	③7厚1:0.3:3水泥石灰膏砂浆找平扫毛	011407001	墙面喷刷涂料；刷乳胶漆2遍
	④7厚1:1:6水泥石灰膏砂浆打底扫毛	9-4-152	室内墙柱光面刷乳胶漆2遍
33	外墙9：涂料外墙（砖墙）	011201001	墙面一般抹灰；外墙9
	①外墙涂料	9-2-20	砖墙面墙裙水泥砂浆14+6
	②8厚1:2.5水泥砂浆找平	9-2-54＊-2	1:3水泥砂浆一般抹灰层-1×2
	③10厚1:3水泥砂浆打底扫毛	011203001	零星项目一般抹灰；外墙9
		9-2-25	零星项目水泥砂浆14+6
		011407001	墙面喷刷涂料；外墙涂料
		9-4-184	抹灰外墙面丙烯酸涂料（一底二涂）
34	砼台阶抹面：L03J004-1/11	011107002	块料台阶面；防滑地砖台阶面
	①防滑地砖台阶面	9-1-85	彩釉砖台阶
35	地砖地面	011102003	块料地面；彩釉地砖
	①防滑地砖	9-1-80	1:2.5砂浆10彩釉砖楼地面800内
	②C15砼垫层80（另列）		
	③3:7灰土垫层150（另列）		
36	栏杆：L03J004-2	011503001	金属扶手带栏杆；L03J004-2
	①钢管栏杆	9-5-206	钢管扶手型钢栏杆
		9-4-117	调和漆2遍、金属构件

本案例取自某咨询单位的内部测试题（见本书参考文献12）。原答案由图算软件仅提供定额54项（见表3-8中的带"＊"号的定额号），尚不含清单项。我们根据2013清单工程量计算规范和山东省2003消耗量定额计算规则，结合图纸要求，对本案例制作了项目模板（表3-8），其中含清单项目55项，包含定额107项，共162项。下面我们对漏掉的定额项目做一下统计，以便吸取经验，提高定额应用与编制水平。

（1）挖掘机挖普通土应考虑挖掘机和推土机的大型机械进场费用。

(2)挖土方应考虑机械原土夯实。

(3)图纸要求用灰土回填,而不是一般夯填土。

(4)独立基础垫层与条形基础垫层应分别列出。

(5)设备基础应考虑模板。

(6)应考虑集水沟槽的工程量和模板。

(7)槽边回填考虑用人工,地坪回填考虑用机械。

(8)应考虑余土的外运。

(9)应考虑基础防潮层。

(10)基础圈梁与楼板下圈梁及模板应分开计算。

(11)有梁板应套有梁板和有梁板的模板,不应将梁和板分开。

(12)有梁板的模板超过 3.6m,应考虑增加模板超高。

(13)压顶应考虑模板。

(14)砖墙在±0.000 以下用 M10 砂浆砌筑,以上用 M7.5 砂浆,缺 M10 砂浆项。

(15)屋面卷材防水漏套 6 项定额。

(16)漏套聚氨酯泡沫板和找平层。

(17)漏套散水模板。

(18)混凝土台阶漏套原土夯实、垫层和模板。

(19)漏套门窗项目。

(20)漏套细石混凝土防潮地面 6 项定额。

(21)漏套踢脚板。

(22)漏套天棚抹灰和喷浆。

(23)漏套内墙抹灰和喷浆。

(24)漏套外墙抹灰和喷浆。

(25)漏套台阶抹面。

(26)漏套地砖及垫层。

(27)按图纸指定的标准图集要求:室内台阶为砖砌挡墙和混凝土台阶,并非算式钢平台和钢梯。

(28)漏套钢管栏杆及油漆。

以上合计漏套定额子目 53 项,占总数的 49%。

3.4 泵房辅助计算表

泵房辅助计算表,见表 3-9～表 3-13。

挖坑表(C)表
表 3-9

说明	坑长	坑宽	加宽	垫层厚	工作面	坑深	放坡	数量	挖坑	垫层	模板	钎探
						挖坑						
坚土	8.2	7	0.2	0.1	0.1	1.7	T	1	131.4	5.74	3.04	58
									131.4	5.74	3.04	58
						挖坑						
	8.2	7	0.2	0.1	0.1	2.2	T	1	181.06	5.74	3.04	58
									181.06	5.74	3.04	58

说明:

(1)将此表的挖坑量调入清单/定额界面的第 4 项。

(2)由于本工程是带形基础，与其他3个工程量无关，故不予理会。

带形基础表（D表） 表 3-10

说明	长度	顶宽	顶高	底宽	底高	砼	模板
带形基础							
J-1	L	−0.34	0.1	0.8	0.2	5.73	10.56
						5.73	10.56

说明：

(1)将此表的砼量调入清单/定额界面的第15项。

(2)模板量调入第17项。

构造柱表（H表） 表 3-11

说明	型号	长(a)	宽(b)	高	数量	筋①	筋②	筋③	筋④	柱体积	模板
构造柱（马牙:0.06）											
GZ1	L型	0.24	0.24	5.36	4	80				1.54	15.44
女儿墙 GZ	一型	0.24	0.24	0.5	10					0.36	3.6
						80				1.9	19.04

说明：

(1)将此表的柱体积量调入清单/定额界面的第42项；模板量调入44项。

(2)筋①的根数调入第99项，并计算出 φ6 的重量。

屋面表（L表） 表 3-12

说明	a边（周长）	b边	a1边	泛水	找坡厚	保温厚	屋面	泛水	找坡	保温
屋 面										
	6.96	5.76		0.25	TH	1	40.09	6.36	4.61	40.09
							40.09	6.36	4.61	40.09

说明：

(1)保温厚度填1表示保温层按面积计算；屋面和保温面积同基数 R，不必调入。

(2)将此表的泛水面积调入清单/定额界面的第72项；找坡体积调入87项。

室内装修表（J表） 表 3-13

说明	a边	b边	高	增垛扣墙	立面洞口	间数	踢脚线	墙面	平面	脚手架
室内装修										
室内	6.96	5.76	4.68	0.13 * 4	M1+3C1	1	24.16	109.07	40.09	
					12.42		24.16	109.07	40.09	

说明：

(1)将此表的踢脚线长调入清单/定额界面的第10项，墙面面积调入17项。

(2)平面面积一般采用基数，故不需调入。

3.5 泵房钢筋明细表与汇总表

泵房钢筋明细表与汇总表,见表3-14、表3-15。

钢筋明细表　　　　　　　　　　　　　　　　　　　　　　　表3-14

序号	构件名称	数量	筋号	规格	图　形	计算式	长度	根数	重量
1	**设备基础**								
1	设备基础	2	基顶受力筋	φ8	350⌐620⌐350	620+350+350+12.5d	1420	8	8.97
2		2	基底受力筋	φ8	620	620+12.5d	720	8	4.55
3		2	环形筋	φ8	620 / 620	2(620+620)+300+12.5d	2880	3	6.83
2	**条形基础**								
1	TJ1-3	2	主筋	Φ10	720	720	720	40	35.54
2		2	分布筋	φ8	6700	6700+12.5d	6800	3	16.12
3	TJA-B	2	主筋	Φ10	720	720	720	47	41.76
4		2	分布筋	φ8	5500	5500+12.5d	5600	3	13.27
3	**构造柱**								
1	GZ1	4	基础角筋	Φ12	160⌐836	35d+48d	996	4	14.15
2		4	箍筋1	φ8	190 / 190	2(190+190)+17.8d	902	3	4.28
3	GZ2	4	顶层角筋1	Φ12	445⌐5875	5900+35d	6320	4	89.79
4		4	箍筋1	φ8	190 / 190	2(190+190)+17.8d	902	39	55.58
5	GZ女儿墙	8	顶层角筋1	Φ12	445⌐475	500+35d+35d	1340	4	38.08
6		8	箍筋1	φ8	190 / 190	2(190+190)+17.8d	902	5	14.25
4	**压顶**								
1	YD	2	通长筋	φ8	7390	7390+12.5d	7490	2	11.83
2		2	通长筋	φ8	6190	6190+12.5d	6290	2	9.94
3		2	受力筋	φ6	250	250+12.5d	325	25	4.24
4		2	受力筋	φ6	250	250+12.5d	325	21	3.56
5	**圈梁**								
1	QL1-3	4	内墙主筋	Φ12	260⌐7400⌐260	40d+6960+40d	7920	2	56.26
2		4	箍筋1	φ8	200 / 200	2(200+200)+17.8d	942	35	52.09

（续表）

序号	构件名称	数量	筋号	规格	图形	计算式	长度	根数	重量
3		4	转角筋	Φ12	240 565 240 / 45	$565+2\times20d$	1045	2	7.42
4		4	外墙主筋	Φ12	8592	$7440+2(1.2\times40d)$	8592	2	61.04
5		4	箍筋1	φ8	200 / 200	$2(200+200)+17.8d$	942	38	56.56
6		4	转角筋	Φ12	240 565 240 / 45	$565+2\times20d$	1045	2	7.42
7	QLA-B	4	外墙主筋	Φ12	6240	6240	6240	2	44.33
8		4	箍筋1	φ8	200 / 200	$2(200+200)+17.8d$	942	32	47.63
9		4	转角筋	Φ12	240 565 240 / 45	$565+2\times20d$	1045	2	7.42
10		4	内墙主筋	Φ12	260 6200 260	$40d+5760+40d$	6720	2	47.74
11		4	箍筋1	φ8	200 / 200	$2(200+200)+17.8d$	942	29	43.16
12		4	转角筋	Φ12	240 565 240 / 45	$565+2\times20d$	1045	2	7.42
6	梁								
1	LL-1	1	左支座筋	Φ14	430 1480	$1480+430$	1910	1	2.31
2		1	右支座筋	Φ14	1480 430	$1480+430$	1910	1	2.31
3		1	上部贯通筋	Φ14	210 6200 210	$(15d+220)+5760+(15d+220)$	6620	2	16.02
4		1	下部贯通筋	Φ22	330 6200 330	$(15d+220)+5760+(15d+220)$	6860	3	61.33
5		1	腰筋1	Φ12	6120	$15d+5760+15d$	6120	2	10.87
6		1	箍筋1	φ8	210 / 460	$2(210+460)+17.8d$	1482	58	33.95
7		1	拉筋	φ8	226	$210+2d+15.8d$	352	15	2.09
7	有梁板								
1	B1	1	双层双向	Φ8	7200	7200	7200	39	110.92
2		1	双层双向	Φ8	6000	6000	6000	47	111.39
3		1	双层双向	Φ8	105 7316 105	$7316+105+105$	7526	32	95.13
4		1	双层双向	Φ8	105 6116 105	$6116+105+105$	6326	39	97.45
5		1	小马凳	Φ8	180 90 90 150	$180+90\times2+150\times2$	660	43	11.21

(续表)

序号	构件名称	数量	筋号	规格	图 形	计 算 式	长度	根数	重量
8	过梁								
1	GL	3	梁纵筋	Φ12	2260	2260	2260	2	12.04
2		3	架立筋	Φ10	2260	2260	2260	2	8.37
3		3	箍筋	φ8	200 185	2(200+185)+17.8d	912	14	15.14
9	雨篷								
1	YP	1	梁上部筋	Φ14	2230	2230	2230	2	5.4
2		1	梁下部筋	Φ14	2230	2230	2230	3	8.09
3		1	梁箍筋	φ8	230 170	(230+170)×2+17.8d	942	5	1.86
4		1	受力筋	Φ10	95 1085 60	1085+60+95	1240	16	12.24
5		1	底板分布筋	φ8	2260	2260	2260	1	0.89
10	梁垫								
1	A-A	4	梁纵筋	Φ12	680	680	680	3	7.25
2		4	箍筋	φ8	200 200	2(200+200)+17.8d	942	2	2.98
3	B-B	4	梁纵筋	Φ12	330	330	330	1	0.59
4		4	箍筋	φ8	330 200	2(330+200)+17.8d	1202	2	3.8

钢筋汇总表

表 3-15

构件 规格	基础	柱	构造柱	墙	梁、板	圈梁	过梁	楼梯	其他构件	拉结筋	合计
φ6									4	50	54
φ8	95		70		36	208	15		18		442
Φ8	10				418				1		429
Φ10	79						8		13		100
Φ12			123		31	208	12		9		383
Φ14	74				23				14		111
Φ22					56						56
合计	258		193		564	416	35		59	50	1575

3.6 泵房工程量计算书

泵房建筑和装饰工程量计算书,见表3-16、表3-17。

工程量计算书

工程名称:泵房建筑   表3-16

序号	编号/部位		项目名称/计算式		工程量	
			建筑部分			
1	1	010101001001	平整场地	m²		46.43
			S			
2		1-4-2	机械场地平整	m²	117.15	
			S+2W+16			
3		10-5-4	75kW 履带推土机场外运输	台次	1	
4	2	010101004001	挖基坑土方;普通土	m³		49.66
	1	挖坑	(8.6+2.1×T)×(7.4+2.1×T)×2.1+2.1^3×T^2/3+8.4×7.2×0.1=181.06			
	2	挖坑(坚土)	(8.6+1.6×T)×(7.4+1.6×T)×1.6+1.6^3×T^2/3+8.4×7.2×0.1=131.34			
	3		H1-H2	49.66		
5		1-3-9	挖掘机挖普通土	=	49.66	
6	3	010101004002	挖基坑土方;坚土	m³	131.4	
			D4.2			
7		1-3-10	挖掘机挖坚土	m³	122.35	
	1	挖坑(坚土)	D6	131.4		
	2	扣人工挖	-D4.1×0.05	-9.05		
8		1-2-3-2	人工挖机械剩余 5% 坚土深 2m 内	m³	9.05	
			-D7.2			
9		1-4-4-1	基底钎探(灌砂)	眼	29	
	1	墙基	INT(L×1)+1	27		
	2	设备基础	2	2		
10		1-4-6	机械原土夯实	m²	57.4	
		基底	8.2×7			
11		10-5-6	1m³ 内履带液压单斗挖掘机运输费	台次	1	
12	4	010501001001	垫层;C15	m³		2.64
			L×1×0.1			
13		2-1-13-1′	C154 商砼无筋砼垫层(条形基础)	=	2.64	
14		10-4-49	砼基础垫层木模板	m²	5.28	

序号		编号/部位	项目名称/计算式		工程量	
		J-1	L×0.1×2			
15	5	010501002001	带形基础;C30	m³		5.73
		J-1	L×(0.34+0.8×0.1/2+0.8×0.2)			
16		4-2-4.39′	C304 商砼无梁式带形基础	＝	5.73	
17		10-4-12′	无梁砼带形基胶合板模木支撑[扣胶合板]	m²	10.56	
			L×0.2×2			
18		10-4-310	基础竹胶板模板制作	m²	2.75	
			D17×0.26			
19	6	010501001002	垫层;设备基础垫层 C15	m³		0.16
		设备基础	0.9×0.9×0.1×2			
20		2-1-13-2′	C154 商砼无筋砼垫层(独立基础)	＝	0.16	
21		10-4-49	砼基础垫层木模板	m²	0.72	
		设备基础	2(0.9+0.9)×0.1×2			
22	7	010501006001	设备基础;C30	m³		0.58
	1		0.7×0.7×0.65×2	0.64		
	2	扣孔	−(0.15×0.15×0.35)×4×2	−0.06		
23		4-2-14.39′	C304 商品砼设备基础	＝	0.58	
24		4-2-15.39′	C304 商品砼二次灌浆	m³	0.11	
	1		0.7×0.7×0.05×2	0.05		
	2	灌孔	(0.15×0.15×0.35)×4×2	0.06		
25		10-4-61′	5内设备基础胶合板模钢支撑[扣胶合板]	m²	5.6	
	1		2(0.7+0.7)×0.7×2	3.92		
	2		2(0.15+0.15)×0.35×4×2	1.68		
26		10-4-310	基础竹胶板模板制作	m²	1.46	
			D25×0.26			
27	8	010507003001	地沟;集水沟槽,C15	m		2.7
		坑、槽	1.2+1.5			
28		4-2-59.19′	C152 商品砼小型池槽	m³	0.82	
	1	坑	1.2×1.2×0.6−0.5×0.5×0.5	0.74		
	2	槽	1.5×(0.3×0.3−0.2×0.2)	0.08		
29		10-4-214	小型池槽木模板木支撑(外形体积)	＝	0.82	
30	9	010401001001	砖基础;M10 砂浆	m³		3.42
	1	截面	L×0.24+0.37×0.13×2=6.43			
	2	−1.5 以下	H1×(0.6−0.24[QL])	2.31		

序号	编号/部位	项目名称/计算式		工程量
	3 挡土墙截面	$0.48 \times 0.12 + 0.36 \times 0.12 + 0.24 \times 0.36 = 0.19$		
	4 挡土墙	$H3 \times (1.55 + 2.48 + 1.8)$	1.11	
31	3-1-1.09	M10 砂浆砖基础	=	3.42
32	10 010503004001	圈梁；基础圈梁 C25	m³	1.54
		D30.1×0.24		
33	4-2-26.28′	C253 商品砼圈梁	=	1.54
34	10-4-127′	圈梁胶合板模板木支撑［扣胶合板］	m²	12.8
		$L \times 0.24 \times 2 + 0.13 \times 0.24 \times 4$		
35	10-4-310	基础竹胶板模板制作	m²	3.33
		D34×0.26		
36	11 010103001001	回填方；3：7灰土	m³	107.92
	1 挖土	D4＋D6	181.06	
	2 砼垫层	D12＋D19＝2.8		
	3 －1.5 以下基础	D15＋D22＋D28＋D30＋D32＝12.09		
	4 室内部分	$R \times 2.2 - 2(6.68 + 5.48) \times 0.28 \times 0.4$［条基 H］＝85.47		
	5	－Σ	－100.36	
	6 室内台阶填土	$(1.44 \times 3.24 + 1.8 \times 0.76/2) \times 1.25$	6.69	
	7 地面以下	$R \times (0.6 - 0.42) + 6.4 \times 5.2 \times 0.4$	20.53	
37	1-4-12-2	槽坑人工夯填3：7灰土（就地取土）	m³	87.39
	1 挖土	D5＋D7＋D8	181.06	
	2 扣减＋台阶填土	D36.5＋D36.6	－93.67	
38	1-4-13-2	槽坑机械夯填3：7灰土（就地取土）	m³	20.53
	地面以下	$R \times (0.6 - 0.42) + 6.4 \times 5.2 \times 0.4$		
39	1-3-45	装载机装土方	m³	75.61
	1 运余土	$D37.1 - (D37 + D38) \times 1.01 \times 1.15 \times 0.77$	84.54	
	2 地面等用灰土	$-D112 \times 1.01 \times 1.15 \times 0.77$	－8.93	
40	1-3-57	自卸汽车运土方 1km 内	=	75.61
41	1-3-58＊9	自卸汽车运土方增运 1km×9	=	75.61
42	12 010502002001	构造柱；C25	m³	1.9
	1 GZ1	［∟］$[0.24 \times 0.24 + (0.24 + 0.24) \times 0.03] \times 5.36 \times 4$	1.54	
	2 女儿墙 GZ	［—］$(0.24 \times 0.24 + 0.24 \times 0.06) \times 0.5 \times 10$	0.36	
43	4-2-20′	C253 商品砼构造柱	=	1.9
44	10-4-89′	矩形柱胶合板模板木支撑［扣胶合板］	m²	19.04
	1 GZ1	［∟］$(0.24 + 0.24 + 4 \times 0.06) \times 5.9 \times 4$	15.44	

序号	编号/部位	项目名称/计算式		工程量	
	2	女儿墙GZ	[一]2×(0.24+2×0.06)×0.5×10	3.6	
45		10-4-312	构造柱竹胶板模板制作	m²	4.95
			D44×0.26		
46	13	010503005001	过梁;C25	m³	0.56
			GL		
47		4-2-27.28′	C253 商品砼过梁	=	0.56
48		10-4-118′	过梁胶合板模板木支撑	m²	6.42
	1	GL1	2.3×0.3×2+1.8×0.24	1.81	
	2	GL2	(2.3×0.24×2+1.8×0.24)×3	4.61	
49		10-4-313	梁竹胶板模板制作	m²	1.67
			D48×0.26		
50	14	010503004002	圈梁;C25	m³	1.47
			(L-0.96[GZ])×0.24×0.24		
51		4-2-26.28′	C253 商品砼圈梁	=	1.47
52		10-4-127′	圈梁胶合板模板木支撑[扣胶合板]	m²	12.25
			D50/0.24×2		
53		10-4-313	梁竹胶板模板制作	m²	3.19
			D52×0.26		
54	15	010507005001	压顶;C25	m³	0.9
	1	女儿墙压顶	L×0.36×0.085	0.81	
	2	室内台阶压顶	[1.68+2.24+SQRT(1.8^2+1.5^2)]×0.24×0.06	0.09	
55		4-2-58.2′	C252 商品砼压顶	=	0.9
56		10-4-213	扶手、压顶木模板木支撑	=	0.9
57	16	010401003001	实心砖墙;M10 砂浆粉煤灰砖墙240	m³	9.3
			[(L-0.96[GZ])×0.24+0.37×0.13×2]×1.5		
58		3-3-3.09	M10 砂浆烧结粉煤灰轻质砖墙240	=	9.3
59		6-2-5H	基础1:2.5防水砂浆防潮层20	m²	6.34
			L×0.24		
60	17	010401003002	实心砖墙;M7.5 混浆粉煤灰砖墙240	m³	18.47
	1		(L-0.96[GZ])×(3.8-0.24[QL])-M-C=78.15		
	2		H1×0.24	18.76	
	3	附墙垛	0.37×0.13×2.8×2	0.27	
	4	扣过梁	-GL	-0.56	
61		3-3-3.04	M7.5 混浆烧结粉煤灰轻质砖墙240	=	18.47

（续表）

序号	编号/部位		项目名称/计算式		工程量	
62		10-1-103	双排外钢管脚手架6m内	m²	114.91	
			W×4.2			
63	18	010505001001	有梁板;C30	m³		5.4
	1	板	R×0.12		4.81	
	2	梁	6.24×0.25×0.38		0.59	
64		4-2-36.2′	C302商砼有梁板	=	5.4	
65		10-4-160′	有梁板胶合板模板钢支撑[扣胶合板]	m²	44.81	
	1		R+5.76×0.38×2		44.47	
	2	梁垫	0.35×0.24×4		0.34	
66		10-4-315	板竹胶板模板制作	m²	11.65	
			D65×0.26			
67		10-4-176	板钢支撑高>3.6m 每增3m	m²	40.09	
			R			
68	19	010505008001	雨篷;C25	m³		0.21
			2.3×0.9×0.1			
69		4-2-49.21′	C252商品砼雨篷	m²	2.07	
			2.3×0.9			
70		4-2-65.21*2′	C252商品砼阳台,雨篷每增加10×2	=	2.07	
71		10-4-203	直形悬挑板阳台雨篷木模板木支撑	=	2.07	
72	20	010902003001	屋面刚性层:屋面二次抹压防水层25	m²		46.45
			R+(6.96+5.76)×2×0.25[泛水]			
73		6-2-3	水泥砂浆二次抹压防水层20	=	46.45	
74		9-1-3-2	1:2.5砂浆找平层±5	=	46.45	
75	21	010902001001	屋面卷材防水;改性沥青防水卷材2道	m²		46.45
			D72			
76		9-1-178	地面耐碱纤维网格布	=	46.45	
77		6-2-34	平面一层高强APP改性沥青卷材	=	46.45	
78	22	010902002001	屋面涂膜防水;改性沥青防水涂料	m²		46.45
			D72			
79		6-2-88	平面聚合物复合改性沥青1遍	=	46.45	
80		9-4-243	防水界面处理剂涂敷	=	46.45	
81	23	011101006001	平面砂浆找平层;1:3水泥砂浆2遍	m²		46.45
			D72			
82		9-1-1	1:3砂浆硬基层上找平层20	=	46.45	

序号	编号/部位	项目名称/计算式		工程量	
83		9-1-2	1：3砂浆填充料上找平层20	m²	40.09	
		R			
84	24	011001001001	保温隔热屋面；聚氨酯泡沫板100	m²		40.09
		R			
85		6-3-42	砼板上干铺聚氨酯泡沫板100	＝	40.09	
86	25	011001001002	保温隔热屋面；现浇水泥珍珠岩1：8找坡	m²		40.09
		R			
87		6-3-15-1	砼板上现浇水泥珍珠岩1：8	m³	4.61	
		R×TH			
88	26	010904002001	地面涂膜防水	m²		31.28
	室内地面	R－(2.48×1.68+1×1.8)[台]－(0.7×0.7×2)[泵基]－(0.8×1.2+1.5×0.6)[槽坑]			
89		6-2-93	1.5厚LM高分子涂料防水层	＝	31.28	
90		9-4-243	防水界面处理剂涂敷	＝	31.28	
91	27	010902004001	屋面排水管；塑料水落管φ100	m		3.1
92		6-4-9	塑料水落管φ100	＝	3.1	
93		6-4-22	铸铁弯头落水口（含算子板）	个	1	
94		6-4-10	塑料水斗	＝	1	
95	28	010515001001	现浇构件钢筋；一级钢	t		0.492
		D96＋……＋D99			
96		4-1-2	现浇构件圆钢筋φ6.5	t	0.004	
97		4-1-3	现浇构件圆钢筋φ8	t	0.05	
98		4-1-53	现浇构件箍筋φ8	t	0.391	
99		4-1-98	砌体加固筋φ6.5内	t	0.047	
		80×2.66×0.222/1000			
100	29	010515001002	现浇构件钢筋；三级钢	t		1.079
		D101＋……＋D105			
101		4-1-104	现浇构件螺纹钢筋Ⅲ级φ8	t	0.429	
102		4-1-105	现浇构件螺纹钢筋Ⅲ级φ10	t	0.1	
103		4-1-106	现浇构件螺纹钢筋Ⅲ级φ12	t	0.383	
104		4-1-107	现浇构件螺纹钢筋Ⅲ级φ14	t	0.111	
105		4-1-111	现浇构件螺纹钢筋Ⅲ级φ22	t	0.056	
106	30	010507001001	散水；散1	m²		28.36
		(W＋4－3)×1			

（续表）

序号		编号/部位	项目名称/计算式		工程量
107		8-7-51′	C20细石商砼散水3：7灰土垫层	＝	28.36
108		10-4-49	砼基础垫层木模板	m²	1.94
			(D107＋4)×0.06		
109	31	010507004001	台阶：C20台阶	m³	0.77
	1	室外	(2.4＋0.9×2)×(0.08×1.12＋0.15/2)×0.3×2	0.41	
	2	室内	2×(0.08×1.3＋0.15/2)	0.36	
110		4-2-57′	C202商砼台阶	＝	0.77
111		10-4-205	台阶木模板木支撑	m²	4.04
	1	室外	(2.4＋0.9×2)×0.6	2.52	
	2	室内	2×0.76	1.52	
112	32	010501001003	垫层；C15	m³	2.28
	1	室内外台阶	(2.4＋0.9×2)×0.6＋2×0.76＝4.04		
	2		H1×0.1	0.4	
	3	室内地面	D88×0.06	1.88	
113		2-1-13′	C154商砼无筋砼垫层	＝	2.28
114		1-4-6	机械原土夯实	m²	35.32
			D112.1＋D88		
115	33	010404001001	垫层；3：7灰土就地取土	m³	9.99
	1	地面	D88×0.3	9.38	
	2	台阶	D112.1×0.15	0.61	
116		2-1-1-3	3：7灰土垫层（就地取土）	＝	9.99
117	34	01B001	竣工清理	m³	222.85
			JT		
118		1-4-3	竣工清理	＝	222.85

说明：2013规范与2008规范除编号改动外，尚有以下不同：

(1)挖基础土方改为挖沟槽土方、挖基坑土方。

(2)清单挖土方工程量可计算放坡和工作面，见第4、6项，这样一来不但清单的土方量与定额量一致，而且回填土的工程量也一致，见第36、37、38项。

(3)注意地沟、暖气沟清单的单位为米(m)，而定额套小型池槽的单位为立方米(m³)。

(4)构造柱、压顶、台阶单列。

(5)屋面防水由2个清单改为4个清单，保温由1个清单改为2个清单。

(6)现浇混凝土钢筋改为现浇构件钢筋。

(7)补充清单的编码由AB改为01B。

工程量计算书

工程名称:泵房装饰

表 3-17

序号		编号/部位	项目名称/计算式			工程量
			装饰部分			
1	1	010802001001	塑钢门	m²		4.32
			M			
2		5-6-1	塑料平开门安装	=		4.32
3	2	010807001001	塑钢窗;带纱扇	m²		8.1
			C			
4		5-6-3	塑料窗带纱扇安装	=		8.1
5	3	010809004001	石材窗台板;花岗岩窗台	m²		0.66
			1.84×0.12×3			
6		9-5-23	窗台板水泥砂浆花岗岩面层	=		0.66
7	4	011101003001	细石混凝土楼地面;地6	m²		31.28
		室内地面	R-(2.48×1.68+1×1.8)[平台]-(0.7×0.7×2)[泵基]-(0.8×1.2+1.5×0.6)[槽坑]			
8		9-1-26′	C20 细石商砼地面40	=		31.28
9		9-1-1	1:3砂浆硬基层上找平层20	=		31.28
10	5	011105003001	块料踢脚线	m		24.16
		室内	2×(6.96+5.76)+0.13×4-1.8			
11		9-1-86	水泥砂浆彩釉砖踢脚板	=		24.16
12	6	011301001001	天棚抹灰	m²		44.47
	1		R	40.09		
	2	梁侧	5.76×0.38×2	4.38		
13		9-3-5	砼面顶棚混合砂浆找平	=		44.47
14		10-1-27	满堂钢管脚手架	m²		40.09
			R			
15	7	011407002001	天棚喷刷涂料;刷乳胶漆2遍	m²		44.47
			D14			
16		9-4-151	室内顶棚刷乳胶漆2遍	=		44.47
17	8	011201001001	墙面一般抹灰;内墙4	m²		109.07
		室内	2×(6.96+5.76)+0.52)×4.68-M1-3C1			
18		9-2-31	砖墙面墙裙混合砂浆14+6	=		109.07
19		9-2-108	1:1:6混合砂浆装饰抹灰±1	=		109.07
20	9	011407001001	墙面喷刷涂料;刷乳胶漆2遍	m²		109.07
			D19			

（续表）

序号		编号/部位	项目名称/计算式		工程量	
21		9-4-152	室内墙柱光面刷乳胶漆 2 遍	=	109.07	
22	10	011201001002	墙面一般抹灰;外墙 9	m²		98.95
	1	外墙	W×4.1-M-C	99.76		
	2	扣台阶	-2.4×0.15-3×0.15	-0.81		
23		9-2-20	砖墙面墙裙水泥砂浆 14+6	=	98.95	
24		9-2-54 * -2	1:3水泥砂浆一般抹灰层-1×2	=	98.95	
25	11	011203001001	零星项目一般抹灰;外墙 9	m²		25.06
	1	女儿墙压顶	W×(0.06+0.11+0.36+0.14+0.06)	19.97		
	2	女儿墙内侧	(L-0.96)×0.2	5.09		
26		9-2-25	零星项目水泥砂浆 14+6	=	25.06	
27	12	011407001002	墙面喷刷涂料;外墙涂料	m²		124.01
			D24+D27			
28		9-4-184	抹灰外墙面丙烯酸涂料(一底二涂)	=	124.01	
29	13	011107002001	块料台阶面;防滑地砖台阶面	m²		4.52
	1	室外	3×1.2-1.8×0.6	2.52		
	2	室内	2×1	2		
30		9-1-85	彩釉砖砖台阶	=	4.52	
31	14	011102003001	块料楼地面;彩釉地砖	m²		7.36
	1	室内外	3.48×1.68+1.8×0.6	6.93		
	2	增门口	1.8×0.24	0.43		
32		9-1-80	1:2.5砂浆 10 彩釉砖楼地面 800 内	=	7.36	
33	15	011503001001	金属扶手带栏杆;L03J004-2	m		6.43
			1.45+2.48+1.8TL			
34		9-5-206	钢管扶手型钢栏杆	=	6.43	
35		9-4-117	调和漆 2 遍,金属构件	t	0.108	
	1	D50 管	(D36+1)×4.88[DN50]=36.258			
	2	D38 管	15×1×3.84[DN40]=57.6			
	3	-30×3	D35×3×0.71[-30×3]=13.696			
	4	∑/1000		0.108		

说明:2008 规范与 2013 规范除编号改动外,尚有以下不同:

(1)原刷喷涂料为 1 项,现改为墙面喷刷涂料和天棚喷刷涂料 2 项。

(2)项目模板中,楼地面清单的混凝土垫层和灰土垫层以及地面防水按 2013 规范应单列,均放入建筑分部内。

(3)第 33 项的 TL 取自基数,表示室内台阶的斜长系数。

复习思考题

1. 了解人工平整场地与机械平整场地的区别。

2. 了解清单中一般土方、沟槽土方和基坑土方的区别,了解定额中单独土石方的定义。

3. 了解清单和定额计算规则中放坡系数和基础施工工作面的概念。

4. 回填土工程量为 $100m^3$,运土工程量是 $115m^3$ 还是 $150m^3$？ 如采用灰土回填,运土量是多少？请说明理由。

5. 2013 清单计量规范中列出了几个垫层项目,各用于何种场合？

6. 你对外墙高度算至板底、内墙高度算至板顶是如何理解的？

7. 你对目前将梁和板分别计量而不套有梁板项目有何感想？

8. 以屋 15 为例,写出套用的清单项和定额项。

9. 一般屋面都有两个方向的坡度,找坡厚度如何计算？

作 业 题

1. 应用你所熟悉的算量软件,依据附录 1 的泵房图纸计算出工程量,并找出量差原因。

4 泵房工程计价

本章依招标控制价为例来介绍泵房计价的全过程表格应用。

4.1 招标控制价表格

4.1.1 表格

2013 建设工程工程量清单计价规范中提供了 26 种表格分别用于招标控制价、投标报价和竣工结算阶段的规范用表,见表 4-1。根据实际应用,本教程增加了 4 个新表,见表 4-2。

工程量清单计价相关表格(26 张)　　　　　　　　　　表 4-1

序号	表格名称	表格代号	招标控制价	投标报价	竣工结算
1	工程量清单	封-1			
2	招标控制价	封-2	▲●		
3	投标总价	封-3		▲●	
4	竣工结算总价	封-4			▲●
5	一、总说明	表-01	▲●	▲●	▲●
6	二、工程项目招标控制价/投标报价汇总表	表-02	▲●	▲●	
7	三、单项工程招标控制价/投标报价汇总表	表-03	▲●	▲●	
8	四、单位工程招标控制价/投标报价汇总表	表-04	▲	▲	
9	五、工程项目竣工结算汇总表	表-05			▲●
10	六、单项工程竣工结算汇总表	表-06			▲●
11	七、单位工程竣工结算汇总表	表-07			▲●
12	八、分部分项工程量清单与计价表	表-08	▲	▲	▲
13	九、工程量清单综合单价分析表	表-09	▲	▲	▲
14	十、措施项目清单与计价表(一)	表-10	▲	▲	▲
15	十一、措施项目清单与计价表(二)	表-11	▲	▲	▲
16	十二、其他项目清单与计价汇总表	表-12	▲	▲	▲
17	暂列金额明细表	表-12-1	▲	▲	▲
18	材料暂估单价表	表-12-2	▲	▲	▲
19	专业工程暂估价表	表-12-3	▲	▲	▲
20	计日工表	表-12-4	▲	▲	▲
21	总承包服务费计价表	表-12-5	▲	▲	▲
22	索赔与现场签证汇总表	表-12-6			▲
23	费用索赔申请(核准)表	表-12-7			▲
24	现场签证表	表-12-8			▲
25	十三、规费、税金项目清单与计价表	表-13	▲	▲	▲
26	十四、工程款支付申请(核准)表	表-14			▲

注:"▲"表示该列用表;"●"表示必须采用纸面文档,其他宜采用电子文档。

新增表格(4 张)　　　　　　　　　　　　　　　　表 4-2

序号	表格名称	表格代号	招标控制价	投标报价	竣工结算
27	综合单价分析表	表 X-1	▲	▲	▲
28	主要材料价格表	表 X-2	▲	▲	▲
29	全费单价分析表	表 X-3	▲	▲	▲
30	全费计价表	表 X-4	▲●	▲●	▲●

新增表格的原因和说明:

(1)增加综合单价分析表和主要材料价格表的原因见本教程 1.6 节。

(2)增加全费计价表的原因见本教程 1.7 节。

(3)增加全费单价分析表的原因是为了交代全费单价的计算过程。

(4)为了执行节能与低碳的国家政策,目前国内有些省市采用了电子标书,但由于纸质文档的法律效力是不可以用电子文档替代的,故全面采用电子文档招投标的做法并不妥当。故建议除封面、汇总表和全费计价表(即 4-1、4-2 中带"●"号的 5 张表)采用纸质文档外,其余均应采用电子文档进行招投标。

4.1.2 招标控制价编制流程

下面以统筹 e 算软件中计价模块的操作为例,介绍招标控制价的编制流程。

(1)设置相应单位工程信息,包括专业、工程类别、取费信息、编制地区等。

(2)进入计量报表,选"清单/定额工程量表(原始顺序)",点击工具栏"输出计价"。

(3)在建筑中对装饰项目清单按建筑取费的处理方法:选定建筑单位工程中有"0111"(装饰)的清单,点击工具栏"费率",弹出"管理费利润"设置窗口,在建筑取费上点击"复制",选中装饰取费点击"粘贴",点击"确定"设置完成,这样"0111"的清单就按建筑专业来进行取费。

(4)处理临时换算:从算量中导入的临时换算会以红色显示,如 6-2-5H,需要把水泥砂浆 1:2 换算为水泥砂浆 1:2.5,具体操作:选中 6-2-5H 行,在下方定额组成窗口中选中 81077,点击"插入",修改新插入行的编码为 81078,数量为 0.202,把原 81077 的材料数量改为 0。

(5)设置商砼价,进"材机汇总"页面,点击"商砼价",点"非泵送",确定后即设置完成商砼价。

(6)设置暂列金额与总承包服务费,进"其他项目"页面,选中暂列金额,在费率位置输入"10",选中总承包服务费,在发包人供应材料行,费率位置输入"1"。

(7)进"费用汇总"页面,浏览总造价,进"全费价"页面,查看全费表中总价与费用汇总中总价是否吻合。

(8)进"报表输出"页面,选中指定报表,输出成果。

4.2 泵房招标控制价纸面文档

本案例作为一个单项工程含 2 个单位工程(建筑、装饰分列)来考虑,故本节含 5 类 7 个表,即 1 个封面、1 个总说明、1 个单项工程招标控制价汇总表(表 4-3)、2 个单位工程招标控制价汇总表(表 4-4、表 4-5)和 2 个全费价表(表 4-6、表 4-7)。

4.2.1 封面

加气站泵房 工程

招标控制价

招标人：

造价咨询人：

年 月 日

4.2.2 总说明

总 说 明

1. 工程概况

本工程为加气站泵房工程，一层混合结构。建筑面积 $46.43m^2$。

2. 编制依据

(1)泵房施工图(附录1)。

(2)《建设工程工程量清单计价规范》(GB50500-2013)。

(3)《房屋建筑与装饰工程工程量计算规范》(GB50854-2013)。

(4)2003山东省建筑工程消耗量定额以及至2013年的补充定额、有关定额解释。

(5)2013山东省建筑工程消耗量定额价目表。

(6)招标文件：将泵房作为一个单项工程和两个单位工程(建筑和装饰)来计价，根据当前规定：在建筑中均按省2013价目表的省价作为计费基础，在装饰中均按2013价目表的省价人工费作为计费基础。

(7)相关标准图集和技术资料。

3. 相关问题说明

(1)现浇构件清单项目中按2013计量规范要求列入模板。

(2)脚手架统一列入措施项目的综合脚手架清单内，按定额项目的工程量计价，以建筑面积为单位计取综合计价。

(3)有关竹胶板制作定额的系数按某市规定0.26计算。

(4)商品混凝土由甲方供应，作为材料暂估价。乙方收取1%的总承包服务费。

(5)计日工暂不列入。

(6)暂列金额按10%列入。

4. 施工要求

(1)基层开挖后，必须进行钎探验槽，经设计人员验收后方可继续施工。

(2)采用商品混凝土。

5. 报价说明

招标控制价为全费综合单价的最高限价,如单价低于按规范规定编制的价格3‰时,应在招标控制价公布后5天内向招投标监督机构和工程造价管理机构投诉。

4.2.3 单项工程招标控制价汇总表(表4-3)

单项工程招标控制价汇总表

工程名称:加气站 表4-3

序号	单位工程名称	金额(元)	其 中(元)		
			暂列金额及特殊项目暂估价	材料暂估价	规费
1	加气站泵房建筑	91719	6478	6468	5277
2	加气站泵房装饰	23333	1785	278	1485
	合 计	115052	6762		

注:该表的总价115052与2个单位工程汇总表的合计一致;与全费价(表4-4)的91708与(表4-5)23331基本一致。

4.2.4 清单全费模式计价表(表4-4、表4-5)

建筑工程清单全费模式计价表

工程名称:泵房建筑 表4-4

序号	项目编码	项 目 名 称	单位	工程量	全费单价	合价
1	010101001001	平整场地	m²	46.43	1.72	80
2	010101004001	挖基坑土方;普通土	m³	49.66	3.29	163
3	010101004002	挖基坑土方;坚土	m³	131.4	11.01	1447
4	010501001001	垫层;C15	m³	2.64	430.51	1137
5	010501002001	带形基础;C30	m³	5.73	468.15	2682
6	010501001002	垫层;设备基础垫层 C15	m³	0.16	528.01	84
7	010501006001	设备基础;C30	m³	0.58	1057.07	613
8	010507003001	地沟;集水沟槽,C15	m	2.70	381.95	1031
9	010401001001	砖基础;M10 砂浆	m³	3.42	341.91	1169
10	010503004001	圈梁;基础圈梁 C25	m³	1.54	962.51	1482
11	010103001001	回填方;3∶7灰土	m³	107.92	116.12	12532
12	010502002001	构造柱;C25	m³	1.9	1147.83	2181
13	010503005001	过梁;C25	m³	0.56	1486.46	832
14	010503004002	圈梁;C25	m³	1.47	1000.29	1470
15	010507005001	压顶;C25	m³	0.9	1727.67	1555
16	010401003001	实心砖墙;M10 砂浆粉煤灰砖墙 240	m³	9.3	375.95	3496
17	010401003002	实心砖墙;M7.5 混浆粉煤灰砖墙 240	m³	18.47	362.91	6703
18	010505001001	有梁板;C30	m³	5.4	975.70	5269
19	010505008001	雨篷;C25	m³	0.21	1789.58	376
20	010902003001	屋面刚性层;屋面二次抹压防水层 25	m²	46.45	27.13	1260

(续表)

序号	项目编码	项目名称	单位	工程量	全费单价	合价
21	010902001001	屋面卷材防水;改性沥青防水卷材	m²	46.45	51.16	2376
22	010902002001	屋面涂膜防水;改性沥青防水涂料	m²	46.45	46.67	2168
23	011101006001	平面砂浆找平层;1:3水泥砂浆2遍	m²	46.45	25.36	1178
24	011001001001	保温隔热屋面;聚氨酯泡沫板100	m²	40.09	51.80	2077
25	011001001002	保温隔热屋面;现浇水泥珍珠岩1:8找坡	m²	40.09	29.96	1201
26	010904002001	地面涂膜防水	m²	31.28	69.58	2176
27	010902004001	屋面排水管;塑料水落管φ100	m	3.10	61.96	192
28	010515001001	现浇构件钢筋;一级钢	t	0.492	7118.05	3502
29	010515001002	现浇构件钢筋;三级钢	t	1.079	6781.35	7317
30	010507001001	散水;散1	m²	28.36	79.75	2262
31	010507004001	台阶;C20台阶	m³	0.77	594.92	458
32	010501001003	垫层;C15	m³	2.28	365.71	834
33	010404001001	垫层;3:7灰土就地取土	m³	9.99	127.94	1278
34	01B001	竣工清理	m³	222.85	1.26	281
	011701001001	综合脚手架	m²	46.43	24.99	1160
	011705001001	大型机械设备进出场及安拆	台次	1		10487
		其他项目费		1		7199
		合 计				91708

装饰工程清单全费模式计价表

工程名称:泵房装饰

表4-5

序号	项目编码	项目名称	单位	工程量	全费单价	合价
1	010802001001	塑钢门	m²	4.32	351.34	1518
2	010807001001	塑钢窗;带纱扇	m²	8.10	325.51	2637
3	010809004001	石材窗台板;花岗岩窗台	m²	0.66	274.65	181
4	011101003001	细石混凝土楼地面;地6	m²	31.28	43.51	1361
5	011105003001	块料踢脚线	m	24.16	17.93	433
6	011301001001	天棚抹灰;棚4	m²	44.47	17.80	792
7	011407002001	天棚喷刷涂料;刷乳胶漆2遍	m²	44.47	10.92	486
8	011201001001	墙面一般抹灰;内墙4	m²	109.07	24.36	2657
9	011407001001	墙面喷刷涂料;刷乳胶漆2遍	m²	109.07	9.82	1071
10	011201001002	墙面一般抹灰;外墙9	m²	98.95	23.94	2369
11	011203001001	零星项目一般抹灰;外墙9	m²	25.06	92.83	2326
12	011407001002	墙面喷刷涂料;外墙涂料	m²	124.01	22.39	2777
13	011107002001	块料台阶面;防滑地砖台阶面	m²	4.52	116.18	525
14	011102003001	块料楼地面;彩釉地砖	m²	7.36	83.62	615
15	011503001001	金属扶手带栏杆;L03J004-2	m	6.43	139.16	895
	011701001001	综合脚手架	m²	46.43	15.22	707
		其他项目费		1		1981
		合 计				23331

4.3 泵房招标控制价电子文档

电子文档的内容是一个计算过程。它的结果体现在纸面文档中,在招投标过程中,评标人员依纸面文档来进行评标,遇到疑问时可通过电子文档进行核对。

4.3.1 全费单价分析表(表4-6、表4-7)

建筑工程全费单价分析表

工程名称:泵房建筑 表4-6

序号	项目编码	项目名称	单位	直接工程费	措施费	管理费和利润	规费	税金	全费单价
1	010101001001	平整场地	m²	1.43	0.03	0.12	0.08	0.06	1.72
2	010101004001	挖基础土方;普通土	m³	2.7	0.06	0.23	0.19	0.11	3.29
3	010101004002	挖基础土方;坚土	m³	9.05	0.21	0.76	0.62	0.37	11.01

注:为节约篇幅,下略。

(1) 本表的3项单价与表4-4的3项单价完全一致。

(2) 本表的直接工程费表示人、材、机的单价合计,措施费是按费率计取的部分,管理费和利润的计算基数是直接工程费和措施费之和(又称直接费)。

装饰工程全费单价分析表

工程名称:泵房装饰 表4-7

序号	项目编码	项目名称	单位	直接工程费	措施费	管理费和利润	规费	税金	全费单价
1	010802001001	塑钢门	m²	303.7	2.45	11.01	22.36	11.82	351.34
2	010807001001	塑钢窗;带纱扇	m²	271.61	3.76	18.48	20.71	10.95	325.51
3	010809004001	石材窗台板;花岗岩窗台	m²	229.58	3.11	15.23	17.49	9.24	274.65

注:为节约篇幅,下略。

4.3.2 单位工程招标控制价汇总表(表4-8、表4-9)

单位工程招标控制价汇总表

工程名称:泵房建筑 表4-8

序号	项目名称	计算基础	费率(%)	金额(元)
1	分部分项工程量清单计价合计			64783
2	措施项目清单计价合计			12032
3	其他项目清单计价合计			6543
4	清单计价合计	分部分项+措施项目+其他项目		83358
5	其中,人工费 R			19955

（续表）

序号	项目名称	计算基础	费率(%)	金额(元)
6	规费			5277
7	安全文明施工费			2601
8	环境保护费	分部分项＋措施项目＋其他项目	0.11	92
9	文明施工费	分部分项＋措施项目＋其他项目	0.29	242
10	临时设施费	分部分项＋措施项目＋其他项目	0.72	600
11	安全施工费	分部分项＋措施项目＋其他项目	2	1667
12	工程排污费	分部分项＋措施项目＋其他项目	0.26	217
13	社会保障费	分部分项＋措施项目＋其他项目	2.6	2167
14	住房公积金	分部分项＋措施项目＋其他项目	0.2	167
15	危险工作意外伤害保险	分部分项＋措施项目＋其他项目	0.15	125
16	税金	分部分项＋措施项目＋其他项目＋规费	3.48	3084
17	合　计	分部分项＋措施项目＋其他项目＋规费＋税金		91719

单位工程招标控制价汇总表

工程名称：泵房装饰　　　　　　　　　　　　　　　　　　　　表4-9

序号	项目名称	计算基础	费率(%)	金额(元)
1	分部分项工程量清单计价合计			17851
2	措施项目清单计价合计			1424
3	其他项目清单计价合计			1788
4	清单计价合计	分部分项＋措施项目＋其他项目		21063
5	其中，人工费 R			5970
6	规费			1485
7	安全文明施工费			809
8	环境保护费	分部分项＋措施项目＋其他项目	0.12	25
9	文明施工费	分部分项＋措施项目＋其他项目	0.1	21
10	临时设施费	分部分项＋措施项目＋其他项目	1.62	341
11	安全施工费	分部分项＋措施项目＋其他项目	2	421
12	工程排污费	分部分项＋措施项目＋其他项目	0.26	55
13	社会保障费	分部分项＋措施项目＋其他项目	2.6	548
14	住房公积金	分部分项＋措施项目＋其他项目	0.2	42
15	危险工作意外伤害保险	分部分项＋措施项目＋其他项目	0.15	32
16	税金	分部分项＋措施项目＋其他项目＋规费	3.48	785
17	合　计	分部分项＋措施项目＋其他项目＋规费＋税金		23333

4.3.3 分部分项工程量清单与计价表（表 4-10、表 4-11）

建筑工程分部分项工程量清单与计价表

工程名称：泵房建筑

表 4-10

序号	项目编码	项目名称 项目特征	单位	工程量	金 额（元）		
					综合 单价	合价	其中： 暂估价
1	010101001001	平整场地	m²	46.43	1.54	72	
2	010101004001	挖基坑土方；普通土	m³	49.66	2.91	145	
3	010101004002	挖基坑土方；坚土	m³	131.4	9.78	1285	
4	010501001001	垫层；C15	m³	2.64	383.48	1012	587
5	010501002001	带形基础；C30	m³	5.73	416.57	2387	1454
6	010501001002	垫层；设备基础垫层 C15	m³	0.16	470.17	75	36
7	010501006001	设备基础；C30	m³	0.58	940.08	545	176
8	010507003001	地沟；集水沟槽，C15	m	2.7	339.71	917	183
9	010401001001	砖基础；M10 砂浆	m³	3.42	303.91	1039	
10	010503004001	圈梁；基础圈梁 C25	m³	1.54	856	1318	375
11	010103001001	回填方；3:7灰土	m³	107.92	103.25	11143	
12	010502002001	构造柱；C25	m³	1.9	1020.71	1939	456
13	010503005001	过梁；C25	m³	0.56	1321.69	740	136
14	010503004002	圈梁；C25	m³	1.47	889.56	1308	358
15	010507005001	压顶；C25	m³	0.9	1535.94	1382	219
16	010401003001	实心砖墙；M10 砂浆粉煤灰砖墙 240	m³	9.3	334.17	3108	
17	010401003002	实心砖墙；M7.5 混浆粉煤灰砖墙 240	m³	18.47	322.57	5958	
18	010505001001	有梁板；C30	m³	5.4	867.44	4684	1370
19	010505008001	雨篷；C25	m³	0.21	1591.04	334	60
20	010902003001	屋面刚性层；屋面二次抹压防水层25	m²	46.45	24.13	1121	
21	010902001001	屋面卷材防水；改性沥青防水卷材	m²	46.45	45.48	2113	
22	010902002001	屋面涂膜防水；改性沥青防水涂料	m²	46.45	41.47	1926	
23	011101006001	平面砂浆找平层；1:3水泥砂浆 2 遍	m²	46.45	22.54	1047	
24	011001001001	保温隔热屋面；聚氨酯泡沫板 100	m²	40.09	46.05	1846	
25	011001001002	保温隔热屋面；现浇水泥珍珠岩 1:8找坡	m²	40.09	26.63	1068	
26	010904002001	地面涂膜防水	m²	31.28	61.83	1934	
27	010902004001	屋面排水管；塑料水落管φ100	m	3.1	55.04	171	
28	010515001001	现浇构件钢筋；一级钢	t	0.492	6326.8	3113	
29	010515001002	现浇构件钢筋；三级钢	t	1.079	6027.55	6504	
30	010507001001	散水；散 1	m²	28.36	70.85	2009	379
31	010507004001	台阶；C20 台阶	m³	0.77	528.97	407	172
32	010501001003	垫层；C15	m³	2.28	325.92	743	507
33	010404001001	垫层；3:7灰土就地取土	m³	9.99	113.72	1136	
34	01B001	竣工清理	m³	222.85	1.14	254	
		合 计				64783	6468

装饰工程分部分项工程量清单与计价表

工程名称:泵房装饰

表 4-11

序号	项目编码	项目名称 项目特征	单位	工程量	金　额(元)		
					综合单价	合价	其中:暂估价
1	010802001001	塑钢门	m²	4.32	314.43	1358	
2	010807001001	塑钢窗;带纱扇	m²	8.1	289.63	2346	
3	010809004001	石材窗台板;花岗岩窗台	m²	0.66	244.42	161	
4	011101003001	细石混凝土楼地面;地6	m²	31.28	38.13	1174	278
5	011105003001	块料踢脚线	m	24.16	15.31	370	
6	011301001001	天棚抹灰;棚4	m²	44.47	15	667	
7	011407002001	天棚喷刷涂料;刷乳胶漆2遍	m²	44.47	9.49	422	
8	011201001001	墙面一般抹灰;内墙4	m²	109.07	20.7	2258	
9	011407001001	墙面喷刷涂料;刷乳胶漆2遍	m²	109.07	8.56	934	
10	011201001002	墙面一般抹灰;外墙9	m²	98.95	20.36	2015	
11	011203001001	零星项目一般抹灰;外墙9	m²	25.06	77.79	1949	
12	011407001002	墙面喷刷涂料;外墙涂料	m²	124.01	19.46	2413	
13	011107002001	块料台阶面;防滑地砖台阶面	m²	4.52	100.57	455	
14	011102003001	块料楼地面;彩釉地砖	m²	7.36	73.03	538	
15	011503001001	金属扶手带栏杆;L03J004-2	m	6.43	122.94	791	
		合　计				17851	278

4.3.4 工程量清单综合单价分析表(表4-12、表4-13)

建筑工程量清单综合单价分析表

工程名称:泵房建筑

表 4-12

序号	项目编码	项目名称	单位	工程量	综合单价组成					综合单价
					人工费	材料费	机械费	计费基础	管理费和利润	
		建筑部分								
1	010101001001	平整场地	m²	46.43	0.17		1.26	1.43	0.11	1.54
	1-4-2	机械场地平整	10m²	11.715	0.17		1.26	1.43	0.07	
2	010101004001	挖基坑土方;普通土	m³	49.66	0.4		2.3	2.69	0.21	2.91
	1-3-9	挖掘机挖普通土	10m³	4.966	0.4		2.3	2.69	0.13	
3	010101004002	挖基坑土方;坚土	m³	131.4	6.27	0.02	2.76	9.06	0.73	9.78
	1-3-10	挖掘机挖坚土	10m³	12.235	0.37		2.69	3.06	0.15	
	1-2-3-2	人工挖机械剩余5%坚土深2m内	10m³	0.905	3.95			3.95	0.2	
	1-4-4-1	基底钎探(灌砂)	10眼	2.9	1.69	0.02		1.72	0.09	
	1-4-6	机械原土夯实	10m²	5.74	0.26		0.07	0.33	0.02	
4	010501001001	垫层;C15	m³	2.64	87.66	267.78	2.24	318.63	25.8	383.48
	2-1-13-1'	C154商砼无筋砼垫层(条形基础)	10m³	0.264	70.76	224.4	1.11	257.22	12.86	
	10-4-49	砼基础垫层木模板	10m²	0.528	16.9	43.38	1.13	61.41	3.07	

(续表)

序号	项目编码	项目名称	单位	工程量	综合单价组成					综合单价
					人工费	材料费	机械费	计费基础	管理费和利润	
5	010501002001	带形基础;C30	m³	5.73	71.57	312.22	3.11	366.28	29.67	416.57
	4-2-4.39′	C304 商砼无梁式带形基础	10m³	0.573	44.35	255.41	0.59	279.73	13.99	
	10-4-12′	无梁砼带形基胶合板模木支撑[扣胶合板]	10m²	1.056	23.48	19.3	2.37	45.15	2.26	
	10-4-310	基础竹胶板模板制作	10m²	0.275	3.74	37.51	0.15	41.4	2.07	

注:为节约篇幅,下略。本表的综合单价是表4~10的计算依据。

装饰工程量清单综合单价分析表

工程名称:泵房装饰   表 4-13

序号	项目编码	项目名称	单位	工程量	综合单价组成					综合单价
					人工费	材料费	机械费	计费基础	管理费和利润	
		装饰分部								
1	010802001001	塑钢门	m²	4.32	16.5	287.17	0.03	16.5	10.73	314.43
	5-6-1	塑料平开门安装	10m²	0.432	16.5	287.17	0.03	16.5	8.09	
2	010807001001	塑钢窗;带纱扇	m2	8.1	27.72	243.87	0.02	27.72	18.02	289.63
	5-6-3	塑料窗带纱扇安装	10m²	0.81	27.72	243.87	0.02	27.72	13.58	
3	010809004001	石材窗台板;花岗岩窗台	m²	0.66	22.84	206.42	0.32	22.84	14.84	244.42
	9-5-23	窗台板水泥砂浆花岗岩面层	10m²	0.066	22.84	206.42	0.32	22.84	11.19	

注:为节约篇幅,下略。

4.3.5 措施项目清单计价与汇总表(表4-14～表4-19)

建筑工程措施项目清单计价表(一)

工程名称:泵房建筑   表 4-14

序号	项目名称	计费基础	费率(%)	金额(元)	备注
1	夜间施工	59481	0.7	450	
2	二次搬运	59481	0.6	386	
3	冬雨季施工	59481	0.8	514	
4	已完工程及设备保护	59481	0.15	96	
	合 计			1446	

装饰工程措施项目清单计价表(一)

工程名称:泵房装饰   表 4-15

序号	项目名称	计费基础	费率(%)	金额(元)	备注
1	夜间施工	5579	4	252	
2	二次搬运	5579	3.6	227	
3	冬雨季施工	5579	4.5	284	
4	已完工程及设备保护	14255	0.15	23	
	合 计			786	

建筑工程措施项目清单计价表(二)

工程名称:泵房建筑   表 4-16

序号	项目编码	项目名称 项目特征	计量 单位	工程 数量	综合单价	合价	其中: 暂估价
					金　额(元)		
1	011701001001	综合脚手架	m²	46.43	22.72	1055	
2	011705001001	大型机械设备进出场及安拆	台次	1	9530.67	9531	
		合　计				10586	

装饰工程措施项目清单计价表(二)

工程名称:泵房装饰   表 4-17

序号	项目编码	项目名称 项目特征	计量 单位	工程 数量	综合单价	合价	其中: 暂估价
					金　额(元)		
1	011701001001	综合脚手架	m²	46.43	13.74	638	
		合　计				638	

建筑工程措施项目清单计价汇总表

工程名称:泵房建筑   表 4-18

序号	项目名称	金　额(元)
1	措施项目清单计价(一)	1446
2	措施项目清单计价(二)	10586
	合　计	12032

装饰工程措施项目清单计价汇总表

工程名称:泵房装饰   表 4-19

序号	项目名称	金　额(元)
1	措施项目清单计价(一)	786
2	措施项目清单计价(二)	638
	合　计	1424

4.3.6 其他项目清单计价与汇总表(表 4-20~表 4-25)

建筑工程其他项目清单计价与汇总表

工程名称:泵房建筑   表 4-20

序号	项目名称	计量单位	金额(元)	备注
1	暂列金额	项	6478	
2	暂估价	项		
3	特殊项目暂估价	项		
4	材料暂估价			
5	专业工程暂估价	项		
6	计日工			
7	总承包服务费		65	
	合　计		6543	

装饰工程其他项目清单计价与汇总表

工程名称：泵房装饰

表 4-21

序号	项目名称	计量单位	金额(元)	备注
1	暂列金额	项	1785	
2	暂估价	项		
3	特殊项目暂估价	项		
4	材料暂估价			
5	专业工程暂估价	项		
6	计日工			
7	总承包服务费		3	
	合　计		1788	

建筑工程暂列金额明细表

工程名称：泵房建筑

表 4-22

序号	项目名称	计量单位	暂定金额(元)	备注
1	暂列金额		6478	
	合　计		6478	

装饰工程暂列金额明细表

工程名称：泵房装饰

表 4-23

序号	项目名称	计量单位	暂定金额(元)	备注
1	暂列金额		1785	
	合　计		1785	

建筑工程总承包服务费清单与计价表

工程名称：泵房建筑

表 4-24

序号	项目名称及服务内容	项目费用(元)	费率(%)	金额(元)
1	发包人发包专业工程			
2	发包人供应材料	6468	1	65
	合　计			65

装饰工程总承包服务费清单与计价表

工程名称：泵房装饰

表 4-25

序号	项目名称及服务内容	项目费用(元)	费率(%)	金额(元)
1	发包人发包专业工程			
2	发包人供应材料	278	1	3
	合　计			3

4.3.7 规费、税金项目清单与计价表(表 4-26、表 4-27)

建筑工程规费、税金项目清单与计价表

工程名称:泵房建筑

表 4-26

序号	项目名称	计费基础	费率(%)	金额(元)
1	规费			5277
2	安全文明施工费			2601
3	环境保护费	分部分项+措施项目+其他项目	0.11	92
4	文明施工费	分部分项+措施项目+其他项目	0.29	242
5	临时设施费	分部分项+措施项目+其他项目	0.72	600
6	安全施工费	分部分项+措施项目+其他项目	2	1667
7	工程排污费	分部分项+措施项目+其他项目	0.26	217
8	社会保障费	分部分项+措施项目+其他项目	2.6	2167
9	住房公积金	分部分项+措施项目+其他项目	0.2	167
10	危险工作意外伤害保险	分部分项+措施项目+其他项目	0.15	125
11	税金	分部分项+措施项目+其他项目+规费	3.48	3084

装饰工程规费、税金项目清单与计价表

工程名称:泵房装饰

表 4-27

序号	项目名称	计费基础	费率(%)	金额(元)
1	规费			1485
2	安全文明施工费			809
3	环境保护费	分部分项+措施项目+其他项目	0.12	25
4	文明施工费	分部分项+措施项目+其他项目	0.1	21
5	临时设施费	分部分项+措施项目+其他项目	1.62	341
6	安全施工费	分部分项+措施项目+其他项目	2	421
7	工程排污费	分部分项+措施项目+其他项目	0.26	55
8	社会保障费	分部分项+措施项目+其他项目	2.6	548
9	住房公积金	分部分项+措施项目+其他项目	0.2	42
10	危险工作意外伤害保险	分部分项+措施项目+其他项目	0.15	32
11	税金	分部分项+措施项目+其他项目+规费	3.48	785

4.3.8 材料暂估价一览表(表 4-28、表 4-29)

建筑工程材料暂估价一览表

工程名称:泵房建筑

表 4-28

序号	五位编号	材料名称、规格、型号	计量单位	数量	单价(元)	金额(元)	备注
1	81019	C152 现浇砼碎石＜20[商砼]	m³	0.832	220	183	
2	81020	C202 现浇砼碎石＜20[商砼]	m³	0.782	220	172	
3	81021	C252 现浇砼碎石＜20[商砼]	m³	1.163	240	279	
4	81022	C302 现浇砼碎石＜20[商砼]	m³	5.481	250	1370	
5	81028	C253 现浇砼碎石＜31.5[商砼]	m³	5.524	240	1326	
6	81036	C154 现浇砼碎石＜40[商砼]	m³	5.131	220	1129	
7	81039	C304 现浇砼碎石＜40[商砼]	m³	6.518	250	1630	
8	81046	C20 细石砼[商砼]	m³	1.724	220	379	
		合 计				6468	

装饰工程材料暂估价一览表

工程名称：泵房装饰   表 4-29

序号	五位编号	材料名称、规格、型号	计量单位	数量	单价(元)	金额(元)	备注
1	81046	C20 细石砼[商砼]	m³	1.264	220	278	
		合　计				278	

复 习 思 考 题

1. 试分析规范中原综合单价分析表(表-09)与新综合单价分析表(表 4-12)的区别。

2. 增加全费计价表的意义何在？

3. 试谈将招标控制价表格分为纸面文档和电子文档的意义。

4. 本案例中对模板是如何处理的？

5. 本案例中对措施项目中的脚手架是如何处理的？

6. 本案例为何计算总包服务费？

7. 本案例的暂列金额是如何计算的？

8. 了解规范规定的 26 种计价表格的构造和应用。

9. 了解新增 4 种计价表格的构造和应用。

作 业 题

1. 应用你所熟悉的计价软件,依据第 3 章的工程量计算出工程报价。并与本章结果进行对比,找出不同的原因。

5 综合楼工程计量

5.1 综合楼案例清单/定额知识

本章只介绍与第3章的不同部分,其他有关知识应结合第3章来理解。本章考虑了泵送商品混凝土和超高费的处理。

本项目按2个单位工程(综合楼建筑和综合楼装饰)来计算。一个单位工程内含不计超高和计超高2个分部。每个分部的序号都从头开始编排,以利于计算结果的调用。

5.1.1 基础工程

1. 应了解定额中挖土方与挖沟槽工作内容的区别是挖沟槽中含基底夯实,故不能同第3章一样再套机械原土夯实定额。

2. 本案例考虑了人工挖土与运余土,运距50m内。

3. 垫层按2013规范规定:混凝土垫层按附录E中编码010501001列项,地面中的混凝土垫层列入基础内。

4. 关于泵送费用的处理,有的采用参照省价(原价加15元泵送剂),另外再套2项定额(泵送费和管道安拆),其工程量乘相应损耗来解决。本教程采用在商品混凝土原价上加90元的方法解决。

5.1.2 主体工程

1. 有梁板按梁板体积之和计算。外墙部分按梁的全高(不扣板厚)算至柱侧,避免了板不扣柱头的不合理部分;内梁则按梁的净高(扣板厚)计算,相当于计算板头,符合2013规范中各类板伸入墙内的板头并入板体积内的规则要求。

2. 卫生间防水的反檐有两种解释:一种主张套用平板定额,一种主张套用圈梁定额。本教程按圈梁定额套用。

3. 屋面根据2013规范的要求将清单项目细化。

(1)屋12防滑地砖上人屋面中套了6项清单:防滑地砖、沥青卷材防水、高分子涂膜防水、找平层、聚氨酯泡沫板、水泥珍珠岩保温。

(2)屋7琉璃瓦坡屋面中套了4项清单:琉璃瓦屋面、刚性防水、找平层、涂膜防水。

4. 按规范要求:填充墙应沿框架柱全高每隔500mm设2φ6拉筋,拉筋伸入墙内的长度,6、7度时不应小于墙长的1/5且不小于700mm。本工程按平均1m考虑,植入框架柱200mm。

5. 马凳筋直径采用φ8,按每平方米1个考虑。

5.1.3 措施项目

1. 垂直运输费

按2013清单和定额均按建筑面积计算。

2. 超高施工增加

按2013规范规定的建筑物超高部分的建筑面积计算,但山东省2003消耗量定额的计算规则是按±0.000以上的全部人工、机械乘以降效系数计算。目前只能暂按各自的规定来执行。

5.1.4 装修工程

1. 地面中的垫层、防水均列入建筑。

2. 墙面中的保温列入建筑。

3. 按山东省规定:有吊顶天棚的墙面抹灰高度,清单与计算规则均算至天棚底加10cm。

4. 油漆部分均单列。

5.2 综合楼门窗过梁表、基数表、构件表

5.2.1 门窗过梁表

门窗过梁表中含门窗表、门窗统计表和过梁表三种表格。

1. 门窗表(表5-1)

该表由CAD图纸转来的表格(表2-2),经过加工添加楼层和过梁的信息而生成。

门窗表

工程名称:综合楼 表5-1

门窗号	图纸编号	洞口尺寸	面积	数量	30W墙	18N墙	30D墙	24砼	洞口过梁号
C1	PLC53-07	0.9×1.5	1.35	5	5				GL1
2~5层			4		1×4				
顶层			1		1				
C2	PLC53-08	0.9×2.4	2.16	1	1				GL1
1层				1	1				
C3	PLC53-13	1.2×1.5	1.8	20	20				GL2
2~5层				16	4×4				
顶层				4	4				
C4	PLC53-17	1.2×2.4	2.88	4	4				GL2
1层				4	4				
C5	PLC53-23	1.5×1.5	2.25	36	36				GL3
2~5层				32	8×4				
顶层				4	4				
C6	PLC53-27	1.5×2.4	3.6	10	7		3		GL3
−1层				3			3		
1层				7	7				
C7	PLC53-33	1.8×1.5	2.7	12	12				GL4
2~5层				8	2×4				
顶层				4	4				
C8	PLC53-37	1.8×2.4	4.32	2	1		1		GL4
−1层				1			1		
1层				1	1				
C9	PLC53-43	2.1×1.5	3.15	18	18				GL5

（续表）

门窗号	图纸编号	洞口尺寸	面积	数量	30W墙	18N墙	30D墙	24砼	洞口过梁号
2～5层				16	4×4				
顶层				2	2				
C10	PL53-47	2.1×2.4	5.04	8	4		4		GL5
一1层				4			4		
1层				4	4				
C11	TC1	1.8×2.4	4.32	2	2				GL4
1层				2	2				
C12	TC2	1.8×1.5	2.7	8	8				GL4
2～5层				8	2×4				
C13	老虎窗	1.2×0.54＋A	1.06	2				2	
顶层				2				2	
M1	DLM100-44	2.4×3.3	7.92	1	1				GL6
1层				1	1				
M2	PLM70-120	1.8×3.3	5.94	1			1		GL4
一1层				1			1		
M3	M2-529	1.5×2.4	3.6	1		1			GL7
1层				1		1			
M4	M2-601	1.8×2.4	4.32	1		1			GL8
1层				1		1			
M5	M2-67	0.9×2.4	2.16	32		32			GL9
2～5层				32		8×4			
M6	M2-68	0.9×2.4	2.16	12		12			GL9
1层				2		2			
2～5层				8		2×4			
顶层				2		2			
M7	M2-547	1.5×2.4	3.6	4		4			GL7
2～5层				4		1×4			
M8	M2-313	1.2×2.1	2.52	1		1			GL10
顶层				1		1			
M9	FM-1224-B	1.2×2.4	2.88	4		4			GL10
2～5层				4		1×4			
M10	PLM70-119	1.8×2.4	4.32	1	1				GL4
1层				1	1				
M11	PLM70-105	1.2×2.1	2.52	1	1				KL
顶层				1	1				
			数量	187	121	55	9	2	
			面积	495.95	321.21	131.40	41.22	2.12	

2. 门窗统计表(表 5-2)

该表由门窗表自动生成,在表格输出中体现。

门窗统计表

工程名称:综合楼

表 5-2

门窗号	图纸编号	洞口尺寸	面积	数量	一1层	1层	2~5层	顶层	合计
M1	DLM100-44	2.4×3.3	7.92	1		1			7.92
M2	PLM70-120	1.8×3.3	5.94	1	1				5.94
M3	M2-529	1.5×2.4	3.60	1		1			3.60
M4	M2-601	1.8×2.4	4.32	1		1			4.32
M5	M2-67	0.9×2.4	2.16	32			32		69.12
M6	M2-68	0.9×2.4	2.16	12		2	8	2	25.92
M7	M2-547	1.5×2.4	3.60	4			4		14.40
M8	M2-313	1.2×2.1	2.52	1				1	2.52
M9	FM-1224-B	1.2×2.4	2.88	4			4		11.52
M10	PLM70-119	1.8×2.4	4.32	1		1			4.32
M11	PLM70-105	1.2×2.1	2.52	1				1	2.52
			数量	59	1	6	48	4	
			面积		5.94	24.48	112.32	9.36	152.10
C1	PLC53-07	0.9×1.5	1.35	5			4	1	6.75
C2	PLC53-08	0.9×2.4	2.16	1		1			2.16
C3	PLC53-13	1.2×1.5	1.80	20			16	4	36.00
C4	PLC53-17	1.2×2.4	2.88	4		4			11.52
C5	PLC53-23	1.5×1.5	2.25	36			32	4	81.00
C6	PLC53-27	1.5×2.4	3.60	10	3	7			36.00
C7	PLC53-33	1.8×1.5	2.70	12			8	4	32.40
C8	PLC53-37	1.8×2.4	4.32	2	1	1			8.64
C9	PLC53-43	2.1×1.5	3.15	18			16	2	56.70
C10	PL53-47	2.1×2.4	5.04	8	4	4			40.32
C11	TC1	1.8×2.4	4.32	2		2			8.64
C12	TC2	1.8×1.5	2.70	8			8		21.60
C13	老虎窗	1.2×0.54+A	1.06	2				2	2.12
			数量	128	8	19	84	17	
			面积		35.28	72.00	199.80	36.77	343.85

3. 过梁表(表5-3)

该表由门窗表自动生成,在过梁表界面和表格输出中体现。

过梁表

工程名称:综合楼

表5-3

过梁号	图纸编号	L×B×H	体积	数量	30W墙	18N墙	30D墙	24砼	洞口门窗号
GL1	结施06	1.4×0.3×0.18	0.076	6	6				C1;C2
GL2		1.7×0.3×0.18	0.092	24	24				C3;C4
GL3		2×0.3×0.18	0.108	46	43		3		C5;C6
GL4		2.3×0.3×0.18	0.124	26	24		2		C7;C8;C11;C12;M2;M10
GL5		2.6×0.3×0.18	0.14	26	22		4		C9;C10
GL6		2.9×0.3×0.18	0.157	1	1				M1
GL7		2×0.18×0.18	0.065	5		5			M3;M7
GL8		2.3×0.18×0.18	0.075	1		1			M4
GL9		1.4×0.18×0.18	0.045	44		44			M5;M6
GL10		1.7×0.18×0.18	0.055	5		5			M8;M9
			数量	184	120	55	9		
			体积	17.31	13.52	2.66	1.13		

5.2.2 基数表(表5-4)

基数表

工程名称:综合楼

表5-4

序号	基数	名　称	计　算　式	基数值
1	S	外围面积	27.5×12.5	343.75
2	W	外墙长	2(27.5+12.5)	80
3	L	外墙中	W−4×0.3	78.8
4	N	18内墙长	[−3,4]3.04+6.64+2.86+[C,D]11.86+14.86	39.26
5	N12	12内墙长	2.86	2.86
6		餐厅	14.86×11.9−3×3.04=167.714	
7		门斗	3×2.86=8.58	
8		厨房	11.86×6.46=76.616	
9		走道	12.04×2.22=26.729	
10	RT	楼梯间	5.82×2.86=16.645	
11	RW	厕所	2.95×2.86+2.79×2.86=16.416	
12	R	室内面积	Σ	312.7
13	Q	墙体面积	L×0.3+N×0.18+N12×0.12	31.05

（续表）

序号	基数	名 称	计 算 式	基数值
14		1层校核	S－Q－R＝0	
15	S0	外围面积	15.5×10.4	161.2
16	W0	外墙长	2(15.5＋10.4)	51.8
17	L0	30外墙中	15.225＋7.6＋10.1	32.925
18	L01	25外墙中	7.625＋10.125	17.75
19	R0	地下室面积	14.95×9.85－7.45×0.05	146.885
20		地下校核	S0－L0×0.3－L01×0.25－R0＝0	
21	N2	18内墙长	[2,3,4]11.9＋2(6.46＋2.86)＋[C,D]19.36×2	69.26
22		活动室	7.36×11.9＝87.584	
23		教室	7.32×6.46＋5.82×6.46＝84.884	
24		办公室	7.32×2.86＋5.86×6.46＝58.791	
25		走廊	19.36×2.22＝42.979	
26	R2	室内面积	∑＋RT＋RW	307.299
27		2～5层校核	S－(L×0.3＋N2×0.18＋N12×0.12)－R2＝0.001	
28	S6	外围面积	19.95×12.5－7.5×5.4	208.875
29	W6	外墙长	2(19.95＋12.5)	64.9
30	L6	30外墙中	W6－1.2	63.7
31	N6	18内墙长	[4]2.86＋[D]11.85	14.71
32		会议室	19.35×8.86－7.5×2.36＝153.741	
33	RT6	楼梯间	5.81×2.86＝16.617	
34	R6	室内面积	∑＋RW	186.774
35		顶层校核	S6－(L6×0.3＋N6×0.18＋N12×0.12)－R6＝0	
36			[H＝4.55,R＝4.8,求雨篷弧长PL及面积P]	
37		圆心角A	[A＝2arccos((R－H)/R)]2arccos((4.8－4.55)/4.8)＝174.028	
38		弦长C	[C＝2R×sin(A/2)]2×4.8SIN(174.028/2)＝9.59	
39	PL	弧长L	[L＝πRA/180]π×4.8×174.028/180＝14.579	
40	P	雨篷面积	[S＝(LR－C(R－H))/2](14.579×4.8－9.59(4.8－4.55))/2	33.791
41		外墙保温	(L0＋0.25＋0.3＋2×0.08＋(W＋4×0.08)×5＋W6＋4×0.08)×0.08	40.036
42	JM	建筑面积	S0＋S×5＋S6＋P/2＋H41	2145.757
43	JT	建筑体积	S0×4.2＋S×17.4＋S6×4.25＋3.275×4.65×4.2	7609.97
44	LV	女儿墙长	12.5＋7.31＋14.81	34.62

序号	基数	名　　称	计　算　式	基数值
45		JL－1基长	$27×3+9.9×2+12×4-1.3-0.75×10-1×4-0.5×4=134$	
46	J	－0.3JL－1长	[1]8.5+[2]8.9+[3]10+[B,C]14×2+[E]13.6	69
47	J1	＋3.9JL－1长	[4,5]10.5×2+[A－E]11×4	65
48	J2	＋3.9JL－2长	2.695	2.695
49	K	－0.3基底长	[1]4.2+[2]2.75+[3]2.1+[B]8.5+[C]8.4+[E]9.2	35.15
50	K2	＋3.9基底长	[4]3.7+0.7+[5]4.2+1+[A]7.2+[C]5.9+[D]8+[E]7.4	38.1
51		－0.3基底校核	$15×3+9.9×3-1.85×7[J1]-1.6×8[J2]-1.4×3[J3]-1.3×5[J4]$ $-1.1[J6]-1×2[J7]-K=0$	
52		＋3.9基底校核	$12×6-1.1[J6]-1.6×5[J2]-1×8[J7]-1.3×7[J4]-1.1×7[J5]-$ $K2=0$	
53	T1	延尺系数1	(3.2^2+2.5^2)^0.5/3.2	1.269
54	T2	延尺系数2	(3.55^2+2.5^2)^0.5/3.55	1.223
55	T3	延尺系数3	(3.25^2+2.5^2)^0.5/3.25	1.262
56	T4	延尺系数4	(6.225^2+2.5^2)^0.5/6.225	1.078
57		屋面1	$6.5×2.9/2=9.425$	
58		屋面2	$(7.5+19.35)×3.25-H57=77.838$	
59		屋面3	$11.85×2.95/2=17.479$	
60		屋面4	$(5.4+11.9)×1.85/2-H59=85.024$	
61		老虎窗开洞	$1.2(0.9+0.3)×3.25/2.5×2=3.744$	
62	WM	斜屋面面积	$H57×T1+H58×T2+H59×T3+H60×T4-H61×T2$	216.292
63	WM1	老虎窗顶面积	$1.68(0.9+0.84/2)×3.55/2.5×2×1.414$	8.905
64			[C=1.2,H=0.46,求老虎窗弓形弧长AL和面积A]	
65		半径R	[R=(C^2+4H^2)/8/H](1.2^2+4×0.46^2)/8/0.46=0.621	
66		圆心角A	[A=2arcsin(C/2/R)]2arcsin(1.2/2/0.621)=150.114	
67	AL	弧长L	[L=πRA/180]0.621×150.114×π/180	1.627
68	A	老虎窗面积	[S=(LR-C(R-H))/2](1.627×0.621-1.2(0.621-0.46))/2	0.409
69	LY	老虎窗檐	2(0.84+0.36+(0.9-0.18)×3.55/2.5)×1.414	6.285
70			[H=4.65,R=4.9,求台阶外弓形面积]	
71		圆心角A	[A=2arccos((R-H)/R)]2arccos((4.9-4.65)/4.9)=174.15	
72		弦长C	[C=2R×sin(A/2)]2×4.9SIN(174.15/2)=9.79	
73		弧长L	[L=πRA/180]π×4.9×174.15/180=14.894	
74	AW	台阶外面积	[S=(LR-C(R-H))/2](14.894×4.9-9.79(4.9-4.65))/2	35.267

（续表）

序号	基数	名　称	计　算　式	基数值
75			[H＝4.05,R＝4.3,求台阶内弓形面积 AM]	
76		圆心角 A	[A＝2arccos((R－H)/R)]2arccos((4.3－4.05)/4.3)＝173.334	
77		弦长 C	[C＝2R×sin(A/2)]2×4.3SIN(173.334/2)＝8.583	
78		弧长 L	[L＝πRA/180]π×4.3×173.334/180＝13.009	
79	AM	台阶地面面积	[S＝(LR－C(R－H))/2](13.009×4.3－8.583(4.3－4.05))/2	26.896
80	WKZ0	地外框柱长	[1]0.5×2＋0.75＋[3]0.35×2＋0.5×3＋[A]0.35＋[E]0.75＋0.5＋0.35	5.9
81	WKZ	1～5层外框柱长	WKZ0＋[5](0.35＋0.5)×2＋[A]0.5×2＋[E]0.5×32	7.4
82	RB011	地 110 板面	7.3×1.9×2	27.74
83	RB015	地 150 板面	14.9×11.9－RB011	149.57
84	RB11	110 板面	H82＋7.2(2.1＋2.8)＋5.7×2.1＋5.8(2.1＋2.8)	103.41
85	RB15	150 板面	26.9×11.9－RB11－[楼梯]5.7×2.825	200.598
86	RBD11	顶 110 板面	H82＋5.7×2.1＋5.8(2.1＋2.8)	68.13
87	RBD15	顶 150 板面	26.9×11.9－RBD11－[楼梯]5.7×2.825	235.878
88	KL065	地外梁 65	[1]10.6＋[E]13.6	24.2
89		校核地外梁长	2(15.2＋12.2)－WKZ0－KL065－[KL6]14.7－[KL3]10＝0	
90	KN065	地内梁 65	[2]10.7＋[B,C]14×2	38.7
91	KL65	外梁 65	[1]10.6＋[5]10.5＋[E]24.6	45.7
92		校核外梁长	L－WKZ－KL65－[KL6]25.7＝0	
93	KN65	内梁 65	[2]10.7＋[4]10.5＋[B]14＋[C]25	60.2
94	KN45	内梁 45	[3]1.6＋4＋1.9＋2.5	10
95		校核内梁长	[2－4]10.7＋10＋10.5＋[B－D]14＋25＋18.1－KN65－[KL12]－7.1－11－KN45＝0	
96		校核顶内梁长	[2－4]10.7＋10＋10.5＋[B－D]14＋25＋11－KN65－[KL12]11－KN45＝0	
97	WKL65	屋面外梁 65	[2,5]6.1＋10.5＋[C,E]7.1＋11.25	34.95
98	WKN65	内梁 65	[4]3.15×T2＋5.35＋2.5×T4＋[B]2.12×T1＋4.98＋[C]2×5.65×T3	33.828

说明：

（1）对于框架结构来说，三线三面基数虽不能用外墙中和内墙净长来计算墙体，但仍要用它们校核基数。每个房间的面积都要分别计算，以便提取到室内装修表中计算踢脚、墙面抹灰等。

（2）构件基数中列出了各种梁高的总长度，它们是计算梁构件的公因数，以变量命名并调用，可简化构件和填充墙的体积计算式。对于仅一种梁高的构件，则直接用其长度而没有必要再命名变量；但对于斜屋面梁来说，要考虑延尺系数，故需单独列出。

5.2.3 构件表（表5-5）

构件表

工程名称：综合楼

表5-5

序号		构件类别/名称	L	a	b	基础	一1层	1层	2～4层	5层	顶层	数量
1		独立基础										
	1	J-1	3.5	3.5	1	2						2
	2	J-2	3	3	0.9	3	1					4
	3	J-3	2.6	2.6	0.8	1						1
	4	J-4	2.4	2.4	0.8	2	2					4
	5	J-5	2	2	0.8		3					3
	6	J-6	4.5	2	0.8	1						1
	7	J-7	1.8	1.8	0.8	1	2					3
	8	J-8	1.8	1.8	0.45		2					2
2		基础梁										
	1	−0.3JL-1	J	0.37	0.5	1						1
	2	3.9JL-1	J1	0.37	0.5		1					1
	3	3.9JL2	J2	0.2	0.3		1					1
3		异形柱										
	1	Z4(至−0.3)	1.2	0.9+0.4	0.5	1						1
	2	Z4(至4.15)	4.45	0.9+0.4	0.5		1					1
	3	Z4(至8.35)	4.2	0.9+0.4	0.5			1				1
	4	Z4(至18.25)	3.3	0.9+0.4	0.5				1×3			3
	5	Z4(至21.6)	3.35	0.9+0.4	0.5						1	1
4		柱										
	1	Z1(至−0.3)	1.2	0.5	0.5	10						10
	2	Z1(至4.15)	4.45	0.5	0.5		10					10
	3	Z1,2(2.6～3.9)	1.3	0.5	0.5		8					8
	4	Z1,2(3.9～8.35)	4.45	0.5	0.5			10				10
	5	Z1,2(4.15～8.35)	4.2	0.5	0.5			8				8
	6	Z1,2(至18.25)	3.3	0.5	0.5				18×3			54
	7	Z1,2(至21.6)	3.35	0.5	0.5						18	18
	8	Z1,2(至24.6)	3	0.4	0.5						13	13
	9	Z1(21.6～26.05)	4.65	0.4	0.5						1	1
	10	Z1,2(21.6～27.1)	5.5	0.4	0.5						2	2
	11	TZ1	2.35	0.3	0.2				1			1

序号	构件类别/名称	L	a	b	基础	一1层	1层	2～4层	5层	顶层	数量
12	TZ1	1.65	0.3	0.2				1×3	1		4
13	TZ2	2.35	0.18	0.2					1		1
14	TZ2	1.65	0.18	0.2				1×3	1		4
5	圆柱										
	圆柱 Z3	4.8	D0.45				2				2
6	压顶、窗台										
1	窗台 C1,2	0.96	0.3	0.06			2	1×3	1		6
2	窗台 C3,4	1.32	0.3	0.06			4	4×3	4	4	24
3	窗台 C5,6	1.62	0.3	0.06		3	7	8×3	8	4	46
4	窗台 C7,8	1.92	0.3	0.06		1	1	2×3	2	4	14
5	窗台 C9,10	2.22	0.3	0.06		4	4	4×3	4	2	26
6	窗台 C11,12	2.28	0.3	0.18			2	2×3	2		10
7	女儿墙压顶	LV	0.24	0.08						1	1
7	墙										
1	地下3轴	12	4	0.25		1					1
2	地下E轴	7.5	3.8	0.25		1					1
3	老虎窗墙 1.2+0.9×3.55/2.5		0.9	0.24						2	2
4	1.68×0.84/2-C13			0.24						2	2
8	有梁板										
1	地下室板	RB015		0.15		1					1
2		RB011		0.11		1					1
3	地外梁65	KL065	0.3	0.65		1					1
4	KL3(4)	10	0.3	0.45		1					1
5	KL6(2)	14.7	0.3	0.6		1					1
6	内梁65	KN065	0.3	0.53		1					1
7	L5	5.2	0.35	0.25		1					1
8	L6	2.625	0.25	0.25		1					1
9	门厅雨篷板	P		0.12			1				1
10	L1	4.05	0.28	0.25			1				1
11	L2	3.5	0.28	0.25			2				2
12	L3	PL	0.28	0.2			1				1
13	L4	2.825	0.2	0.19			1	1×3	1		5
14	2～5层150板	RB15		0.15			1	1×3			4

序号	构件类别/名称	L	a	b	基础	一1层	1层	2～4层	5层	顶层	数量
15	2～5层110板 RB11			0.11			1	1×3			4
16	2～5层TB3	1.09	2.825	0.1			1	1×3			4
17	6层TB3	1.01	2.825	0.1					1		1
18	6层150板 RBD15			0.15					1		1
19	6层110板 RBD11			0.11					1		1
20	2～6层外梁65 KL65	0.3	0.65			1	1×3	1			5
21	2～6层KL6	25.7	0.3	0.6			1	1×3	1		5
22	2～5层内梁65 KN65	0.3	0.5			1	1×3				4
23	2～5层内梁KL12	7.1	0.25	0.5			1	1×3			4
24		11	0.25	0.45			1	1×3			4
25	2～5层内梁45 KN45	0.3	0.3			1	1×3				4
26	6层内梁65 KND65	0.3	0.5						1		1
27	6层内梁KL12	11	0.2	0.45					1		1
28	多坡屋顶120 WM			0.12						1	1
29	老虎窗屋顶100 WM1			0.1						1	1
30	屋面外梁65 WKL65	0.3	0.65							1	1
31	外梁 WKL2	4.4	0.3	0.45						1	1
32	WKL5	18.75	0.3	0.6						1	1
33	内梁65 WKN65	0.3	0.53							1	1
34	WKL2	5.6×T2	0.3	0.33						1	1
35	WKL8	11.25×T4	0.25	0.48						1	1
9	C30挑檐										
1	檐沟底	W6+1.9	0.45	0.08						1	1
2	上翻檐	W6+3.28	0.12	0.08						1	1
3	老虎窗檐	LY	0.3	0.1						2	2
10	C20飘窗板										
	飘窗板	2.28	0.42	0.06			4	4×3	4		20
11	雨篷拦板										
	LB1	PL	0.8	0.06				1			1
12	楼梯										
	1层楼梯	4.75	2.86	0.12			1				1
	2～5层	4.67	2.86	0.12				1×3	1		4
13	雨篷										
	雨篷	2.28	0.9			1	1				2

5.3 综合楼项目清单/定额表

综合楼建筑工程项目清单/定额表,见表5-6;综合楼装饰工程项目清单/定额表,见表5-7。

建筑工程项目清单/定额表

工程名称:综合楼建筑

表 5-6

序号	项目名称	编号	清单/定额名称
	建筑(不计超高)		
1	平整场地	010101001	**平整场地**
		1-4-1	人工场地平整
2	挖基础土方	010101004	**挖基坑土方;坚土,地坑,2m内**
	①挖地坑(坚土)	1-2-18	人工挖地坑坚土深2m内
	②钎探	1-4-4-1	基底钎探(灌砂)
		010101004	**挖基坑土方;坚土,地坑,4m内**
		1-2-19	人工挖地坑坚土深4m内
		1-4-4-1	基底钎探(灌砂)
		010101003	**挖沟槽土方;坚土,地槽,2m内**
		1-2-12	人工挖沟槽坚土深2m内
3	柱基		
	①C15砼垫层	010501001	**垫层;C15垫层**
	②C20柱基	2-1-13-2′	C154商砼无筋砼垫层(独立基础)
	③M5砂浆毛石基(楼梯)	10-4-49	砼基础垫层木模板
	④C30柱	010501003	**独立基础;C20柱基**
		4-2-7′	C204商品砼独立基础
		10-4-27′	砼独立基础胶合板模板木支撑[扣胶合板]
		10-4-310	基础竹胶板模板制作
		010403001	**石基础;毛石基,M5.0砂浆**
		3-2-1	M5.0砂浆乱毛石基础
		010502003	**异形柱;C30**
		4-2-19.2′	C304商砼异形柱
		10-4-94′	异形柱胶合板模板钢支撑[扣胶合板]
		10-4-311	柱竹胶板模板制作
		010502001	**矩形柱;C30**
		4-2-17.2′	C304商砼矩形柱
		10-4-88′	矩形柱胶合板模板钢支撑[扣胶合板]
		10-4-311	柱竹胶板模板制作
4	基础梁	010503001	**基础梁;C20**
	①C20基础梁	4-2-23.27′	C203商砼基础梁

（续表）

序号	项目名称	编号	清单/定额名称
		10-4-108′	基础梁胶合板模板钢支撑［扣胶合板］
		10-4-310	基础竹胶板模板制作
5	回填	010103001	**回填方**
	①槽坑回填	1-4-13	槽、坑机械夯填土
	②地面回填	1-4-11	机械夯填土（地坪）
	③人力车运土 50m 内	1-2-47	人力车运土方 50m 内
		1-2-3	人工挖坚土深 2m 内
6	室内坪以下砌体	010402001	**砌块墙；硅酸钙砌块墙 300，M5.0 砂浆**
	①M5.0 砂浆硅酸盐砌块墙 300	3-3-69.07	M5.0 砂浆硅酸钙砌块墙 300
	②M5.0 砂浆硅酸盐砌块墙 180	6-2-5	基础防水砂浆防潮层 20
	③M5.0 砂浆硅酸盐砌块墙 120	010402001	**砌块墙；硅酸钙砌块墙 180，M5.0 砂浆**
	④20 厚防潮层 1:2 水泥砂浆加 5％防水粉	3-3-32.07	M5.0 砂浆硅酸钙砌块墙 180
		6-2-5	基础防水砂浆防潮层 20
		010402001	**砌块墙；硅酸钙砌块墙 120，M5.0 砂浆**
		3-3-31.07	M5.0 砂浆硅酸钙砌块墙 120
		6-2-5	基础防水砂浆防潮层 20
7	砼墙	010504001	**直形墙；地下砼墙，C30**
	①C30 砼墙（用于地下室）	4-2-30.2′	C303 商品砼墙
		10-4-136′	直形墙胶合板模板钢支撑［扣胶合板］
		10-4-314	墙竹胶板模板制作
		10-4-148	墙钢支撑高超过 3.6m 每增 3m
		10-1-103	双排外钢管脚手架 6m 内
8	地下室防水	010903002	**墙面涂膜防水；聚氨酯 2 遍**
	①聚氨酯 2 遍	6-2-71	聚氨酯 2 遍
	②M5 砂浆砌煤矸石多孔砖	010401004	**多孔砖墙；M5.0 砂浆煤矸石多孔砖墙 115**
		3-3-70.07	M5.0 砂浆煤矸石多孔砖墙 115
9	砼散水：散 1	010507001	**散水；砼散水**
	①60 厚 C20 砼随打随抹，上撒 1:1 水泥细砂压实抹光	8-7-51′	C20 细石商砼散水 3:7 灰土垫层
	②150 厚 3:7 灰土（取消）	2-1-1＊-1	3:7 灰土垫层（扣除）
	③素土夯实	10-4-49	砼基础垫层木模板
10	室外砼台阶 L03J004-1/11	010507004	**台阶；C20**
	①素土夯实（另列）	4-2-57′	C202 商砼台阶
	②100 厚 C15 砼垫层（另列）	10-4-205	台阶木模板木支撑
	③C20 砼台阶		
11	砼垫层	010501001	**垫层；C15**

（续表）

序号	项 目 名 称	编号	清单/定额名称
	①素土夯实	1-4-6	机械原土夯实
	②100 厚 C15 砼垫层（台阶）	2-1-13′	C154 商砼无筋砼垫层
	③60 厚 C15 砼垫层（地面）		
12	施工组织设计	011705001	大型机械设备进出场及安拆
	①设 6t 塔吊 1 座，基础按 2.5×4×1(m)计	10-5-1-1′	C204 商品砼塔吊基础
	②石渣运费 35 元/m³	4-1-131	现浇砼埋设螺栓
	③设钢管依附斜道 1 座（安全施工费）	10-4-63	20m³ 内设备基础组合钢模钢支撑
	④采用密目网垂直封闭（安全施工费）	10-5-3	塔式起重机砼基础拆除
	⑤立挂式安全网（安全施工费）	补-1	石渣外运（35 元/m³）
	⑥采用钢管脚手架	10-5-22	自升式塔式起重机安拆
	⑦塔吊垂直运输	10-5-22-1	自升式塔式起重机场外运输
	建筑（计超高）		
13	柱	010502001	**矩形柱；C30**
	①C30 框架柱	4-2-17.2′	C304 商砼矩形柱
	②C30 圆柱	10-4-88′	矩形柱胶合板模板钢支撑［扣胶合板］
		10-4-311	柱竹胶板模板制作
		10-4-102	柱钢支撑高超过 3.6m 每增 3m
		10-1-102	单排外钢管脚手架 6m 内
		010502003	**异形柱；拐角柱，C30**
		4-2-19.2′	C304 商砼异形柱
		10-4-94′	异形柱胶合板模板钢支撑［扣胶合板］
		10-4-311	柱竹胶板模板制作
		10-4-102	柱钢支撑高超过 3.6m 每增 3m
		010502003	**异形柱；圆柱 C30**
		4-2-18.2′	C304 商砼圆形柱
		10-4-97′	圆形柱胶合板模板木支撑［扣胶合板］
		10-4-311	柱竹胶板模板制作
		10-4-103	柱木支撑高超过 3.6m 每增 3m
		10-1-102	单排外钢管脚手架 6m 内
		010502002	**构造柱；C20**
		4-2-20.27′	C203 商砼构造柱
		10-4-89′	矩形柱胶合板模板木支撑［扣胶合板］
		10-4-311	柱竹胶板模板制作
		4-1-98	砌体加固筋 φ6.5 内
14	圈梁	010503004	**圈梁；厕所墙底部防水，C20**

序号	项目名称	编号	清单/定额名称
	①C20 圈梁（用于厕所墙底部防水）	4-2-26.46′	C20 细石商砼圈梁
		10-4-127′	圈梁胶合板模板木支撑［扣胶合板］
		10-4-313	梁竹胶板模板制作
15	过梁	010503005	**过梁；现浇，C20**
	①C20 现浇过梁	4-2-27.27′	C203 商砼过梁
		10-4-118′	过梁胶合板模板木支撑［扣胶合板］
		10-4-313	梁竹胶板模板制作
16	压顶	010507005	**压顶；C20**
	①C20 压顶	4-2-58′	C202 商砼压顶
		10-4-213	扶手、压顶木模板木支撑
17	地下室砌体	010402001	**砌块墙；硅酸钙砌块墙300，M5.0 砂浆**
	①M5 砂浆硅酸盐砌块墙300	3-3-69.07	M5.0 砂浆硅酸钙砌块墙300
		10-1-6	双排外钢管脚手架24m 内
		10-1-103	双排外钢管脚手架6m 内
18	填充墙砌体	010402001	**砌块墙；加气砼砌块墙300，M5.0 混浆**
	①M5 混浆加气砼砌块墙300	3-3-63	M5.0 混浆加气砼砌块墙300
	②M5 混浆加气砼砌块墙180	10-1-6	双排外钢管脚手架24m 内
	③M5 混浆加气砼砌块墙120	10-1-22	双排里钢管脚手架3.6m 内
		010402001	**砌块墙；加气砼砌块墙180，M5.0 混浆**
		3-3-25	M5.0 混浆加气砼砌块墙180
		10-1-22	双排里钢管脚手架3.6m 内
		10-1-24	双排里钢管脚手架6m 内
		010402001	**砌块墙；加气砼砌块墙120，M5.0 混浆**
		3-3-24	M5.0 混浆加气砼砌块墙120
		10-1-22	双排里钢管脚手架3.6m 内
		10-1-24	双排里钢管脚手架6m 内
19	女儿墙砌体	010401003	**实心砖墙；煤矸石多孔砖240，M5 混浆**
	①M5 混浆砌煤矸石多孔砖	3-3-75	M5.0 混浆煤矸石多孔砖墙240
20	砼墙	010504001	**直形墙；老虎窗侧墙，C30**
	①C30 砼墙（老虎窗档墙）	4-2-30.2′	C303 商品砼墙
		10-4-136′	直形墙胶合板模板钢支撑［扣胶合板］
		10-4-314	墙竹胶板模板制作
21	有梁板	010505001	**有梁板；C30**
	①C30 有梁板	4-2-36.2′	C302 商砼有梁板
	②C30 斜有梁板（屋面）	10-4-160′	有梁板胶合板模板钢支撑［扣胶合板］

(续表)

序号	项 目 名 称	编号	清单/定额名称
		10-4-315	板竹胶板模板制作
		10-4-176	板钢支撑高超过 3.6m 每增 3m
		010505001	**斜有梁板;C30**
		4-2-41.2′	C302 商砼斜板、折板
		10-4-160-1′	斜有梁板胶合板模板钢支撑[扣胶合板]
		10-4-315	板竹胶板模板制作
		10-4-176	板钢支撑高超过 3.6m 每增 3m
22	栏板	010505006	**栏板;C30**
	①C30 栏板	4-2-51.22′	C302 商砼栏板
		10-4-206	栏板木模板木支撑
23	挑檐、天沟	010505007	**檐沟;C30**
	①C30 挑檐、天沟	4-2-56.22′	C302 商砼挑檐、天沟
	②C20 飘窗板	10-4-211	挑檐、天沟木模板木支撑
		010505007	**挑檐板;飘窗檐板 C20**
		4-2-56′	C202 商砼挑檐、天沟
		10-4-211	挑檐、天沟木模板木支撑
24	雨篷	010505008	**雨篷;C20**
	①C20 雨篷	4-2-49′	C202 商品砼雨篷
		10-4-203	直形悬挑板阳台雨篷木模板木支撑
25	楼梯	010506001	**直形楼梯;C30**
	①C30 楼梯	4-2-42.22′	C302 商砼直形楼梯无斜梁 100
		4-2-46.22*2′	C302 商砼楼梯板厚＋10×2
		10-4-201	直形楼梯木模板木支撑
26	铁件	010516002	**预埋铁件**
	楼梯栏杆预埋铁件	4-1-96	铁件
27	厕所楼面防水:楼 17	010904002	**楼面涂膜防水;厕所高分子防水涂料**
	①1.5 厚合成高分子防水涂料	6-2-93	1.5 厚 LM 高分子涂料防水层
	②刷基层处理剂 1 道	9-4-243	防水界面处理剂涂敷
28	防滑地砖上人平屋面:屋 22	011102003	屋面块料楼面;防滑地砖
	①8～10 厚防滑地砖	9-1-169-1	1∶3 干硬水泥砂浆全瓷地板砖 300×300
	②25 厚 1∶3 干硬性水泥砂浆结合层	9-1-3*-1	1∶3 砂浆找平层－5
	③隔离层(干铺玻纤布 1 道)	010902001	**屋面卷材防水;改性沥青防水卷材**
	④防水层:3 厚高聚物改性沥青防水卷材	9-1-178	地面耐碱纤维网格布
	⑤刷基层处理剂 1 道	6-2-34	平面一层高强 APP 改性沥青卷材
	⑥20 厚 1∶3 水泥砂浆找平	010902002	**屋面涂膜防水;高分子防水涂料**

（续表）

序号	项目名称	编号	清单/定额名称
	⑦保温层:硬质聚氨酯泡沫板	6-2-93	1.5 厚 LM 高分子防水涂料层
	⑧防水层:1.5 合成高分子防水涂料	9-4-243	防水界面处理剂涂敷
	⑨刷基层处理剂 1 道	011101006	平面砂浆找平层;1:3 水泥砂浆找平
	⑩20 厚 1:3 水泥砂浆找平	9-1-1	1:3 砂浆硬基层上找平层 20
	⑪40 厚(最薄处)1:8 水泥珍珠岩找坡层 2%	011101006	平面砂浆找平层;1:3 水泥砂浆填充料上
	⑫钢筋砼屋面板	9-1-2	1:3 砂浆填充料上找平层 20
		011001001	保温隔热屋面;聚氨酯泡沫板
		6-3-42	砼板上干铺聚氨酯泡沫板 100
		011001001	保温隔热屋面;现浇水泥珍珠岩 1:8 找坡
		6-3-15-1	砼板上现浇水泥珍珠岩 1:8
29	琉璃瓦坡屋面:屋 7	010901001	**瓦屋面;玻璃瓦坡屋面**
	①25 厚(最薄处)石灰砂浆铺卧琉璃瓦	6-1-19	钢筋砼斜面上琉璃瓦屋面
	②35 厚 C20 细石砼找平层,内配 φ4 双向间距 150 钢筋网与预埋 φ10 锚筋绑扎	6-1-20	琉璃瓦檐口线
	③聚合物砂浆粘贴保温层:硬质聚氨酯泡沫板	6-1-21	琉璃瓦脊瓦
	④防水层:1.5 厚合成高分子防水涂料	010902003	**屋面刚性层;35 厚 C20 细石砼配 φ4 双向间距 150 钢筋网**
	⑤刷基层处理剂 1 道	6-2-1'	C20 细石商砼防水层 40
	⑥20 厚 1:3 水泥砂浆找平	9-1-5 * -1'	C20 细石商砼找平层 -5
	⑦素水泥浆 1 道	4-1-1	现浇构件圆钢筋 φ4
	⑧钢筋砼屋面板,板内在檐口及屋脊部位预埋 φ10 锚筋排间距 1500	010902002	**屋面涂膜防水;高分子防水涂料**
		6-2-93	1.5 厚 LM 高分子防水涂料层
		9-4-243	防水界面处理剂涂敷
		011101006	平面砂浆找平层;1:3 水泥砂浆
		9-1-1	1:3 砂浆硬基层上找平层 20
		011001001	保温隔热屋面;聚氨酯泡沫板
		6-3-42	砼板上干铺聚氨酯泡沫板 100
30	粘贴聚苯板薄抹灰保温涂料外墙 19	011001003	保温隔热墙面;聚苯板 50
	①外墙弹性涂料(装饰)	6-3-60	立面黏结剂满粘聚苯板
	②刷弹性底涂,刮柔性腻子(装饰)	9-2-343	抗裂砂浆,墙面,5 内
	③3～5 厚抗裂砂浆复合耐碱玻纤网格布	9-2-349	墙面耐碱纤维网格布,1 层
	④聚苯板保温层 50,胶粘剂粘贴		
	⑤20 厚 1:1:6 水泥石灰膏砂浆找平(装饰)		
	⑥刷界面砂浆 1 道(装饰)		
	⑦加气砼砌块墙		

（续表）

序号	项目名称	编号	清单/定额名称
31	屋面排水	010902004	**屋面排水管；塑料水落管φ100**
	①塑料落水管	6-4-9	塑料水落管φ100
	②铸铁弯头落水口	6-4-22	铸铁弯头落水口（含箅子板）
	③铸铁雨水口	6-4-20	铸铁雨水口
	④塑料水斗	6-4-10	塑料水斗
32	雨篷顶防水	010902002	**屋面涂膜防水；聚氨酯2遍**
	①1：3水泥砂浆找平层	6-2-71	聚氨酯2遍
	②聚氨酯防水	9-1-1	1：3砂浆硬基层上找平层20
	③防水砂浆	010904003	**楼面砂浆防水；雨篷顶防水砂浆面**
	④塑料泄水短管	6-2-10	平面防水砂浆防水层
		6-4-18H	塑料短管φ50
33	会议室内台阶	010507004	**台阶；C20**
		4-2-57'	C20商砼台阶
		10-4-205	台阶木模板木支撑
34	钢筋	010515001	**现浇构件钢筋；砌体拉结筋**
	①砌体加固筋	4-1-98	砌体加固筋φ6.5内
	②Ⅰ级钢	4-1-118H	植筋φ6.5（扣钢筋）
	③Ⅱ级钢	010515001	**现浇构件钢筋；Ⅰ级钢**
		4-1-1	现浇构件圆钢筋φ4
		4-1-2	现浇构件圆钢筋φ6.5
		4-1-3	现浇构件圆钢筋φ8
		4-1-4	现浇构件圆钢筋φ8
		4-1-5	现浇构件圆钢筋φ10
		4-1-52	现浇构件箍筋φ6.5
		4-1-53	现浇构件箍筋φ8
		010515001	**现浇构件钢筋；Ⅱ级钢**
		4-1-13	现浇构件螺纹钢筋φ12
		4-1-14	现浇构件螺纹钢筋φ14
		4-1-15	现浇构件螺纹钢筋φ16
		4-1-16	现浇构件螺纹钢筋φ18
		4-1-17	现浇构件螺纹钢筋φ20
		4-1-18	现浇构件螺纹钢筋φ22
		4-1-19	现浇构件螺纹钢筋φ25
35	竣工清理	01B001	竣工清理
		1-4-3	竣工清理

装饰工程项目清单/定额表

工程名称：综合楼装饰 表 5-7

序号	项目名称	编号	清单/定额名称
	装饰（不计超高）		
1	磨光花岗石地面：参地 16	011102001	**石材楼地面；花岗石地面**
	①20 厚磨光花岗石板，板背面刮水泥浆粘贴，稀水泥浆擦缝	9-1-160	楼地面酸洗打蜡
	②30 厚 1：3 干硬性水泥砂浆结合层	9-1-165H	干硬 1：3 砂浆花岗岩楼地面
	③素水泥浆 1 道		
	④60 厚 C15 砼垫层（建筑）		
	⑤300 厚 3：7 灰土夯实（取消）		
	⑥素土夯实，压实系数大于等于 0.9		
2	地面砖地面：参地 14	011102003	**块料地面；干硬水泥砂浆地板砖 300×300**
	①8～10 厚地面砖，砖背面刮水泥浆粘贴，稀水泥浆擦缝	9-1-169-1	干硬水泥砂浆全瓷地板砖 300×300
	②30 厚 1：3 干硬性水泥砂浆结合层	011102003	**块料地面；干硬水泥砂浆地板砖 500×500**
	③素水泥浆 1 道	9-1-169-2	干硬水泥砂浆全瓷地板砖 500×500
	④60 厚 C15 砼垫层（建筑）		
	⑤300 厚 3：7 灰土夯实（取消）		
	⑥素土夯实，压实系数大于等于 0.9		
3	台阶齿槽花岗石面	011107001	**石材台阶面；花岗岩**
	①刷素水泥浆 1 道（内掺建筑胶）	9-1-59	花岗岩台阶
	②30 厚 1：3 干硬性水泥砂浆结合层	9-1-161	楼梯台阶酸洗打蜡
	③撒素水泥面（洒适量清水）		
	④30 厚齿槽花岗石铺面，正背面及四周边满涂防污剂，灌稀水泥浆擦		
	装饰（计超高）		
4	铝合金门	010802001	**金属地弹门；铝合金门**
	①铝合金地弹门	5-5-1	铝合金地弹门安装
	②铝合金平开门	010802001	**金属平开门；铝合金门**
		5-5-2	铝合金平开门安装
5	钢质防火门	010802003	**钢制防火门**
	①钢质竖向玻璃防火门	5-4-12	钢质防火门安装（扇面积）
6	铝合金窗	010807001	**金属窗；铝合金窗**
	①铝合金窗	5-5-5	铝合金平开窗安装
7	塑钢窗	010807001	**塑钢窗；单层窗**
	①成品塑钢窗	5-6-2	单层塑料窗安装

(续表)

序号	项 目 名 称	编号	清单/定额名称
8	木门	010801001	**木质门；成品门扇**
	①胶合板门	5-1-9	单扇带亮木门框制作
	②成品门扇	5-1-10	单扇带亮木门框安装
	③刷底漆2遍	5-1-11	双扇带亮木门框制作
	④刷乳白色调和漆2遍	5-1-12	双扇带亮木门框安装
		5-1-15	双扇木门框制作
		5-1-16	双扇木门框安装
		5-1-107	普通成品门扇安装(扇面积)
		5-3-3	单扇单玻璃木窗扇制作
		5-3-4	单扇单玻璃木窗扇安装
		5-9-1-1	单扇带亮木门配件(安执手锁)
		5-9-2	双扇带亮木门配件
		5-9-4	双扇木门配件
		011401001	**木门油漆；底油1遍,调和漆2遍**
		9-4-1	底油1遍,调和漆2遍,单层木门
9	门窗口套 L96J901-42②	010808003	**饰面夹板筒子板；中密度板基层榉木板面**
	①墙上钻孔下木楔,中距500	6-2-74	立面砖墙面石油沥青1遍
	②墙面刷防水涂料1层	9-5-5-1	门窗套、贴脸中密度板基层
	③垫木中距500	9-5-10	门窗套、贴脸粘贴榉木夹板面层
	④中密度板	010808006	**门窗木贴脸；贴脸50×20**
	⑤榉木板面层	9-5-56	平面木装饰线宽度50内
	⑥成品贴脸50×20	011404002	**门窗套油漆；底油1遍,白色调和漆2遍**
	⑦刷底油1遍,调和漆2遍	9-4-5	底油1遍,调和漆2遍,其他木材面
		9-4-4-1	底油1遍,调和漆2遍,装饰线50内
10	木窗台板 L96J901-56①	010809001	**木窗台板；中密度板基层,榉木板面层**
	①120×120×60木砖,中距500	9-5-18-1	中密度板窗台板
	②中密度板基层	9-5-24	窗台板粘贴面层榉木夹板
	③榉木板面层	011404002	**窗台板油漆；底油1遍,调和漆2遍**
	④刷底油1遍,调和漆2遍	9-4-5	底油1遍,调和漆2遍,其他木材面
11	大理石窗台板 L96J901-55C	010809004	**大理石窗台板**
	①水泥砂浆贴大理石窗台板	9-5-22	窗台板水泥砂浆大理石面层
12	地面砖楼面:楼15,楼17(卫生间防水)	011102003	**块料楼面；干硬水泥砂浆地板砖300×300**
	①8~10厚地面砖,砖背面刮水泥浆粘贴,稀水泥浆擦缝	9-1-169-1	1:3干硬水泥砂浆全瓷地板砖300×300
	②30厚1:3干硬性水泥砂浆结合层	011102003	**块料楼面；干硬水泥砂浆地板砖500×500**

序号	项目名称	编号	清单/定额名称
	③1.5厚合成高分子防水涂料(建筑)	9-1-169-2	1:3干硬水泥砂浆全瓷地板砖500×500
	④刷基层处理剂1道(建筑)	011101003	细石混凝土楼面;30厚C20
	⑤30厚C20细石砼随打随抹找坡抹平	9-1-4′	C20细石商砼找平层40
	⑥素水泥浆1道	9-1-5＊-2′	C20细石商砼找平层-5×2
	⑦现浇钢筋砼楼板		
13	楼梯面层	011106002	块料楼梯面层;彩釉砖楼梯
	彩釉砖楼梯面层	9-1-84	彩釉砖楼梯
		011102003	块料楼面;楼梯间地板砖300×300(红)
		9-1-169-1	1:3干硬水泥砂浆全瓷地板砖300×300
14	水泥砂浆涂料顶棚:棚3	011301001	天棚抹灰;现浇板下水泥砂浆面
	①现浇钢筋砼楼板	9-3-3	现浇砼顶棚水泥砂浆抹灰
	②素水泥浆1道	10-1-27	满堂钢管脚手架
	③7厚1:2.5水泥砂浆打底扫毛划出纹道	011407002	天棚刷喷涂料;刮腻子2遍,乳胶漆2遍
	④7厚1:2水泥砂浆找平	9-4-151	室内顶棚刷乳胶漆2遍
	⑤内墙涂料	9-4-209	顶棚、内墙抹灰面满刮腻子2遍
15	纸面石膏板吊顶:棚7	011302001	吊顶天棚;轻钢龙骨、石膏板基层
	①现浇钢筋砼楼板	9-3-33	装配式U型龙骨600×600,1级
	②U型轻钢次龙骨CB50×20中距429,龙骨吸顶吊件用膨胀螺栓与混凝土楼板固定	9-3-87	轻钢龙骨上铺钉纸面石膏板基层
	③U型轻钢龙骨横撑CB50×20中距1200	10-1-27	满堂钢管脚手架
	④9.5厚纸面石膏板,用自攻螺钉与龙骨固定,中距小于等于200	011407002	天棚刷喷涂料;石膏板顶棚刮腻子2遍,乳胶漆2遍
	⑤满刷氯偏乳液防潮涂料2道(用防水石膏板时无此道工序),纵横方向各刷1道	9-4-209-1	木夹板、石膏板面满刮腻子2遍
	⑥满刮2厚面层耐水腻子找平	9-3-126	顶棚石膏板嵌缝
	⑦内墙涂料	9-4-151	室内顶棚刷乳胶漆2遍
16	面砖墙裙(加气砼砌块墙):裙13	011204003	块料墙面;内墙贴瓷砖
	①5～10厚面砖,白水泥浆擦缝	9-2-172	墙面墙裙砂浆粘贴瓷砖200×150
	②5厚1:2建筑胶水泥砂浆黏结层	9-4-242	砼界面剂涂敷加气砼砌块面
	③素水泥浆1道	10-1-22-1	装饰钢管脚手架3.6m内
	④6厚1:3水泥砂浆找平		
	⑤9厚1:1:6水泥石灰膏砂浆打底扫毛		
	⑥刷界面处理剂1道		
	⑦加气砼砌块墙		
17	门窗侧贴瓷砖	011108003	块料零星项目;门窗侧壁贴瓷砖
		9-2-173	零星项目砂浆粘贴瓷砖200×150
		9-2-334	面砖阳角45度角对缝

序号	项目名称	编号	清单/定额名称
18	面砖踢脚(砼及砼砌块墙):踢5	011105003	**块料踢脚线;水泥砂浆地板砖踢脚**
	①5~10厚面砖,白水泥浆擦缝	9-1-172	1:2.5砂浆全瓷地板砖直形踢脚板
	②3~5厚1:1水泥砂浆或建筑胶粘剂粘贴	9-1-173	1:2.5砂浆全瓷地板砖异形踢脚板
	③6厚1:2水泥砂浆压实抹光		
	④9厚1:2.5水泥砂浆打底扫毛		
	⑤素水泥浆1道		
	⑥砼墙、砼小型空心砌块墙		
19	砼墙水泥砂浆;内墙抹面:内墙2	011201001	**墙面一般抹灰;水泥砂浆内墙面(砼墙)**
	①内墙涂料	9-2-21-2	砼墙面墙裙1:2水泥砂浆14+7内墙2
	②7厚1:2.5水泥砂浆压实赶光	011202001	**柱面一般抹灰;水泥砂浆柱面**
	③7厚1:2.5水泥砂浆找平扫毛	9-2-29	矩形砼柱水泥砂浆12+7
	④7厚1:2.5水泥砂浆打底扫毛		
	⑤素水泥浆1道		
	⑥砼墙、砼小型空心砌块墙		
20	加气砼墙混合砂浆抹面:内墙5	011201001	**墙面一般抹灰;混合砂浆内墙面(加气砼)**
	①内墙涂料	9-2-35-2	轻质墙面墙裙混浆7+7+7内墙5
	②7厚1:0.3:2.5水泥石灰砂浆压实赶光	9-4-242	砼界面剂涂敷加气砼砌块面
	③7厚1:0.3:3水泥石灰砂浆找平扫毛	10-1-22-1	装饰钢管脚手架3.6m内
	④7厚1:1:6水泥石灰砂浆打底扫毛		
	⑤刷界面剂1道		
	⑥加气砼砌块墙		
21	砂浆墙面喷刷涂料	011407001	**墙面刷喷涂料;刮腻子2遍,乳胶漆2遍**
	内墙面刮腻子2遍,乳胶漆2遍	9-4-152	室内墙柱光面刷乳胶漆2遍
		9-4-209	顶棚、内墙抹灰面满刮腻子2遍
22	磨光花岗石勒脚:参踢9	011204001	**石材墙面;花岗岩勒脚**
	①8~12厚磨光花岗石大板,稀水泥浆擦缝	9-2-148	墙面粘贴麻面花岗岩
	②3~5厚1:1水泥砂浆粘贴		
	③6厚1:2水泥砂浆压实抹光		
	④9厚1:2.5水泥砂浆打底扫毛		
	⑤素水泥浆1道		
	⑥砼墙、砼小型空心砌块墙		
23	粘贴聚苯板抹灰保温涂料:外墙19	011201001	**墙面一般抹灰;混合砂浆外墙面(加气砼)**
	①外墙弹性涂料	9-2-32	砼墙面墙裙混合砂浆12+8
	②刷弹性底涂,刮柔性腻子	9-4-242	砼界面剂涂敷加气砼砌块面
	③3~5厚抗裂砂浆复合耐碱玻纤网格布(建筑)		
	④聚苯板保温层50,胶粘剂粘贴(建筑)		

（续表）

序号	项目名称	编号	清单/定额名称
	⑤20厚:1:1:6水泥石灰膏砂浆找平		
	⑥刷界面砂浆1道		
	⑦加气砼砌块墙		
24	涂料外墙(砖墙):外墙9	011201001	**墙面一般抹灰;水泥砂浆外墙面(砖墙)**
	①外墙涂料	9-2-20	砖墙面墙裙水泥砂浆14+6
	②8厚1:2.5水泥砂浆找平	011203001	**零星项目一般抹灰;外墙檐口,水泥砂浆**
	③10厚1:3水泥砂浆打底扫毛	9-2-25	零星项目水泥砂浆14+6
	④砖墙		
25	外墙喷刷涂料	011407001	**刷喷涂料;外墙刷丙烯酸涂料**
		9-4-184	抹灰外墙面丙烯酸涂料(1底2涂)
26	面砖外墙:外墙13	011205002	**块料柱面;圆柱贴面砖**
	①6~10厚面砖,5厚1:1水泥细砂浆粘贴,擦缝材料擦缝	9-2-223-1	圆弧墙砂浆贴面砖240×60缝10内
	②6厚1:2水泥砂浆找平		
	③9厚1:2.5水泥砂浆打底扫毛		
	④刷界面处理剂1道		
	⑤砼墙、砼小型空心砌块墙		
27	楼梯扶手	011503001	**金属扶手带栏杆;不锈钢扶手带栏杆**
	①不锈钢管扶手不锈钢栏杆	9-5-203	不锈钢管扶手不锈钢栏杆
		9-5-204	不锈钢管扶手弯头另加工料
28	卫生间隔断	011210005	**成品隔断;塑钢隔断**
	①全塑钢板塑钢隔断	9-2-311	全塑钢板塑钢隔断
29	洗漱台	011505001	**洗漱台;大理石台面**
	①大理石洗漱台台面及裙边	9-5-107	大理石洗漱台台面及裙边
		9-5-109	大理石台面现场加工开孔

5.4 综合楼辅助计算表

综合楼辅助计算表,见表5-8~表5-13。

挖槽表(B表)　　　　　　　　　　　　　　表5-8

说明	长度	槽宽	加宽	垫层厚	工作面	槽深	放坡	挖槽	垫层	模板	钎探
挖槽											
−0.3挖槽	K	0.37			0.3	0.5		17.05			
+3.9挖槽	K2	0.37			0.3	0.5		18.48			
JL-2挖槽	J2	0.2			0.3	0.3		0.65			
								36.18			

注:将本表的挖槽量调入清单/定额界面的第9项。

挖坑表(C 表) 表 5-9

说明	坑长	坑宽	加宽	垫层	工作面	坑深	放坡	数量	挖坑	垫层	模板	钎探
挖坑 1												
—0.3 下 J-1	3.7	3.7	0.2	0.1	0.1	2.3	0.3	2	103.37	2.74	2.96	28
J-2	3.2	3.2	0.2	0.1	0.1	2.2	0.3	3	117.03	3.07	3.84	33
J-3	2.8	2.8	0.2	0.1	0.1	2.1	0.3	1	30.02	0.78	1.12	8
J-4	2.6	2.6	0.2	0.1	0.1	2.1	0.3	2	53.89	1.35	2.08	14
J-5	2.2	2.2	0.2	0.1	0.1	2.2	0.3	3	68.29	1.45	2.64	15
J-6	4.7	2.2	0.2	0.1	0.1	2.1	0.3	1	37.9	1.03	1.38	11
J-7	2	2	0.2	0.1	0.1	2.1	0.3	1	18.72	0.4	0.8	4
+3.9 下 J-2′	3.2	3.2	0.2	0.1	0.1	2.3	0.3	1	41.4	1.02	1.28	11
J-4′	2.6	2.6	0.2	0.1	0.1	2.2	0.3	2	57.47	1.35	2.08	14
J-7′	2	2	0.2	0.1	0.1	2.2	0.3	2	40.08	0.8	1.6	8
									568.17	13.99	19.78	146
挖坑 2												
J-8	2	2	0.2	0.1	0.1	0.85		2	9.61	0.8	1.6	8
梯基	1.5	0.9		0.15		0.65		1	1.4			2
									11.01	0.8	1.6	10

注:将本表的挖坑量分别调入第 6/3 项;垫层调入第 11 项;模板调入第 13 项;钎探调入第 11/8 项。

独立基础表(F 表) 表 5-10

说明	底长	底宽	底高	阶长	阶宽	阶高	顶长	顶宽	顶高	数量	砼	模板
独立基础												
J-1	3.5	3.5	0.5				1.7	1.7	0.5	2	15.14	20.8
J-2	3	3	0.45				1.5	1.5	0.45	4	20.25	32.4
J-3	2.6	2.6	0.4				1.4	1.4	0.4	1	3.49	6.4
J-4	2.4	2.4	0.4				1.3	1.3	0.4	4	11.92	23.68
J-5	2	2	0.4				1.2	1.2	0.4	3	6.53	15.36
J-6	4.5	2	0.4				3.4	1.2	0.4	1	5.23	8.88
J-7	1.8	1.8	0.4				1.1	1.1	0.4	3	5.34	13.92
J-8	1.8	1.8	0.45							2	2.92	6.48
											70.82	127.92

注:将此表的量分别调入清单/定额界面的第 14/16 项。

构造柱表(H 表) 表 5-11

说明	型号	长(a)	宽(b)	高	数量	筋①	筋②	筋③	筋④	柱体积	模板
构造柱[马牙长:0.06]											
GZ1	⊥型	0.3	0.12	3.8	1	7		14		0.22	1.82
	⊥型	0.3	0.12	2.65	4	20		40		0.61	5.09
	⊥型	0.3	0.12	2.4	1	4		8		0.14	1.15
GZ2	⊥型	0.18	0.12	3.8	1	7		14		0.14	1.82
	⊥型	0.18	0.12	2.7	4	20		40		0.39	5.18
	⊥型	0.18	0.12	3.6	1	7		14		0.13	1.73
						65		130		1.63	16.79
构造柱[马牙长:0.06]											
女儿墙 GZ	ㄴ型	0.24	0.24	1.08	2	8				0.16	1.56
	一型	0.24	0.24	1.08	6			24		0.47	4.67
	端型	0.24	0.24	1.08	2	4				0.14	1.81
						12		24		0.77	8.04

注:将此表的砼量调入清单/定额界面的第 18 项;模板量调入第 20 项。

室内装修表(J表)　　　　　　　表 5-12

说明	a边	b边	高	增垛扣墙	立面洞口	间	踢脚	墙面	平面	脚手架
J1:内装修(踢脚)										
地下室	14.95	9.85	4.05	0.25×4+0.2×6	M2+3C6+C8+4C10	1	50	168.57	147.26	
	7.45	−0.05				1			−0.37	
1层门斗	3	2.86	4.05	−2.5	M1+M4	1	5.02	25.1	8.58	
1层楼梯间	5.82	2.86	4.08	−2.5	C2+C4	1	14.86	55.59	16.65	
2~5层楼梯	4.77	2.86	3.18	−2.86	C1	4	49.6	152.33	54.57	157.73
2~5层梯间	1.05	2.86	3.2	−2.86	M9+C3	4	15.04	44.77	12.01	63.49
顶层楼梯	4.77	2.86	3.01	−2.86	C1	1	12.4	35.97	13.64	37.32
顶层梯间	1.04	2.86	3.01	−2.86	M8+C3	1	3.74	10.55	2.97	14.87
顶楼梯山墙	8.67		1.12			2		19.42		
活动室	7.36	11.9	3.15	0.2×4+ 0.16×4	M7+2C5+2C9+2C12	4	153.84	424.3	350.34	485.35
教室	7.32	6.46	3.15	0.16×4	2M5+2C9	4	105.6	312.84	189.15	347.26
	5.82	6.46	3.15	0.16×2	2M5+2C5	4	92.32	278.21	150.39	309.46
办公室	7.32	2.86	3.15		2M5+2C5	4	74.24	221.26	83.74	256.54
	5.86	6.46	3.15		2M5+2C5+2C7	4	91.36	253.58	151.42	310.46
会议室	19.35	8.86	3.01	0.1×4+0.2× 6+0.16×2	2M6+M8+M11+ C3+4C5+4C7+2C9	1	54.14	138.34	171.44	169.82
	7.5	−2.36				1			−17.7	
							374.67	722.16	2140.83	1334.09	2152.3
J2:内装修(裙1500)										
1层走道	12.04	2.22	3.6	0.16×4−1.9	2M6+M3+C4	1	23.96	87.34	26.73	95.83
2~5层走道	19.36	2.22	2.7	0.16×8	8M5+2M6+M7+ M9+C3	4	130.96	360.43	171.92	486.13
餐厅	14.86	11.9	3.6	0.16×4+ 0.2×6−1.9	M4+3C6+4C10+ 2C11	1	51.66	148.54	176.83	185.83
	3	−3.04				1			−9.12	
							174.24	206.58	596.31	366.36	747.79
J3:内装修(瓷砖)										
厨房	11.86	6.46	3.6	0.2×2+0.16×4	M3+M10+4C6+C8	1	34.38	109.01	76.62	131.9
1层厕所	2.95	2.86	3.6		M6+C4	1	10.72	36.79	8.44	41.83
	2.79	2.86	3.6		M6+C4	1	10.4	35.64	7.98	40.68
2~6层厕所	2.95	2.86	2.6		M6+C3	5	53.6	131.26	42.19	151.06
	2.79	2.86	2.6		M6+C3	5	52	127.1	39.9	146.9
							76.32	161.1	439.8	175.11	512.37

注:(1)J1 的踢脚长度调入 74 项计算踢脚线;墙面面积调入 77 项和 81 项的 1~13 行;脚手架面积调入 84 项的 1~10 行。

(2)J2 的踢脚长度调入 67 项 1~3 行计算墙裙;墙面面积调入 81 项的 14~15 行;脚手架面积调入 84 项的 12~14 行。

(3)J3 的踢脚长度无用;墙面面积调入 67 项的 7~9 行;脚手架面积调入 70 项的 1~5 行。

门窗装修表(K 表)   表 5-13

说明	代号	宽	高	筒面宽	贴脸宽	台板宽	台加长	数量	洞口	筒板	贴脸	台板
铝合金地弹门	M1	2.4	3.3	0.12	0.12			1	7.92	1.08	9.2	
铝合金平开门	M2	1.8	3.3	0.135	0.135			1	5.94	1.13	8.6	
厨房胶合板门	M3	1.5	2.4	0.13	0.13			1	3.6	0.82	13	
餐厅门	M4	1.8	2.4	0.13	0.13			1	4.32	0.86	13.6	
办公、教室门	M5	0.9	2.4	0.13	0.13			32	69.12	23.71	377.6	
厕所门	M6	0.9	2.4	0.13	0.13			12	25.92	8.89	141.6	
活动室门	M7	1.5	2.4	0.13	0.13			4	14.4	3.28	52	
楼梯门	M8	1.2	2.1	0.13	0.13			1	2.52	0.7	11.2	
楼梯防火门	M9	1.2	2.4	0.13	0.13			4	11.52	3.12	49.6	
1 层铝合金门	M10	1.8	2.4	0.135	0.135			1	4.32	0.89	6.8	
顶层铝合金门	M11	1.2	2.1	0.135	0.135			1	2.52	0.73	5.6	
铝合金窗	C1	0.9	1.5	0.144	0.144	0.144		5	6.75	2.81	20.5	0.65
	C2	0.9	2.4	0.144	0.144	0.144		1	2.16	0.82	5.9	0.13
	C3	1.2	1.5	0.144	0.144	0.144		20	36	12.1	88	3.46
	C4	1.2	2.4	0.144	0.144	0.144		4	11.52	3.46	24.8	0.69
	C5	1.5	1.5	0.144	0.144	0.144		36	81	23.33	169.2	7.78
	C6	1.5	2.4	0.144	0.144	0.144		10	36	9.07	65	2.16
	C7	1.8	1.5	0.144	0.144	0.144		12	32.4	8.29	60	3.11
	C8	1.8	2.4	0.144	0.144	0.144		2	8.64	1.9	13.6	0.52
	C9	2.1	1.5	0.144	0.144	0.144		18	56.7	13.22	95.4	5.44
	C10	2.1	2.4	0.144	0.144	0.144		8	40.32	7.95	56.8	2.42
塑钢窗	C11	1.8	2.4	0.44	0.44	0.52		2	8.64	5.81	13.6	1.87
	C12	1.8	1.5	0.44	0.44	0.52		8	21.6	16.9	40	7.49
									493.83	150.87	1341.6	35.72

注:(1)将筒板量调入清单/定额界面的第 26 项。

(2)贴脸量调入第 30 项;C1～C10 的台板量调入第 35 项;C11～C12 量调入第 40 项。

5.5 综合楼钢筋明细表与汇总表

综合楼钢筋明细表,见表 5-14;综合楼钢筋汇总表,见表 5-15。

钢筋明细表

工程名称:综合楼   表 5-14

序号	构件名称	数量	筋　号	规格	图　形	计　算　式	长度	根数	重量
1	**独立基础**								
1	J-1	2	独基底筋	φ14	3430	3430	3430	4	33.2
2	J-1	2	独基底筋	φ14	3150	3150	3150	56	426.89
			……						

（续表）

序号	构件名称	数量	筋号	规格	图形	计算式	长度	根数	重量
2	基础梁								
1	JL(1轴)	1	1-2.上部贯通筋1	Φ20	300 ⌐10235	$15d+9475+760$	10535	4	104.09
2			1-2.下部贯通筋1	Φ20	300 ⌐10235	$15d+9475+760$	10535	4	104.09
3			2.箍筋1	Φ8	320 / 450	$2(320+450)+27.8d$	1762	42	29.23
4			2.箍筋2	Φ8	120 / 450	$2(120+450)+27.8d$	1362	42	22.59
			……						
3	柱								
1	Z1(1.B)	1	基础角筋	Φ20	150 ⌐3344	$150+865+5000/3+40.6d$	3494	4	34.52
2			基础b边中部筋2	Φ20	150 ⌐4399	$150+865+(5000/3+93.38d)$	4549	2	22.47
3			基础h边中部筋1	Φ20	150 ⌐3344	$150+865+5000/3+40.6d$	3494	2	17.26
4			基础h边中部筋2	Φ20	150 ⌐4399	$150+865+(5000/3+93.38d)$	4549	2	22.47
5			底层角筋	Φ20	5387	$5650-5000/3+3550/6+40.6d$	5387	4	53.22
6			底层b边中部筋1	Φ20	5387	$5650-(5000/3+52.78d)+(3550/6+93.38d)$	5387	2	26.61
7			底层h边中部筋1	Φ20	5387	$5650-5000/3+3550/6+40.6d$	5387	4	53.22
8			中间层角筋	Φ20	4920	$4200-3550/6+500+40.6d$	4920	4	48.61
9			中间层b边中部筋1	Φ20	4920	$4200-(3550/6+52.78d)+(500+93.38d)$	4920	2	24.3
10			中间层h边中部筋1	Φ20	4920	$4200-3550/6+500+40.6d$	4920	4	48.61
11			中间层角筋	Φ20	4112	$3300+40.6d$	4112	12	121.88
12			中间层b边中部筋1	Φ20	4112	$3300+40.6d$	4112	6	60.94
13			中间层h边中部筋1	Φ20	4112	$3300+40.6d$	4112	12	121.88
14			边柱顶层角筋1	Φ20	2800 ⌐870	$3300-500+1.5×29d$	3670	1	9.06
15			边柱顶层角筋2	Φ20	2515 ⌐870	$3300-475+500-2×25+8d$	3385	1	8.36
16			边柱顶层角筋3	Φ20	2775	$3300-500-25$	2775	2	13.71
17			边柱顶层b边中部筋4	Φ20	1719	$3300-(500+52.78d)-25$	1719	2	8.49
18			边柱顶层h边中部筋1	Φ20	2800 ⌐870	$3300-500+1.5×29d$	3670	1	9.06
19			边柱顶层h边中部筋2	Φ20	849 ⌐870	$3300-(500+52.78d)-25$	1719	1	4.25
20			边柱顶层h边中部筋3	Φ20	849 ⌐870	$3300-(500+52.78d)-25$	1719	1	4.25
22			箍筋1	Φ8	450 / 450	$2(450+450)+27.8d$	2022	177	141.38

序号	构件名称	数量	筋 号	规格	图 形	计 算 式	长度	根数	重量
21			边柱顶层 h 边中部筋 4	Φ20	2775	3300－500－25	2775	1	6.85
23			箍筋 2	Φ8	5387	450＋27.8d	672	177	47
24			箍筋 3	Φ8	450 | 163	2(450＋163)＋27.8d	1448	177	101.25
			……						
4	构造柱								
1	GZ1	1	基础角筋	Φ12	864	864	864	4	3.07
2			中间层角筋	Φ12	5804	5300＋42d	5804	4	20.62
3			中间层角筋	Φ12	3804	3300＋42d	3804	16	54.05
4			顶层角筋 1	Φ12	2710	2710	2710	4	9.63
5			箍筋 1	Φ6	250 | 70	2(250＋70)＋7.8d＋150	837	98	18.21
			……						
5	墙								
1	WQ(E 轴)	1	基础插筋	Φ12	150| 718	450＋34.8d	868	140	107.91
2			基础水平钢筋	Φ12	180| 7950 |180	7000＋(475＋15d)＋(475＋15d)	8310	8	59.03
3			基础拉钩	Φ8	200	200＋13.39d	307	44	5.34
4			顶层竖向主筋 1	Φ12	4848	4500＋29d	4848	140	602.7
5			顶层水平钢筋 1	Φ12	180| 7950 |180	7000＋(475＋15d)＋(475＋15d)	8310	60	442.76
6			顶层拉钩	Φ8	200	200＋13.39d	307	394	47.78
			……						
6	梁								
1	KL1(2A)	1	1.悬臂跨右支座筋 1	Φ22	3167	1/3×4000×2＋500	3167	2	15.64
2			1.悬臂跨下部钢筋 1	Φ18	2345	2075＋15d	2345	2	11.73
3			1-3.上部贯通筋 1	Φ22	264| 13343	12d＋12450＋40.6d	13607	2	81.1
4			2.右支座筋 1	Φ22	3500	1/3×4500×2＋500	3500	2	20.86
5			2.下部钢筋 1	Φ18	5044	4000＋29d×2	5044	4	40.35
6			3.右支座筋 1	Φ22	2375	1/3×4500＋875	2375	2	14.16
7			3.下部钢筋 1	Φ18	5897	29d＋4500＋875	5897	4	47.18
8			3.箍筋 1	Φ8	250 | 600	2(250＋600)＋27.8d	1922	75	56.94
			……						

（续表）

序号	构件名称	数量	筋 号	规格	图 形	计 算 式	长度	根数	重量
23	WKL1	1	1.悬臂跨右支座筋1	Φ20	3167	1/3×4000×2+500	3167	2	15.64
24			1.悬臂跨下部钢筋1	Φ20	2345	2075+15d	2345	2	11.73
25			1-2.上部贯通筋1	Φ20	240⌐ 7675	12d+7050+625	7915	2	39.1
26			2.右支座筋1	Φ20	1808 ⌐625	1100+4000/3	2433	2	12.02
27			2.下部钢筋1	Φ20	300 4950 300	15d+5000-50+15d	5550	4	54.83
28			2.箍筋1	Φ8	250 ⌐600	2(250+600)+27.8d	1922	44	33.41
			……						
7	板								
1	B(B/1-2)	1	负筋	Φ10	120⌐ 2100 ⌐80	2100+120+80	2300	61	86.57
2			负筋分布筋	Φ6	3800	3500+300	3800	11	9.28
3	B(A-B/1-2)	1	负筋	Φ8	120⌐ 2175 ⌐80	2175+15d+80	2375	13	12.20
4			负筋分布筋	Φ6	1000	700+150×2	1000	11	2.44
5			负筋	Φ8	120⌐ 875 ⌐80	875+15d+80	1075	49	20.81
6			负筋分布筋	Φ6	3800	3500+150×2	3800	4	3.37
			……						
21	WB(A轴)	1	双层双向	Φ10	150⌐ 7200 ⌐150	7200+150×2	7500	66	305.37
22			双层双向	Φ10	150⌐ 2324 ⌐150	2324+150×2	2624	148	239.57
23			双层双向	Φ10	90⌐ 7750 ⌐90	7750+90×2	7930	66	322.87
24			双层双向	Φ10	150⌐ 2996 ⌐150	2996+15d×2	3296	148	300.93
25			马凳筋	Φ8	100 80 100 80 100	(120-15×2)×2+100+100×2	4800	178	33.75
8	过梁								
1	GL115	46	主筋	Φ10	1950	1950+12.5d	2075	6	353.36
2			箍筋	Φ6	130 ⌐250	2(250+130)+7.8d+150	957	16	156.33
			……						
9	挑檐								
1	挑檐	1	通长筋	Φ6	66271	64860+12.5d+33.6d×7	66346	4	58.92
2			受力筋	Φ8	-10 40 160 40 710 -88 40 710	40+160+40+40+710-88-10+40+12.5d	1032	434	176.92
10	飘窗								
1	飘窗(上)	10	受力筋	Φ8	40⌐ 690 ⌐30	690+40+30	760	16	48.03
2			分布筋	Φ8	2250	2250+12.5d	2350	5	46.41
3	飘窗(下)	10	受力筋	Φ8	180⌐ 690 ⌐30	690+180+30+6.25d	950	16	60.04

（续表）

序号	构件名称	数量	筋 号	规格	图 形	计 算 式	长度	根数	重量
4			分布筋	φ8	2250	2250+12.5d	2350	5	46.41
11	压顶								
1	压顶	1	主筋	φ12	34620	34620+12.5d+33.6d×4	36383	2	64.62
2			分布筋	φ4	190	190+12.5d	240	172	4.09
12	楼梯								
1	TB1	2	底筋	φ10	3872	3872	3872	15	71.67
2			下负筋	φ10	70 1232 90 / 32	90+1232+70	1392	15	25.77
3			上负筋	φ10	90 874 150 / 32	90+874+150	1114	15	20.62
4			分布筋	φ6	1350	1350+12.5d	1425	25	15.82
			······						
9	TL-1	5	上部钢筋	φ14	265 3255 210	3255+265+210	3730	2	45.13
10			下部钢筋	φ18	300 3255 270	3255+300+270	3825	3	114.75
11			箍筋	φ6	150 300	2(150+300)+7.8d+150	1097	20	24.35
			······						

注:为节省篇幅,本表只摘录了部分构件钢筋明细,供读者了解钢筋图形和长度计算式以及重量计算。

钢筋汇总表

工程名称:综合楼　　　　　　　　　　　　　　　　　　　　　　　　　　　　　　　　表 5-15

规格	基础	柱	构造柱	墙	梁、板	圈梁	过梁	楼梯	其他构件	拉结筋	合计
φ4									4		4
φ6					1025			79	319		1423
φ6G			44		97		380				521
φ8					7224				477		7701
φ8G	579	7620		157	5302						13658
φ10					20284		756		48		21088
φ12			51		288		676				1015
φ10	185							578			763
φ12			130	2530							2660
φ14	1685				125						1810
φ16	24	441			289						754
φ18		2577	183		1496						4256
φ20	2962	10338			12146						25446
φ22					8371						8371
φ25					1521						1521
合计	5435	20976	408	2687	58168		1812	657	848		90991

注:φ6 表示Ⅰ级钢,φ6G 表示Ⅰ级钢箍筋,Φ表示Ⅱ级钢。

5.6 综合楼工程量计算书

综合楼建筑工程量计算书,见表5-16;综合楼装饰工程量计算书,见表5-17。

建筑工程量计算书

工程名称:综合楼建筑   表 5-16

序号		编号/部位	项目名称/计算式		工程量
			建筑(不计超高)		
1	1	010101001001	**平整场地**	m²	377.54
			S+P		
2		1-4-1	人工场地平整	m²	562.35
	1		31.5×16.5	519.75	
	2		[H=4.55,R=6.8]		
	3	圆心角 A	[A=2arccos((R−H)/R)]2arccos((6.8−4.55)/6.8)=141.354		
	4	弦长 C	[C=2R×sin(A/2)]2×6.8SIN(141.354/2)=12.838		
	5	弧长 L	[L=πRA/180]π×6.8×141.354/180=16.776		
	6	弓形面积 S	[S=(LR−C(R−H))/2](16.776×6.8−12.838(6.8−4.55))/2	42.6	
3	2	010101004001	**挖基坑土方坚土,地坑,2m内**	m³	11.01
	1	J-8	(2.4^2×0.75+2.2^2×0.1)×2	9.61	
	2	楼梯基	1.8×1.2×0.65	1.4	
4		1-2-18	人工挖地坑坚土深2m内	=	11.01
5		1-4-4-1	基底钎探(灌砂)	眼	10
6	3	010101004002	**挖基坑土方;坚土,地坑,4m内**	m³	568.17
	1	−0.3 下挖 J-1	((4.1+2.2×0.3)^2×2.2+2.2^3×0.3^2/3+3.9^2×0.1)×2	103.37	
	2	J-2	((3.6+2.1×0.3)^2×2.1+2.1^3×0.3^2/3+3.4^2×0.1)×3	117.03	
	3	J-3	(3.2+2×0.3)^2×2+2^3×0.3^2/3+3^2×0.1	30.02	
	4	J-4	((3+2×0.3)^2×2+2^3×0.3^2/3+2.8^2×0.1)×2	53.89	
	5	J-5	((2.6+2.1×0.3)^2×2.1+2.1^3×0.3^2/3+2.4^2×0.1)×3	68.29	
	6	J-6	(5.1+2×0.3)×(2.6+2×0.3)×2+2^3×0.3^2/3+4.9×2.4×0.1	37.9	
	7	J-7	(2.4+2×0.3)^2×2+2^3×0.3^2/3+2.2^2×0.1	18.72	
	8	+3.9 下挖 J-2′	(3.6+2.2×0.3)^2×2.2+2.2^3×0.3^2/3+3.4^2×0.1	41.4	
	9	J-4′	((3+2.1×0.3)^2×2.1+2.1^3×0.3^2/3+2.8^2×0.1)×2	57.47	
	10	J-7′	((2.4+2.1×0.3)^2×2.1+2.1^3×0.3^2/3+2.2^2×0.1)×2	40.08	
7		1-2-19	人工挖地坑坚土深4m内	=	568.17
8		1-4-4-1	基底钎探(灌砂)	眼	146
9	4	010101003001	**挖沟槽土方;坚土,地槽,2m内**	m³	36.18
	1	−0.3 挖槽	K(0.37+0.6)×0.5	17.05	
	2	+3.9 挖槽	K2(0.37+0.6)×0.5	18.48	
	3	JL-2 挖槽	J2(0.2+0.6)×0.3	0.65	
10		1-2-12	人工挖沟槽坚土深2m内	=	36.18

序号		编号/部位	项目名称/计算式		工程量	
11	5	010501001001	**垫层;C15 垫层**	m³		14.79
	1	−0.3 下 J-1	3.7×3.7×0.1×2	2.74		
	2	J-2	3.2×3.2×0.1×3	3.07		
	3	J-3	2.8×2.8×0.1	0.78		
	4	J-4	2.6×2.6×0.1×2	1.35		
	5	J-5	2.2×2.2×0.1×3	1.45		
	6	J-6	4.7×2.2×0.1	1.03		
	7	J-7	2×2×0.1	0.4		
	8	+3.9 下 J-2′	3.2×3.2×0.1	1.02		
	9	J-4′	2.6×2.6×0.1×2	1.35		
	10	J-7′	2×2×0.1×2	0.8		
	11	J-8	2×2×0.1×2	0.8		
12		2-1-13-2′	C154 商砼无筋砼垫层(独立基础)	=		14.79
13		10-4-49	砼基础垫层木模板	m²	21.38	
	1	−0.3 下 J-1	2(3.7+3.7)×0.1×2	2.96		
	2	J-2	2(3.2+3.2)×0.1×3	3.84		
	3	J-3	2(2.8+2.8)×0.1	1.12		
	4	J-4	2(2.6+2.6)×0.1×2	2.08		
	5	J-5	2(2.2+2.2)×0.1×3	2.64		
	6	J-6	2(4.7+2.2)×0.1	1.38		
	7	J-7	2(2+2)×0.1	0.8		
	8	+3.9 下 J-2′	2(3.2+3.2)×0.1	1.28		
	9	J-4′	2(2.6+2.6)×0.1×2	2.08		
	10	J-7′	2(2+2)×0.1×2	1.6		
	11	J-8	2(2+2)×0.1×2	1.6		
14	6	010501003001	**独立基础;C20 柱基**	m³		70.82
	1	J-1	(3.5×3.5×0.5+1.7×1.7×0.5)×2	15.14		
	2	J-2	(3×3×0.45+1.5×1.5×0.45)×4	20.25		
	3	J-3	2.6×2.6×0.4+1.4×1.4×0.4	3.49		
	4	J-4	(2.4×2.4×0.4+1.3×1.3×0.4)×4	11.92		
	5	J-5	(2×2×0.4+1.2×1.2×0.4)×3	6.53		
	6	J-6	4.5×2×0.4+3.4×1.2×0.4	5.23		
	7	J-7	(1.8×1.8×0.4+1.1×1.1×0.4)×3	5.34		
	8	J-8	(1.8×1.8×0.45)×2	2.92		
15		4-2-7′	C204 商品砼独立基础	=		70.82
16		10-4-27′	砼独立基础胶合板模板木支撑[扣胶合板]	m²	127.92	
	1	J-1	(2(3.5+3.5)×0.5+2(1.7+1.7)×0.5)×2	20.8		

（续表）

序号		编号/部位	项目名称/计算式			工程量
	2	J-2	$(2(3+3)\times0.45+2(1.5+1.5)\times0.45)\times4$	32.4		
	3	J-3	$2(2.6+2.6)\times0.4+2(1.4+1.4)\times0.4$	6.4		
	4	J-4	$(2(2.4+2.4)\times0.4+2(1.3+1.3)\times0.4)\times4$	23.68		
	5	J-5	$(2(2+2)\times0.4+2(1.2+1.2)\times0.4)\times3$	15.36		
	6	J-6	$2(4.5+2)\times0.4+2(3.4+1.2)\times0.4$	8.88		
	7	J-7	$(2(1.8+1.8)\times0.4+2(1.1+1.1)\times0.4)\times3$	13.92		
	8	J-8	$(2(1.8+1.8)\times0.45)\times2$	6.48		
17		10-4-310	基础竹胶板模板制作	m²	31.21	
			$D16\times0.244$			
18	7	010403001001	**石基础；毛石基，M5.0砂浆**	m³		0.81
			$1.5\times0.9\times0.6$			
19		3-2-1	M5.0砂浆乱毛石基础	=	0.81	
20	8	010502003001	**异形柱；C30**	m³		0.98
	1	Z4-1.5至-0.3	$(0.9+0.4)\times0.5\times1.2$	0.78		
	2	-0.3至0.0	$(0.9+0.4)\times0.5\times0.3$	0.2		
21		4-2-19.2′	C304 商砼异形柱	=	0.98	
22		10-4-94′	异形柱胶合板模板钢支撑［扣胶合板］	m²	5.4	
		Z4-1.5至0.0	$0.9\times4\times1.5$			
23		10-4-311	柱竹胶板模板制作	m²	1.32	
			$D22\times0.244$			
24	9	010502001001	**矩形柱；C30**	m³		6.95
	1	-1.5～-0.3	$0.5\times0.5\times1.2\times10$	3		
	2	-0.3～0.0	$0.5\times0.5\times0.3\times10$	0.75		
	3	2.6～3.9	$0.5\times0.5\times1.3\times8$	2.6		
	4	3.9～4.2	$0.5\times0.5\times0.3\times8$	0.6		
25		4-2-17.2′	C304 商砼矩形柱	=	6.95	
26		10-4-88′	矩形柱胶合板模板钢支撑［扣胶合板］	m²	55.6	
	1	-1.5～0.0	$0.5\times4\times10\times1.5$	30		
	2	2.6～4.2	$0.5\times4\times8\times1.6$	25.6		
27		10-4-311	柱竹胶板模板制作	m²	13.57	
			$D26\times0.244$			
28	10	010503001001	**基础梁；C20 基础梁**	m³		24.96
	1	-0.3JL-1	$J\times0.37\times0.5$	12.77		
	2	3.9JL-1	$J1\times0.37\times0.5$	12.03		
	3	JL-2	$J2\times0.2\times0.3$	0.16		
29		4-2-23.27′	C203 商砼基础梁	=	24.96	
30		10-4-108′	基础梁胶合板模板钢支撑［扣胶合板］	m²	153.85	

序号		编号/部位	项目名称/计算式		工程量
	1		(J+J1)×0.5×2+J2×0.3×2	135.62	
	2	底模	(J+J1-K-K2)×0.3	18.23	
31		10-4-310	基础竹胶板模板制作	m²	37.54
			D30×0.244		
32	11	010103001001	**回填方**	m³	584.56
	1	挖土量	D3+D6+D9	615.36	
	2	扣垫层/基础	-D11-D14-D18-D20.1-D24.1-D24.3	-92.8	
	3	1层地面	11.7×11.54-2.86(0.12+0.18)=134.16		
	4	雨篷平台	1.7×0.6×2=2.04		
	5		(R0+H3+H4+AM)×0.2	62	
33		1-4-13	槽、坑机械夯填土	m³	522.56
			D32-D32.5		
34		1-4-11	机械夯填土（地坪）	m³	62
			D32.5		
35		1-2-47	人力车运土方50m内	m³	56.88
	1	回填用土	(D33+D34)×1.15=672.24		
	2	回填运土量	H1-D32.1	56.88	
36		1-2-3	人工挖坚土深2m内	＝	56.88
37	12	010402001001	**砌块墙；硅酸钙砌块墙300，M5.0砂浆**	m³	5.48
	1	地下室	([1]8.5+[B]14+[E]6.6)×0.3×0.3	2.62	
	2	1层	([5]10+[A,B]11×2-0.2[TZ])×0.3×0.3	2.86	
38		3-3-69.07	M5.0砂浆酸钙砌块墙300	＝	5.48
39		6-2-5	基础防水砂浆防潮层20	m²	18.27
			D37/0.3	18.27	
40	13	010402001002	**砌块墙；硅酸钙砌块墙180，M5.0砂浆**	m³	1.31
			([C,D]5.5×4+[4]2.5-0.2[TZ])×0.18×0.3	1.31	
41		3-3-32.07	M5.0砂浆酸钙砌块墙180	＝	1.31
42		6-2-5	基础防水砂浆防潮层20	m²	4.37
			D40/0.3		
43	14	010402001003	**砌块墙；硅酸钙砌块墙120，M5.0砂浆**	m³	0.1
			N12×0.12×0.3		
44		3-3-31.07	M5.0砂浆酸钙砌块墙120	＝	0.1
45		6-2-5	基础防水砂浆防潮层20	m²	0.34
			N12×0.12		
46	15	010504001001	**直形墙；地下砼墙，C30**	m³	16.65
		-4.2至梁底	([3]10×4+[E]7×3.8)×0.25		
47		4-2-30.2′	C303商品砼墙	＝	16.65

（续表）

序号	编号/部位	项目名称/计算式		工程量	
48	10-4-136′	直形墙胶合板模板钢支撑［扣胶合板］	m²	133.2	
		D46/0.25×2			
49	10-4-314	墙竹胶板模板制作	m²	32.5	
		D48×0.244			
50	10-4-148	墙钢支撑高＞3.6m 每增 3m	m²	10.8	
		(10×0.4＋7×0.2)×2			
51	10-1-103	双排外钢管脚手架 6m 内	m²	80.4	
		12.5×4＋8×3.8			
52	16　010903002001	**墙面涂膜防水；聚氨酯 2 遍**	m²		86.1
		(8＋12.5)×4.2			
53	6-2-71	聚氨酯 2 遍	＝	86.1	
54	17　010401004001	**多孔砖墙；M5.0 砂浆矸石多孔砖墙 115**	m³		9.9
		D52×0.115			
55	3-3-70.07	M5.0 砂浆矸石多孔砖墙 115	＝	9.9	
56	18　010507001001	**散水；砼散水**	m²		54.08
		(W＋4×0.8－9.8－2.9×2)×0.8			
57	8-7-51′	C20 细石商砼散水 3：7灰土垫层	＝	54.08	
58	2-1-1＊-1	3：7灰土垫层	m³	8.11	
	扣除灰土垫层	D56×0.15			
59	10-4-49	砼基础垫层木模板	m²	4.25	
		(W＋8×0.8－9.8－2.9×2)×0.06			
60	19　010507004001	**台阶；C20**	m³		2.19
	1　雨篷台阶	(2.9×1.2－1.7×0.6)×2＝4.92			
	2　台阶投影面	H1＋AW－AM＝13.29			
	3	H2(0.15/2＋0.08×1.118)		2.19	
61	4-2-57′	C202 商品砼台阶	＝	2.19	
62	10-4-205	台阶木模板木支撑	m²	13.29	
		D60.2			
63	20　010501001002	**垫层；C15**	m³		20.06
	1　台阶垫层	D60.2×0.1	1.33		
	2　台阶地面垫层	1.76×0.6×2＋AM＝28.94			
	3　室内地面垫层	R0［地下］＋Z9［走道］＋RT［梯］＋RW［厕］＋Z8［厨］＝283.29			
	4	Σ×0.06	18.73		
64	2-1-13′	C154 商砼无筋砼垫层	＝	20.06	
65	1-4-6	机械原土夯实	m²	325.52	
		D60.2＋D63.2＋D63.3			
66	21　011705001001	**大型机械设备进出场及安拆**	台次	1	

序号		编号/部位	项目名称/计算式		工程量
67		10-5-1-1′	C204 商品砼塔吊基础	m³	10
68		4-1-131	现浇砼埋设螺栓	个	16
69		10-4-63	20m³ 内设备基础组合钢模钢支撑	m²	13
			2(4+2.5)×1		
70		10-5-3	塔式起重机砼基础拆除	m³	10
71		补-1	石渣外运(35 元/m³)	=	10
72		10-5-22	自升式塔式起重机安拆	台次	1
73		10-5-22-1	自升式塔式起重机场外运输	台次	1
			建筑(计超高)		
1	22	010502001002	**矩形柱;C30**	m³	100.06
		Z1(0.0~4.2)	4.2×0.5×0.5×10	10.5	
		Z1,2(4.2~21.6)	17.4×0.5×0.5×18	78.3	
		21.6 至屋面	0.5×0.4(15×3+2.5×2.35/3.55+2.5×2)	10.33	
		顶层窗侧	1.5×0.3×0.05×3	0.07	
		TZ-1	(0.2×0.3)×(2.35+1.65×4)	0.54	
		TZ-2	(0.2×0.18)×(2.35+1.65×4)	0.32	
2		4-2-17.2′	C304 商砼矩形柱	=	100.06
3		10-4-88′	矩形柱胶合板模板钢支撑[扣胶合板]	m²	819.58
	1	0.00~4.2	4.2×0.5×4×10	84	
	2	4.2~21.6	17.4×2×18	626.4	
	3	21.6 至屋面	1.8(15×3+2.5×2.35/3.55+2.5×2)	92.98	
	4	TZ-1,2	2(0.2+0.3+0.2+0.18)×(2.35+1.65×4)	15.75	
	5	顶层窗侧	1.5×0.05×2×3	0.45	
4		10-4-311	柱竹胶板模板制作	m²	199.98
			D3×0.244		
5		10-4-102	柱钢支撑高超过 3.6m 每增 3m	m²	44.5
	1	0.00~4.2	0.5×4×10(4.2-3.6)	12	
	2	4.2~8.4	(2×18+3.6)×(4.2-3.6)	23.76	
	3	21.6 至屋面	1.8(2.5×2.35/3.55-0.6[3]+(2.5-0.6)×2[4])	8.74	
6		10-1-102	单排外钢管脚手架 6m 内	m²	546.66
	1	0.00~4.2	(0.5×4+3.6)×4.2	23.52	
	2	4.2~21.6	(0.5×4+3.6)×5×17.4	487.2	
	3	21.6 至屋顶	(1.8+3.6)×(2.5×2.35/3.55[3]+2.5×2[4])	35.94	
7	23	010502003002	**异形柱;拐角柱,C30**	m³	14.04
		0.00+21.6(Z4)	(0.9+0.4)×0.5×21.6		
8		4-2-19.2′	C304 商砼异形柱	=	14.04
9		10-4-94′	异形柱胶合板模板钢支撑[扣胶合板]	m²	77.76

序号	编号/部位		项目名称/计算式		工程量	
		Z4	$0.9 \times 4 \times 21.6$			
10		10-4-311	柱竹胶板模板制作	m²	18.97	
			$D9 \times 0.244$			
11		10-4-102	柱钢支撑高超过3.6m 每增3m	m²	4.32	
		Z4	$0.9 \times 4(4.2-3.6) \times 2$			
12	24	010502003003	**异形柱：圆柱C30**	m³		1.53
		Z3	$\pi \times 0.45^2/4 \times 4.8 \times 2$			
13		4-2-18.2′	C30 4 商砼圆形柱	=	1.53	
14		10-4-97′	圆形柱胶合板模板木支撑［扣胶合板］	m²	13.57	
		Z3	$0.45 \times \pi \times 4.8 \times 2$			
15		10-4-311	柱竹胶板模板制作	m²	3.31	
			$D14 \times 0.244$			
16		10-4-103	柱木支撑高超过3.6m 每增3m	m²	3.39	
		Z3	$0.45 \times \pi(4.8-3.6) \times 2$			
17		10-1-102	单排外钢管脚手架6m内	m²	48.13	
		Z3	$(0.45 \times \pi+3.6) \times 4.8 \times 2$			
18	25	010502002001	**构造柱C20**	m³		2.4
		1	GZ1	$[⊥](0.3 \times 0.12+0.3 \times 0.06+0.12 \times 0.03) \times 3.8=0.22$		
		2		$[⊥](0.3 \times 0.12+0.3 \times 0.06+0.12 \times 0.03) \times 2.65 \times 4=0.61$		
		3		$[⊥](0.3 \times 0.12+0.3 \times 0.06+0.12 \times 0.03) \times 2.4=0.14$		
		4	Σ		0.97	
		5	GZ2	$[⊥](0.18 \times 0.12+0.18 \times 0.06+0.12 \times 0.03) \times 3.8=0.14$		
		6		$[⊥](0.18 \times 0.12+0.18 \times 0.06+0.12 \times 0.03) \times 2.7 \times 4=0.39$		
		7		$[⊥](0.18 \times 0.12+0.18 \times 0.06+0.12 \times 0.03) \times 3.6=0.13$		
		8	Σ		0.66	
		9	女儿墙GZ	$[ㄴ](0.24 \times 0.24+(0.24+0.24) \times 0.03) \times 1.08 \times 2$	0.16	
		10		$[—](0.24 \times 0.24+0.24 \times 0.06) \times 1.08 \times 6$	0.47	
		11		$[端](0.24 \times 0.24+0.24 \times 0.03) \times 1.08 \times 2$	0.14	
19		4-2-20.27′	C20 3 商砼构造柱	=	2.4	
20		10-4-89′	矩形柱胶合板模板木支撑［扣胶合板］	m²	24.83	
		1	GZ1	$[⊥](0.12+6 \times 0.06) \times 3.8$	1.82	
		2		$[⊥](0.12+6 \times 0.06) \times 2.65 \times 4$	5.09	
		3		$[⊥](0.12+6 \times 0.06) \times 2.4$	1.15	
		4	GZ2	$[⊥](0.12+6 \times 0.06) \times 3.8$	1.82	
		5		$[⊥](0.12+6 \times 0.06) \times 2.7 \times 4$	5.18	
		6		$[⊥](0.12+6 \times 0.06) \times 3.6$	1.73	
		7	女儿墙GZ	$[ㄴ](0.24+0.24+4 \times 0.06) \times 1.08 \times 2$	1.56	

序号	编号/部位	项目名称/计算式		工程量	
8		[一]2(0.24＋2×0.06)×1.08×6	4.67		
9		[端](2×0.24＋0.24＋2×0.06)×1.08×2	1.81		
21	10-4-311	柱竹胶板模板制作	m²	6.06	
		D20×0.244			
22	4-1-98	砌体加固筋φ6.5内	t	0.25	
	GZ拉结筋	2([筋1](65＋12)×2.66＋[筋2](130＋24)×2.32)×2.222/1000			
23	26 010503004001	**圈梁;厕所墙底部防水,C20**	m³		3.79
	厕所滞水30	(5.38＋2.5)×0.3×0.2×5	2.36		
	厕所滞水18	(5.38－2×0.9＋2.5)×0.18×0.2×5	1.09		
	厕所滞水12	2.86×0.12×0.2×5	0.34		
24	4-2-26.46′	C20细石商砼圈梁	＝	3.79	
25	10-4-127′	圈梁胶合板模板木支撑[扣胶合板]	m²	33.64	
	厕所滞水	((5.38＋2.5)×2－2×0.9＋2.86)×0.2×2×5			
26	10-4-313	梁竹胶板模板制作	m²	8.21	
		D34×0.244			
27	27 010503005001	**过梁;现浇,C20**	m³		17.31
		GL[30]＋GL[18]			
28	4-2-27.27′	C20商砼过梁	＝	17.31	
29	10-4-118′	过梁胶合板模板木支撑[扣胶合板]	m²	198.09	
	1 GL侧模	(GL[30]/0.30＋GL[18]/0.18)×2	127.19		
	2 GL[30]底模	(0.9×6＋1.2×24＋1.5×46＋1.8×24＋2.1×26＋2.4)×0.3	61.02		
	3 GL[18]底模	(0.9×44＋1.2×5＋1.5×5＋1.8)×0.18	9.88		
30	10-4-313	梁竹胶板模板制作	m²	48.33	
		D29×0.244			
31	28 010507005001	**压顶;C20**	m³		5.42
	1 窗台C1,2	0.96×0.3×0.06×6	0.1		
	2 窗台C3,4	1.32×0.3×0.06×24	0.57		
	3 窗台C5,6	1.62×0.3×0.06×46	1.34		
	4 窗台C7,8	1.92×0.3×0.06×14	0.48		
	5 窗台C9,10	2.22×0.3×0.06×26	1.04		
	6 窗台C11,12	2.28×0.3×0.18×10	1.23		
	7 女儿墙压顶	LV×0.24×0.08	0.66		
32	4-2-58′	C202商品砼压顶	＝	5.42	
33	10-4-213	扶手、压顶木模板木支撑	＝	5.42	
34	29 010402001004	**砌块墙;硅酸钙砌块墙300,M5.0砂浆**	m³		38.66
	1 地下室	([1]8.5＋[B]14＋[E]6.6)×3.55＝103.31			
	2 墙面积	H1－M2＋C[30D]＝132.65			

序号	编号/部位	项目名称/计算式		工程量
	3	H2×0.3−GL[30D]	38.66	
35	3-3-69.07	M5.0砂浆酸钙砌块墙300	＝	38.66
36	10-1-6	双排外钢管脚手架24m内	m²	147
	地下室外墙	(12.5＋7.5＋15)×4.2		
37	10-1-103	双排外钢管脚手架6m内	m²	53.25
	地下室外墙	15×3.55		
38	30　010402001005	**砌块墙；加气砼砌块墙300,M5.0混浆**	m³	231.64
	1	1～5层	KL65(3.55＋2.65×4)＝646.66	
	2		25.7[KL6](3.6＋2.7×4)＝370.08	
	3	顶层	WKL65×2.35＋18.75[WKL5]×2.4＋4.4[WKL2]×2.55＝138.35	
	4	扣门窗	−M[30W]−C[30W]＝−321.21	
	5		∑＝833.88	
	6	体积	H5×0.3	250.16
	7	扣砼构件	−[GZ]D18.4−[QL]D23.1−GL[30]−D1.5	−18.52
39	3-3-63	M5.0混浆加气砼砌块墙300	m³	231.64
40	10-1-6	双排外钢管脚手架24m内	m²	1592.82
	1	3.9～22.8女儿墙	W×18.9	1512
	2	22.8～24.6	(12.45＋19.95＋12.5)×1.8	80.82
41	10-1-22	双排里钢管脚手架3.6m内	m²	60
	平顶上外墙	(12.5＋7.5)×3		
42	31　010402001006	**砌块墙；加气砼砌块墙180,M5.0混浆**	m³	124.62
	1	1层	[−3]2.825×4.09＋5.6×3.75＋[4]2.5×3.55＝41.43	
	2	1层	[C]5.5×2×3.55＋[D]2.84×3.55＋5.5×2×3.6＝88.73	
	3	2～5层	([2,4](10.7＋8.6)×2.65＋[3]8.1×2.85)×4＝296.92	
	4	2～5层	(([C]18＋[D]7.16)×2.65＋11×2.7)×4＋[D]7.1×0.5＝389.05	
	5	顶层4轴山墙	2.5(3.03−0.65×3.25/2.5[梁])＋(2.5×2.5/3.25)/2[山]＝7.87	
	6	D轴山墙	11.15(3.03−0.6×6.225/2.5[梁])＋(5.625×2.5/6.225)/2[山]＝29.72	
	7	墙面积	∑＝853.72	
	8	体积	(H7−M[18])×0.18−D18.8[GZ]−D23.2[QL]−GL[18]	125.61
	9	扣梯柱/TL3	−0.2×0.18(2.1＋1.65×4)−2.5×0.18×0.3×5	−0.99
43	3-3-25	M5.0混浆加气砼砌块墙180	＝	124.62
44	10-1-22	双排里钢管脚手架3.6m内	m²	130.16
		D42.1＋D42.2		
45	10-1-24	双排里钢管脚手架6m内	m²	723.56
		D42.7−D44		
46	32　010402001007	**砌块墙；加气砼砌块墙120,M5.0混浆**	m³	5.73
		N12(3.9＋2.8×4＋2.6)×0.12	6.07	

序号	编号/部位		项目名称/计算式		工程量	
		扣 QL	$-D23.3$		-0.34	
47	3-3-24		M5.0 混浆加气砼砌块墙 120	$=$		5.73
48	10-1-22		双排里钢管脚手架 3.6m 内	m²		11.15
			N12×3.9			
49	10-1-24		双排里钢管脚手架 6m 内	m²		39.47
			N12(2.8×4+2.6)			
50	33	010401003001	**实心砖墙；煤矸石多孔砖墙 240,M5.0 混浆**	m³		9.31
		女儿墙	LV×1.12×0.24			
51	3-3-75		M5.0 混浆煤矸石多孔砖墙 240	$=$		9.31
52	34	010504001002	**直形墙；老虎窗侧墙,C30**	m³		1
	1	坡度系数	3.55/2.5=1.42			
	2	老虎窗围护	((1.2+0.9×H1)×0.9+1.68×0.84/2−C13)×0.24×2	0.9		
	3	扣窗台	$-1.2×0.24/H1×0.24/2×2$	-0.05		
	4	侧墙增加	0.9×H1×0.24×0.24×2	0.15		
53	4-2-30.2′		C303 商品砼墙	$=$		1
54	10-4-136′		直形墙胶合板模板钢支撑[扣胶合板]	m²		10.55
	1		D61/0.24×2	8.33		
	2	窗洞侧壁	(1.2+0.9×2+AL)×0.24×2	2.22		
55	10-4-314		墙竹胶板模板制作	m²		2.57
			D54×0.244			
56	35	010505001001	**有梁板；C30**	m³		383.25
	1	地下室板	RB015×0.15=22.44			
	2		RB011×0.11=3.05			
	3	地外梁 65	KL065×0.3×0.65=4.72			
	4	KL3(4)	10×0.3×0.45=1.35			
	5	KL6(2)	14.7×0.3×0.6=2.65			
	6	内梁 65	KN065×0.3×0.5=5.81			
	7	L5	5.2×0.35×0.25=0.46			
	8	L6	2.625×0.25×0.25=0.16			
	9		Σ	40.64		
	10	1 层雨篷板	P×0.12=4.05			
	11	L1	4.05×0.28×0.25=0.28			
	12	L2	3.5×0.28×0.25×2=0.49			
	13	L3	PL×0.28×0.2=0.82			
	14	L4	2.825×0.2×0.19×5=0.54			
	15		Σ	6.18		
	16	2～5 层 150 板	RB15×0.15×4=120.36			

序号		编号/部位	项目名称/计算式		工程量
	17	2～5层110板	RB11×0.11×4＝45.5		
	18	6层150板	RBD15×0.15＝35.38		
	19	6层110板	RBD11×0.11＝7.49		
	20	2～5楼梯平板	1.09×2.825×0.1×4＝1.23		
	21	6层楼梯平板	1.01×2.825×0.1＝0.29		
	22		∑	210.25	
	23	2～6外梁65	KL65×0.3×0.65×5＝44.56		
	24	2～6KL6	25.7×0.3×0.6×5＝23.13		
	25	2～5内梁65	KN65×0.3×0.5×4＝36.12		
	26	2～5内梁KL12	7.1×0.25×0.5×4＝3.55		
	27		11×0.25×0.45×4＝4.95		
	28	2～5内梁45	KN45×0.3×0.3×4＝3.6		
	29	6层内梁65	KN65×0.3×0.5＝9.03		
	30	6层内梁KL12	11×0.25×0.45＝1.24		
	31		∑	126.18	
57		4-2-36.2′	C302商砼有梁板	＝	383.25
58		10-4-160′	有梁板胶合板模板钢支撑［扣胶合板］	m²	2644.29
	1	地下室板	RB015＋RB011＝177.31		
	2	外梁	KL065(0.65＋0.5＋0.3)＋［KL6］14.7(0.6＋0.49＋0.3)＋［KL3］10 (0.45＋0.3＋0.3)＝66.02		
	3	内梁	(D56.6/0.3＋(D56.7＋D56.8)/0.25)×2＝43.69		
	4		∑-［砼墙顶］17×0.25	282.77	
	5	门厅梁板	P＋(4.05＋3.5×2＋PL)×0.28×2	48.14	
	6	2～6层板	(RB15＋RB11)×4＋RB015＋RB011＋2.825(1.09×4＋1.01) ＝1408.51		
	7	2～6外梁65	KL65(0.65＋0.5＋0.3)×5＝331.33		
	8	2～6KL6	25.7(0.6＋0.45＋0.3)×5＝173.48		
	9	2～5内梁65/45	KN65×0.5×2×5＋KN45×0.3×2×4＝325		
	10	2～5内梁KL12	7.1×0.45×2×4＋11×0.45×2×5＝75.06		
	11		∑	2313.38	
59		10-4-315	板竹胶板模板制作	m²	645.21
			D58×0.244		
60		10-4-176	板钢支撑高超过3.6m每增3m	m²	906.1
	1	地下室与门厅板	D58.4＋P	316.56	
	2	2层板	(RB15＋RB11)＋2.825×1.09	307.09	
	3	外梁	(D58.7＋D58.8)/5	100.96	
	4	内梁	KN65×0.5×2＋KN45×0.3×2＋7.1×0.45×2＋11×0.45×22	181.49	
61	36	010505001002	**斜有梁板；C30**	m³	46.74

(续表)

序号		编号/部位	项目名称/计算式			工程量
	1	多坡屋顶 120	WM×0.12	25.96		
	2	老虎窗屋顶 100	WM1×0.1	0.89		
	3	屋面外梁 65	WKL65×0.3×0.65	6.82		
	4	外梁 WKL2	4.4×0.3×0.45	0.59		
	5	WKL5	18.75×0.3×0.6	3.38		
	6	内梁 65	WKN65×0.3×0.53	5.38		
	7	WKL2	5.6×T2×0.3×0.33	0.68		
	8	WKL8	11.25×T4×0.25×0.48	1.46		
	9	外墙三角	19.65×0.3×2.5×0.3/6+12.2(0.3×2.5×0.3/3.25)	1.58		
62		4-2-41.2′	C302 商砼斜板、折板	=	46.74	
63		10-4-160-1′	斜有梁板胶合板模板钢支撑[扣胶合板]	m²	361.95	
	1	顶板	WM+WM1	225.2		
	2	外梁 65	WKL65(0.65+0.57+0.3)	53.12		
	3	WKL2,5	4.4(0.45+0.37+0.3)+18.75(0.6+0.52+0.3)	31.55		
	4	内梁 WKL2,3,6,7	(D61.6+D61.7)/0.3×2	40.4		
	5	WKL8	D61.8/0.25×2	11.68		
64		10-4-315	板竹胶板模板制作	m²	88.32	
			D63×0.244			
65		10-4-176	板钢支撑高超过 3.6m 每增 3m	m²	210.73	
	1	屋面超高系	1.9/2.5=0.76			
	2	超高面积	(D63.1+D63.4+D63.5)×H1	210.73		
66	37	010505006001	**栏板；C30**	m³		0.7
			PL×0.8×0.06			
67		4-2-51.22′	C302 商砼栏板	=	0.7	
68		10-4-206	栏板木模板木支撑	m²	24.2	
			PL(0.8×2+0.06)			
69	38	010505007001	**檐沟；C30**	m³		3.5
	1	檐沟底	(W6+4×0.45)×0.45×0.08	2.4		
	2	翻檐	(W6+8×0.41)×0.12×0.08	0.65		
	3	老虎窗檐	LY×0.36×0.1×2	0.45		
70		4-2-56.22′	C302 商砼挑檐、天沟	=	3.5	
71		10-4-211	挑檐、天沟木模板木支撑	m²	57.66	
	1	天沟底	(W6+1.9)×0.45	30.06		
	2	翻沿	(W6+3.28)×(0.12+0.2)	21.82		
	3	老虎窗檐	LY(0.36+0.1)×2	5.78		
72	39	010505007002	**挑檐板；飘窗檐板 C20**	m³		1.15
		飘窗台沿	2.28×0.42×0.06×10×2			
73		4-2-56′	C202 商品砼挑檐、天沟	=	1.15	
74		10-4-211	挑檐、天沟木模板木支撑	m²	22.9	

(续表)

序号	编号/部位	项目名称/计算式		工程量
		飘窗台沿	$(2.28(0.42+0.06)+0.42×0.06×2)×20$	
75	40	**010505008001**	**雨篷;C20** m³	0.33
			D76×0.08	
76	4-2-49′	C202 商品砼雨篷	m²	4.1
		M2.M10 雨篷	2.28×0.9×2	
77	10-4-203	直形悬挑板阳台雨篷木模板木支撑	=	4.1
78	41	**010506001001**	**直形楼梯;C30** m²	67.01
	1	1层楼梯	4.75×2.86	13.59
	2	2~5层	4.67×2.86×4	53.52
79	4-2-42.22′	C302 商砼直形楼梯无斜梁 100	=	67.01
80	4-2-46.22 * 2′	C302 商砼楼梯板厚+10×2	m²	48.85
		楼梯板加厚	$(3.48+3.4×4)×2.86$	
81	10-4-201	直形楼梯木模板木支撑	m²	67.01
			D78	
82	42	**010417002001**	**预埋铁件** t	0.038
	1	J401-42③	8×5+3+4×5=63	
	2	—100X100X6	0.1×0.1×0.047×H1	0.03
	3	8	0.33×0.395/1000×H1	0.008
83	4-1-96	铁件	=	0.038
84	43	**010702001001**	**楼面涂膜防水;厕所1.5厚高分子涂料防水** m²	82.08
		2~6层厕所	RW×5	
85	6-2-63	1.5厚 LM 高分子涂料防水层	=	82.08
86	9-2-243	防水界面处理剂涂敷	=	82.08
87	44	**011102003001**	**块料楼地面;屋顶防滑地砖** m²	126.57
			7.31×6.86+14.81×5.16	
		校核	S—S6—LV×0.24—H1=0	
88	9-1-169-1	1:3干硬水泥砂浆全瓷地板砖 300×300	=	126.57
89	9-1-3 * -1	1:3砂浆找平层—5	=	126.57
90	45	**010702001001**	**屋面卷材防水;改性沥青防水卷材** m²	133.29
	1	屋面	D87	126.57
	2	泛水	(11.92+14.96)×0.25	6.72
91	9-1-178	地面耐碱纤维网格布	=	133.29
92	6-2-34	平面Ⅰ层高强 APP 改性沥青卷材	=	133.29
93	46	**010902002001**	**屋面涂膜防水;高分子防水涂料涂料** m²	133.29
			D90	
94	6-2-93	1.5厚 LM 高分子涂料防水层	=	133.29
95	9-4-243	防水界面处理剂涂敷	=	133.29
96	47	**011101006001**	**平面砂浆找平层;1:3水泥砂浆找平** m²	133.29
			D90	
97		9-1-1	1:3砂浆硬基层填充料上找平层20	=	133.29

（续表）

序号		编号/部位	项目名称/计算式		工程量
98	48	011101006002	**平面砂浆找平层;填充料上1:3水泥砂浆找平**	m²	126.57
			D87		
99		9-1-2	1:3砂浆填充料上找平层20	=	126.57
100	49	010803001001	**保温隔热屋面;聚氨酯发泡保温40**	m²	126.57
			D87		
101		6-3-42	砼板上干铺聚氨酯泡沫板100	=	126.57
102	50	010803001001	**保温隔热屋面;水泥珍珠岩1:8找平**	m²	126.57
			D87		
103		6-3-15-1	砼板上现浇水泥珍珠岩1:8	m³	21.68
	1	找坡厚1-2	[0.04+(7.31×0.02+6.76×0.02)/2=0.182]		
	2	找坡厚1-3	[0.04+(7.405×0.02+5.16×0.02)/2=0.166]		
	3	找坡体积	7.31×6.76×0.182+7.405×5.16×0.166×2	21.68	
104	51	010901001001	**瓦屋面;玻璃瓦坡屋面**	m²	251.72
	1	屋面	WM+L6×0.3(T2+T4)/2	238.28	
	2	老虎窗屋面	1.68(0.9+0.84/2)×3.55/2.5×2×1.414	8.91	
	3	老虎窗屋沿	(1.68+2×0.36+2(0.9−0.18)×3.55/2.5)×1.414×0.36×2	4.53	
105		6-1-19	钢筋砼斜面上琉璃瓦屋面	m²	251.72
106		6-1-20	琉璃瓦檐口线	m	65.7
			W6+8×0.1		
107		6-1-21	琉璃瓦脊瓦	m	49.37
	1	正脊	7.5−3+6+12−3−3.55	15.95	
	2	隔延尺系数	(3.2^2+2.5^2+3.55^2)^0.5/3.55=1.519		
	3	2轴斜脊	3.55×H2×2	10.79	
	4	隔延尺系数	(3.25^2+2.5^2+6.25^2)^0.5/6.25=1.196		
	5	E轴斜脊	6.25×H4×2	15	
	6	隔延尺系数	(3.55^2+2.5^2+6.25^2)^0.5/6.25=1.218		
	7	5轴斜脊	6.25×H6	7.63	
108	52	010902003001	**屋面刚性层;配φ4双向间距150钢筋网**	m²	251.72
			D104		
109		6-2-1'	C20细石商砼防水层40	=	251.72
110		9-1-5*-1'	C20细石商砼找平层−5	=	251.72
111		4-1-1	现浇构件圆钢筋φ4	t	0.332
			D108/0.15×2×0.099/1000		
112	53	010902002002	**屋面涂膜防水;高分子防水涂料**	m²	301.57
	1	屋面	D104	251.72	
	2	天沟底	(W6+4×0.45)×0.45	30.02	
	3	翻沿	W6(0.12×2+0.06)+8×0.37×0.12	19.83	
113		6-2-93	1.5厚LM高分子涂料防水层	=	301.57
114		9-2-243	防水界面处理剂涂敷	=	301.57

（续表）

序号		编号/部位	项目名称/计算式		工程量
115	54	011101006003	**平面砂浆找平层;1∶3水泥砂浆找平**	m²	301.57
			D112		
116		9-1-1	1∶3砂浆硬基层上找平层20	＝	301.57
117	55	010803001002	**保温隔热屋面;聚氨酯泡沫板**	m²	251.72
			D104		
118		6-3-42	砼板上干铺聚氨酯泡沫板100	＝	251.72
119	56	010803003001	**保温隔热墙;聚苯板50**	m²	1557.76
		外墙面	［装饰90,93］1354.22＋42.12	1396.34	
		增侧壁 M1	(2.4＋2×3.3)×0.17＝1.53		
		M2	(1.8＋2×3.3)×0.185＝1.55		
		M10	(1.8＋2×2.4)×0.185＝1.22		
		M11	(1.2＋2×2.1)×0.185＝1		
		铝合金窗 C1	2(0.9＋1.5)×0.194×5＝4.66		
		C2	2(0.9＋2.4)×0.194＝1.28		
		C3	2(1.2＋1.5)×0.194×20＝20.95		
		C4	2(1.2＋2.4)×0.194×4＝5.59		
		C5	2(1.5＋1.5)×0.194×36＝41.9		
		C6	2(1.5＋2.4)×0.194×10＝15.13		
		C7	2(1.8＋1.5)×0.194×12＝15.37		
		C8	2(1.8＋2.4)×0.194×2＝3.26		
		C9	2(2.1＋1.5)×0.194×18＝25.14		
		C10	2(2.1＋2.4)×0.194×8＝13.97		
			Σ	152.54	
		增墙角	(4.2×2＋17.3×4＋2.8×4)×0.1	8.88	
120		6-3-60	立面黏结剂满粘聚苯板	＝	1557.76
121		9-2-343	抗裂砂浆,墙面,5内	＝	1557.76
122		9-2-349	墙面耐碱纤维网格布1层	＝	1557.76
123	57	010902004001	**屋面排水管;塑料水落管φ100**	m	128.6
		坡屋面	(24.4－3.9－0.5)×3	60	
			24.4－21.6－0.5	2.3	
		平屋面	(21.6－0.2)×3＋2.1	66.3	
124		6-4-9	塑料水落管φ100	m	128.6
125		6-4-22	铸铁弯头落水口(含箅子板)	个	3
126		6-4-20	铸铁雨水口	个	4
127		6-4-10	塑料水斗	个	7
128	58	010902002001	**屋面涂膜防水;门厅顶聚氨酯2遍,防水砂浆**	m²	44.56
		雨篷顶	P	33.79	
		L1,L2,L3	(2(3.95＋4×2)＋PL)×0.28	10.77	
129		6-2-71	聚氨酯2遍	＝	44.56

序号	编号/部位		项目名称/计算式		工程量
130		9-1-1	1:3砂浆硬基层上找平层20	=	44.56
131		6-4-18H	塑料短管φ50	个	2
132	59	010904003001	**屋面刚性防水;雨蓬顶防水砂浆**	m²	4.96
		雨篷顶	(2.28+0.2)×(0.9+0.1)×2		
133		6-2-10	平面防水砂浆防水层	=	4.96
134	60	010407001003	**其他构件;C20台阶**	m³	0.06
		会议室内台阶	1.75×0.3×0.12		
135		4-2-57'	C202商品砼台阶	=	0.06
136		10-4-205	台阶木模板木支撑	m²	0.25
			(1.75+0.3)×0.12		
137	61	010515001001	**现浇构件钢筋;砌体拉结筋**	t	0.697
	1		框住与墙拉结	7×10[地下]+7×36[1层]+5×42×4[2—5层]+4×26[顶层]=1266	
	2		H1×1.24×2×0.222/1000	0.697	
138		4-1-98	砌体加固筋φ6.5内	=	0.697
139		4-1-118H	植筋φ6.5(扣钢筋)	根	1266
			D137.1		
140	62	010515001002	**现浇构件钢筋;Ⅰ级钢**	t	45.41
			D141+……+D147		
141		4-1-1	现浇构件圆钢筋φ4	t	0.004
142		4-1-2	现浇构件圆钢筋φ6.5	t	1.423
143		4-1-3	现浇构件圆钢筋φ8	t	7.701
144		4-1-4	现浇构件圆钢筋φ10	t	21.088
145		4-1-5	现浇构件圆钢筋φ12	t	1.015
146		4-1-52	现浇构件箍筋φ6.5	t	0.521
147		4-1-53	现浇构件箍筋φ8	t	13.658
148	63	010515001003	**现浇构件钢筋;Ⅱ级钢**	t	45.581
			D149+……+D155		
149		4-1-13	现浇构件螺纹钢筋φ12	t	3.423
150		4-1-14	现浇构件螺纹钢筋φ14	t	1.81
151		4-1-15	现浇构件螺纹钢筋φ16	t	0.754
152		4-1-16	现浇构件螺纹钢筋φ18	t	4.256
153		4-1-17	现浇构件螺纹钢筋φ20	t	25.446
154		4-1-18	现浇构件螺纹钢筋φ22	t	8.371
155		4-1-19	现浇构件螺纹钢筋φ25	t	1.521
156	64	01B002	竣工清理	m³	7609.97
			JT		
157		1-4-3	竣工清理	=	7609.97

装饰工程量计算书

工程名称：综合楼装饰

表 5-17

序号		编号/部位	项目名称/计算式		工程量
			装饰(不计超高)		
1	1	011102001001	**石材楼地面;花岗石地面**	m²	28.94
		1	门廊平台	AM	26.9	
		2	台阶平台	1.7×0.6×2	2.04	
2		9-1-160	楼地面酸洗打蜡	=	28.94
3		9-1-165H	1:3干硬水泥砂浆花岗岩楼地面	=	28.94
4	2	011102003001	**块料地面;地面,干硬水泥砂浆地板砖 300×300**	m²	33.6
		1	楼梯/厕所	Z10+Z11	33.06	
		2	增门口	1.8×0.3[M10]	0.54	
5		9-1-169-1	1:3干硬水泥砂浆全瓷地板砖 300×300	=	33.6
6	3	011102003002	**块料地面;地面,干硬水泥砂浆地板砖 500×500**	m²	251.61
		1	地下室/厨/走道	R0+Z8+Z9	250.23	
		2	地下室增减	1.8[M2]×0.3−0.5×0.5[Z]	0.79	
		3	1层增门口	(1.5[M3]+0.9×2[M6])×0.18	0.59	
7		9-1-169-2	1:3干硬水泥砂浆全瓷地板砖 500×500	=	251.61
8	4	011107001001	**石材台阶面;花岗岩**	m²	13.29
		1	雨篷台阶	(2.9×1.2−1.7×0.6)×2	4.92	
		2	台阶投影面	AW−AM	8.37	
9		9-1-59	花岗岩台阶	=	13.29
10		9-1-161	楼梯台阶酸洗打蜡	=	13.29
			装饰(计超高)		
1	5	010802001001	**金属地弹簧门;铝合金门**	m²	7.92
			M1		
2		5-5-1	铝合金地弹门安装	=	7.92
3	6	010802001002	**金属平开门;铝合金门**	m²	12.78
			M2+M10+M11		
4		5-5-2	铝合金平开门安装	=	12.78
5	7	010802003001	**钢制防火门**	m²	11.52
			4M9		
6		5-4-12	钢质防火门安装(扇面积)	=	11.52
7	8	010807001001	**金属窗;铝合金窗**	m²	311.49
		1	5C1+C2+10C3+2C4+36C5+6C6+12C7+C8+18C9+8C10	269.01	
		2	10C3+2C4+4C6+C8	42.48	
8		5-5-5	铝合金平开窗安装	=	311.49
9	9	010807007002	**塑钢窗;单层窗**	m²	50.5
		1	2C11+8C12+2C13	32.36	

序号	编号/部位		项目名称/计算式		工程量	
	2	飘窗加宽	$(2\times2.4+8\times1.5)\times2(0.18+0.36)$	18.14		
10		5-6-2	单层塑料窗安装	=	50.5	
11	10	010801001001	**木质门;成品门扇**	m²		119.88
			M2+M4+32M5+12M6+4M7+M8			
		校核	M+C−D1−D3−D5−D7−D9.1−H1=0			
12		5-1-9	单扇带亮木门框制作	m²	95.04	
			32M5+12M6			
13		5-1-10	单扇带亮木门框安装	=	95.04	
14		5-1-11	双扇带亮木门框制作	m²	22.32	
			M3+M4+4M7			
15		5-1-12	双扇带亮木门框安装	=	22.32	
16		5-1-15	双扇木门框制作	m²	2.52	
			M8			
17		5-1-16	双扇木门框安装	=	2.52	
18		5-1-107	普通成品门扇安装(扇面积)	m²	84.8	
	1	单扇	$1.88\times0.8(32[M5]+12[M6])$	66.18		
	2	双扇	$1.88(1.4[M3]+1.7[M4]+1.4\times4[M7])$	16.36		
	3	双扇	$2.05\times1.1[M8]$	2.26		
19		5-3-3	单扇单玻璃木窗扇制作	m²	22.95	
		上亮 M3~M7	$(0.9(32[M3]+12[M6])+1.5\times3[M7]+1.8[M4])\times0.5$			
20		5-3-4	单扇单玻璃木窗扇安装	=	22.95	
21		5-9-1-1	单扇带亮木门配件(安执手锁)	樘	44	
22		5-9-2	双扇带亮木门配件	樘	6	
23		5-9-4	双扇木门配件	樘	1	
24	11	011401001001	**木门油漆;底油1遍,调和漆2遍**	m²		119.88
			D11			
25		9-4-1	底油1遍,调和漆2遍,单层木门	=	119.88	
26	12	010808003001	**饰面夹板筒子板;中密度板基层、榉木板面**	m²		150.87
	1	铝合金地弹门 M1	$(2.4+2\times3.3)\times0.12$	1.08		
	2	铝合金门 M2	$(1.8+2\times3.3)\times0.135$	1.13		
	3	胶合板门 M3	$(1.5+2\times2.4)\times0.13$	0.82		
	4	餐厅门 M4	$(1.8+2\times2.4)\times0.13$	0.86		
	5	办公、教室门 M5	$(0.9+2\times2.4)\times0.13\times32$	23.71		
	6	厕所门 M6	$(0.9+2\times2.4)\times0.13\times12$	8.89		
	7	活动室门 M7	$(1.5+2\times2.4)\times0.13\times4$	3.28		
	8	楼梯门 M8	$(1.2+2\times2.1)\times0.13$	0.7		
	9	楼梯防火门 M9	$(1.2+2\times2.4)\times0.13\times4$	3.12		

（续表）

序号	编号/部位	项目名称/计算式		工程量
10	铝合金门 M10	(1.8+2×2.4)×0.135	0.89	
11	铝合金门 M11	(1.2+2×2.1)×0.135	0.73	
12	铝合金窗 C1	(0.9+2×1.5)×0.144×5	2.81	
13	C2	(0.9+2×2.4)×0.144	0.82	
14	C3	(1.2+2×1.5)×0.144×20	12.1	
15	C4	(1.2+2×2.4)×0.144×4	3.46	
16	C5	(1.5+2×1.5)×0.144×36	23.33	
17	C6	(1.5+2×2.4)×0.144×10	9.07	
18	C7	(1.8+2×1.5)×0.144×12	8.29	
19	C8	(1.8+2×2.4)×0.144×2	1.9	
20	C9	(2.1+2×1.5)×0.144×18	13.22	
21	C10	(2.1+2×2.4)×0.144×8	7.95	
22	塑钢窗 C11	(1.8+2×2.4)×0.44×2	5.81	
23	C12	(1.8+2×1.5)×0.44×8	16.9	
27	6-2-74	立面砖墙面石油沥青1遍	=	150.87
28	9-5-5-1	门窗套、贴脸中密度板基层	=	150.87
29	9-5-10	门窗套、贴脸粘贴榉木夹板面层	=	150.87
30　13	010808006001	**门窗木贴脸；门窗贴脸50×20**	m	1239.4
1	铝合金地弹门 M1	2.4+2×3.3+4×0.05	9.2	
2	铝合金平开门 M2	1.8+2×3.3+4×0.05	8.6	
3	厨房胶合板门 M3	2(1.5+2×2.4+4×0.05)	13	
4	餐厅门 M4	2(1.8+2×2.4+4×0.05)	13.6	
5	办公、教室门 M5	2(0.9+2×2.4+4×0.05)×32	377.6	
6	厕所门 M6	2(0.9+2×2.4+4×0.05)×12	141.6	
7	活动室门 M7	2(1.5+2×2.4+4×0.05)×4	52	
8	楼梯门 M8	2(1.2+2×2.1+4×0.05)	11.2	
9	楼梯防火门 M9	2(1.2+2×2.4+4×0.05)×4	49.6	
10	铝合金门 M10	1.8+2×2.4+4×0.05	6.8	
11	铝合金门 M11	1.2+2×2.1+4×0.05	5.6	
12	铝合金窗 C1	(0.9+2×1.5+4×0.05)×5	20.5	
13	C2	0.9+2×2.4+4×0.05	5.9	
14	C3	(1.2+2×1.5+4×0.05)×10	44	
15	C4	(1.2+2×2.4+4×0.05)×2	12.4	
16	C5	(1.5+2×1.5+4×0.05)×36	169.2	
17	C6	(1.5+2×2.4+4×0.05)×4	26	
18	C7	(1.8+2×1.5+4×0.05)×12	60	
19	C8	1.8+2×2.4+4×0.05	6.8	

序号		编号/部位	项目名称/计算式		工程量
20		C9	(2.1+2×1.5+4×0.05)×18	95.4	
21		C10	(2.1+2×2.4+4×0.05)×8	56.8	
22		塑钢窗C11	(1.8+2×2.4+4×0.05)×2	13.6	
23		C12	(1.8+2×1.5+4×0.05)×8	40	
31		9-5-56	平面木装饰线宽度50内	=	1239.4
32	14	011404002001	**门窗套油漆;底油1遍,白色调和漆2遍**	m²	212.84
			D26+D30×0.05		
33		9-4-5	底油1遍,调和漆2遍,其他木材面	m²	150.87
			D26		
34		9-4-4-1	底油1遍,调和漆2遍,装饰线50内	m	1239.4
			D30		
35	15	010809001001	**木窗台板;中密度板基层,榉木板面**	m²	23.17
	1	铝合金窗C1	0.9×0.144×5	0.65	
	2	C2	0.9×0.144	0.13	
	3	C3	1.2×0.144×10	1.73	
	4	C4	1.2×0.144×2	0.35	
	5	C5	1.5×0.144×36	7.78	
	6	C6	1.5×0.144×6	1.3	
	7	C7	1.8×0.144×12	3.11	
	8	C8	1.8×0.144	0.26	
	9	C9	2.1×0.144×18	5.44	
	10	C10	2.1×0.144×8	2.42	
36		9-5-18-1	中密度板窗台板	=	23.17
37		9-5-24	窗台板粘贴面层榉木夹板	=	23.17
38	16	011404002002	**窗台板油漆;底油1遍,白色调和漆2遍**	m²	23.17
			D35		
39		9-4-5	底油1遍,调和漆2遍,其他木材面	=	23.17
40	17	010809004001	**石材窗台板;大理石**	m²	9.36
	1	塑钢飘窗C11	1.8×0.52×2	1.87	
	2	C12	1.8×0.52×8	7.49	
41		9-5-22	窗台板水泥砂浆大理石面层	=	9.36
42	18	011102003003	**块料楼面;干硬水泥砂浆地板砖300×300**	m²	82.08
		2~6层厕所	RW×5		
43		9-1-169-1	1:3干硬水泥砂浆全瓷地板砖300×300	=	82.08
44	19	01102003004	**块料楼面;干硬水泥砂浆地板砖500×500**	m²	1411.84
	1	1~6层	Z6[餐厅]+(R2-RT-RW)×4+Z32[会议]	1418.41	
	2	扣柱	−0.5×0.5×2[餐厅]−0.4×0.5×2[会议]	−0.9	
	3	2~5层增门口	(0.9×40[M5,M6]+1.5×4[M7]+1.2×4[M9])×0.18	8.42	
	4	会议室增门口	(1.2[M8]+0.9×2[M6])×0.18+1.2×0.3[M11]	0.9	

序号		编号/部位	项目名称/计算式		工程量	
	5	扣梯间 300 砖	−D42.1	−14.99		
45		9-1-169-2	1:3 干硬水泥砂浆全瓷地板砖 500×500	=	1411.84	
46	20	011101003001	**细石混凝土楼面;30 厚 C20**	m²		82.08
			D42			
47		9-1-4′	C20 细石商砼找平层 40	=	82.08	
48		9-1-5 * -2′	C20 细石商砼找平层−5×2	=	82.08	
49	21	011106002001	**块料楼梯面层;彩釉砖楼梯**	m²		67.78
	1	2～5 层楼梯	4.77×2.86×4	54.57		
	2	顶层楼梯	4.77×2.86	13.64		
	3	扣顶层半步	−2.86/2×0.3	−0.43		
50		9-1-84	彩釉砖楼梯	=	67.78	
51	22	011102003005	**块料楼面;楼梯间地板砖 300×300(红)**	m²		25.04
	1	梯间	2.86(1.05×4+1.04)=14.99			
	2	顶层半步踏步	2.86/2×0.3=0.43			
	3	1 层门斗	3×2.86=8.58			
	4		∑	24		
	5	增门口 M1、M4	2.4×0.3+1.8×0.18	1.04		
	6	校核楼面	Z6+Z7[1 层]+4R2+R6−D42[厕]−D44.1[室]−D49−H4[梯] =−0.01			
52		9-1-169-1	1:3 干硬水泥砂浆全瓷地板砖 300×300	=	25.04	
53	23	011301001001	**天棚抹灰;现浇板下水泥砂浆面**	m²		1667.31
	1	门斗/梯/办公	R0+Z7+6RT+4(Z24+Z25+Z26)+Z35	1334.11		
	2	会议室增斜度	Z32[室内](WM+l6×0.3×T2/S6−1)	22.66		
	3	梯间增斜度	RT6(T3−1)	4.35		
	4	楼梯抹灰系数	D49×0.31	21.01		
	5	地下室梁	2(7×2+4+4.9)×0.5+2(5.2×0.35+2.625×0.25)×2	32.81		
	6	梯间梁	2.5×0.33×2	1.65		
	7	2～5 层梁	7(0.5×4+0.54×2)×4	86.24		
	8	屋面梁	2(5.6[WL2]×0.33+(8+7.1+11.25[WL3,6,7])×0.53)×1.166	36.88		
	9	AB 轴顶	15.25×2.1+14.65×0.49+1.9×0.54×3	42.28		
	10	雨篷顶	P+2×2.28×1.2	39.27		
	11	雨篷栏板内	(4.74π−2×0.25)×0.8	11.51		
	12	屋面檐板底	(W6+4×0.45)×0.45	30.02		
	13	老虎窗沿底	(1.68+2×0.36+2(0.9−0.18)×3.55/2.5)×1.414×0.36×2	4.53		
54		9-3-3	现浇砼顶棚水泥砂浆抹灰	=	1667.31	
55		10-1-27	满堂钢管脚手架	m²	270.74	
	1	地下室	R0	146.89		
	2	会议室 h>3.6m	[主体 D34.6,34.7 量]78.11/T2+75.47/T4	133.88		

序号	编号/部位	项目名称/计算式		工程量
3	扣厕所顶	$-(3.25\times1.76/2.5)\times(6.225\times1.76/2.5)$	-10.03	
56	24 011407001001	**天棚刷喷涂料;顶棚刮腻子2遍,乳胶漆2遍**	m²	1667.31
		D53		
57	9-4-151	室内顶棚刷乳胶漆2遍	=	1667.31
58	9-4-209	顶棚、内墙抹灰面满刮腻子2遍	=	1667.31
59	25 011302001001	**天棚吊顶;轻钢龙骨、石膏板基层**	m²	540.97
	1 餐/厨/廊/厕	$Z6＋Z8＋Z9＋4Z27＋6RW$	541.47	
	2 扣柱	$-0.5\times0.5\times2$	-0.5	
	3 校核	$R＋R0＋4R2＋R6－D53.1－H1＝-0.03$		
60	9-3-33	装配式U型龙骨600×600,一级	=	540.97
61	9-3-87	轻钢龙骨上铺钉纸面石膏板基层	=	540.97
62	10-1-27	满堂钢管脚手架	m²	22.22
	1 楼梯间	4.77×2.86	13.64	
	2 1层门斗	3×2.86	8.58	
63	26 011407001002	**天棚刷喷涂料;石膏板顶棚刮腻子2遍,乳胶漆2遍**	m²	540.97
		D59		
64	9-4-209-1	木夹板、石膏板面满刮腻子2遍	=	540.97
65	9-3-126	顶棚石膏板嵌缝	=	540.97
66	9-4-151	室内顶棚刷乳胶漆2遍	=	540.97
67	27 011204003001	**块料墙面;内墙贴瓷砖**	m²	736.17
	1 1层走道	$2(12.04＋2.22)-1.9＋0.16\times4-2\times0.9-1.5＝23.96$		
	2 2~5层走道	$(2(19.36＋2.22)＋0.16\times8-8\times0.9-2\times0.9-1.5-1.2)\times4$ $＝130.96$		
	3 餐厅	$2(14.86＋11.9)＋0.16\times4＋0.2\times6-1.9-1.8＝51.66$		
	4 墙裙 H=1500	$\sum\times1.5$	309.87	
	5 扣窗口	$-(1.5\times3[C6]＋2.1\times4[C10]＋1.8\times2[C11]＋1.2\times5[C3,4])$ $\times0.6$	-13.5	
	6 扣门口	$-(1.8[M4]＋0.9\times42[M5,6]＋1.5\times5[M3,7]＋1.2\times4[M9])$ $\times1.5＝-77.85$		
	7 厨房	$(2(11.86＋6.46)＋0.2\times2＋0.16\times4)\times3.6-M3-M10-4C6$ $-C8$	109.01	
	8 1层厕所	$2(2.87＋2.86)\times3.6\times2-(M6＋C4)\times2$	72.43	
	9 2~6层厕所	$2(2.87＋2.86)\times2.6\times10-(M6＋C3)\times10$	258.36	
68	9-2-172	墙面墙裙砂浆粘贴瓷砖200×150	=	736.17
69	9-4-242	砼界面剂涂敷加气砼砌块面	=	736.17
70	10-1-22-1	装饰钢管脚手架3.6m内	m²	512.37
	1 厨房	$2(11.86＋6.46)\times3.6$	131.9	
	2 1层厕所	$2(2.95＋2.86)\times3.6$	41.83	
	3	$2(2.79＋2.86)\times3.6$	40.68	

（续表）

序号		编号/部位	项目名称/计算式		工程量	
	4	2～6层厕所	$2(2.95+2.86)\times2.6\times5$	151.06		
	5		$2(2.79+2.86)\times2.6\times5$	146.9		
71	28	011108003001	**块料零星项目；门窗侧壁贴瓷砖**	m²		15.55
	1	C3(2～6层)	$2(1.2+1.5)\times0.144\times10$	7.78		
	2	C4(1层)	$2(1.2+2.4)\times0.144\times2$	2.07		
	3	C6(厨房)	$2(1.5+2.4)\times0.144\times4$	4.49		
	4	C8(厨房)	$2(1.8+2.4)\times0.144$	1.21		
72		9-2-173	零星项目砂浆粘贴瓷砖200X150	=	15.55	
73		9-2-334	面砖阳角45度角对缝	m	114.8	
	1	C3	$2(1.2+1.5+4\times0.05)\times10$	58		
	2	C4	$2(1.2+2.4+0.2)\times2$	15.2		
	3	C6	$2(1.5+2.4+0.2)\times4$	32.8		
	4	C8	$2(1.8+2.4+0.2)\times$	8.8		
74	29	011105003001	**块料踢脚线；水泥砂浆地板砖踢脚**	m²		110.66
	1	地下室	$2(14.95+9.85)+0.25\times4+0.2\times6-1.8=50$			
	2	门斗	$2(3+2.86)-2.4-1.8-2.5=5.02$			
	3	1层楼梯间	$2(5.82+2.86)-2.5=14.86$			
	4	2～5层楼梯	$(2(4.77+2.86)-2.86)\times4=49.6$			
	5	2～5层梯间	$(2(1.05+2.86)-2.86-1.2)\times4=15.04$			
	6	活动室	$(2(7.36+11.9)+0.2\times4+0.16\times4-1.5)\times4=153.84$			
	7	教室1	$(2(7.32+6.46)+0.16\times4-0.9\times2)\times4=105.6$			
	8	教室2	$(2(5.82+6.46)+0.16\times2-0.9\times2)\times4=92.32$			
	9	办公室1	$2(7.32+2.86-0.9\times2)\times4=74.24$			
	10	办公室2	$2(5.86+6.46-0.9\times2)\times4=91.36$			
	11	顶层楼梯	$2(4.77+2.86)-2.86=12.4$			
	12	顶层梯间	$2(1.04+2.86)-2.86-1.2=3.74$			
	13	会议室	$2(19.35+8.86)+0.1\times4+0.2\times6+0.16\times2-0.9\times2-1.2\times2$ $=54.14$			
	14		$\sum\times0.15$	108.32		
	15	增三角	$11\times2\times0.28\times0.175/2+10\times8\times0.3\times0.15/2$	2.34		
75		9-1-173	1:2.5砂浆全瓷地板砖异形踢脚板	m²	7.29	
		异形踢脚	$3.3\times2\times5\times0.15+$D74.15			
76		9-1-172	1:2.5砂浆全瓷地板砖直形踢脚板	m²	103.37	
			D74-D75			
77	30	011201001001	**墙面一般抹灰；水泥砂浆内墙面(砼墙)**	m²		168.57
		地下室	$(2(14.95+9.85)+0.25\times4+0.2\times6)\times4.05-$M2$-3$C6$-$C8 -4C10			

序号		编号/部位	项目名称/计算式		工程量	
78		9-2-21-2	砼墙面墙裙 1：2 水泥砂浆 14＋7 内墙 2	＝	168.57	
79	31	011202001001	**柱面一般抹灰；水泥砂浆柱面**	m²		39.72
	1	地下室柱	0.5×4×3.85	7.7		
	2	1层柱	0.5×4×3.5×2	14		
	3	顶层柱	1.8(3×2＋1.63＋2.38)	18.02		
80		9-2-29	矩形砼柱水泥砂浆 12＋7	＝	39.72	
81	32	011201001002	**墙面一般抹灰；混合砂浆内墙面（加气砼砌块墙）**	m²		2169.69
	1	1层门斗	(2(3＋2.86)－2.5)×4.05－M1－M4	25.1		
	2	1层楼梯间	(2(5.82＋2.86)－2.5)×4.08－C2－C4	55.59		
	3	2～5层楼梯	((2(4.77＋2.86)－2.86)×3.18－C1)×4	152.33		
	4	2～5层梯间	((2(1.05＋2.86)－2.86)×3.2－M9－C3)×4	44.77		
	5	顶层楼梯	(2(4.77＋2.86)－2.86)×3.01－C1	35.97		
	6	顶层梯间	(2(1.04＋2.86)－2.86)×3.01－M8－C3	10.55		
	7	顶层楼梯山墙	8.67×1.12×2	19.42		
	8	活动室	((2(7.36＋11.9)＋0.2×4＋0.16×4)×3.15－M7－2(C5＋C9＋C12))×4	424.3		
	9	教室1	((2(7.36＋11.9)＋0.2×4＋0.16×4)×3.15－(2(M5＋C9))×4	312.84		
	10	教室2	((2(5.82＋6.46)＋0.16×2)×3.15－(2(M5＋C5))×4	278.21		
	11	办公室1	(2(7.32＋2.86)×3.15－2M5－2C5)×4	221.26		
	12	办公室2	(2(5.86＋6.46)×3.15－2M5－2C5－2C7)×4	253.58		
	13	会议室	(2(19.35＋8.86)＋0.1×4＋0.2×6＋0.16×2)×3.01－2M6－M8－M11－C3－4C5－4C7－2C9	138.34		
	14	1层走道	(2(12.04＋2.22).16×4－1.9)×(3.6－1.5)－2M6－M3－C4	46.45		
	15	2～5层走道	((2(19.36＋2.22)＋0.16×8)×(2.7－1.5)－8M5－2M6－M7－M9－C3)×4	93.79		
	16	餐厅	2×(14.86＋11.9)＋0.16×4＋0.2×6－1.9(3.6－1.5)－M4－3C6－3C10－2C11	148.54		
	17	减多扣窗口	D67.5	－13.5		
	18	减多扣门口	D67.6	－77.85		
82		9-2-35-2	轻质墙墙面墙裙混浆 7＋7＋7 内墙 5	＝	2169.69	
83		9-4-242	砼界面剂涂敷加气砼砌块面	＝	2169.69	
84		10-1-22-1	装饰钢管脚手架 3.6m 内	m²	2909.8	
	1	2～5层楼梯	(2(4.77＋2.86)－2.86)×3.18×4＝157.73			
	2	2～5层梯间	(2(1.05＋2.86)－2.86)×3.2×4＝63.49			
	3	顶层楼梯	(2(4.77＋2.86)－2.86)×3.01＝37.32			
	4	顶层梯间	(2(1.04＋2.86)－2.86)×3.01＝14.87			
	5	活动室	2(7.36＋11.9)×3.15×4＝485.35			

（续表）

序号	编号/部位	项目名称/计算式		工程量
6	教室1	2(7.32＋6.46)×3.15×4＝347.26		
7	教室2	2(5.82＋6.46)×3.15×4＝309.46		
8	办公室1	2(5.86＋6.46)×3.15×4＝310.46		
9	办公室2	2(7.32＋2.86)×3.15×4＝256.54		
10	会议室	(2(19.35＋8.86)×3.01＝169.82		
11		Σ	2152.3	
12	1层走道	(2(12.04＋2.22)−1.9)×3.6＝95.83		
13	2～5层走道	2(19.36＋2.22)×2.7×4＝466.13		
14	餐厅	(2(11.86＋11.9)−1.9)×3.6＝185.83		
15		Σ	747.49	
16	顶层楼梯山墙	8.67×1.12	9.71	
85	33 011407001001	**墙面刷喷涂料；刮腻子2遍，乳胶漆2遍**	m²	2377.98
		D77＋D79＋D81		
86	9-4-152	室内墙柱光面刷乳胶漆2遍	＝	2377.98
87	9-4-209	顶棚、内墙抹灰面满刮腻子2遍	＝	2377.98
88	34 011204001001	**石材墙面；花岗岩勒脚**	m²	27.33
	1	外墙勒脚	(W−9.2−2.3×2)×0.3	19.86
	2	室内坪以上	(W−2.16[M1]−1.56×2[M2,10])×0.1	7.47
89	9-2-148	墙面粘贴麻面花岗岩	＝	27.33
90	35 011201001003	**墙面一般抹灰；混合砂浆外墙面（加气砼墙）**	m²	1354.22
	1	外0.1～4.3	(7.5＋12.5＋15.5)×4.2	149.1
	2	外4.3～21.6	W×17.3	1384
	3	21.6～24.4	W6×2.8−(12.5＋7.5)×0.4	173.72
	4	扣门窗	−M[30]−C[30]＋(2.4＋1.8×2)×0.1[门台]	−361.83
	5	增吊脚梁	(15＋2.1)×(0.65−0.11)	9.23
91	9-2-32	砼墙面墙裙混合砂浆12＋8	＝	1354.22
92	9-4-242	砼界面剂涂敷加气砼砌块面	＝	1354.22
93	36 011201001004	**墙面一般抹灰；水泥砂浆外墙面（砖墙）**	m²	42.12
		女儿墙	(7.55＋12.5＋15.05)×1.2	
94	9-2-20	砖墙面墙裙水泥砂浆14＋6	＝	42.12
95	37 011203001001	**零星项目一般抹灰；外墙檐口，水泥砂浆**	m²	83.72
	1	女儿墙压顶	(7.55＋12.5＋15.05)×0.28	9.83
	2	女儿墙内侧	(7.31＋12.02＋14.81)×(1.2−0.4＋0.12)	31.41
	3	屋面檐板	(W6＋4×0.45)×0.2	13.34
	4	飘窗沿	(2.28×0.42＋(2.28＋2×0.42)×0.16)×20	29.14
96	9-2-25	零星项目水泥砂浆14＋6	＝	83.72
97	38 011407001002	**墙面刷喷涂料；外墙刷丙烯酸涂料**	m²	1480.06

（续表）

序号		编号/部位	项目名称/计算式		工程量	
	1		D90＋D93＋D95			
98	2	9-4-184	抹灰外墙面丙烯酸涂料(1底2涂)	＝	1480.06	
99	39	011205002001	**块料柱面;圆柱面贴面砖**	m²		30.32
	1	门厅圆柱	0.5π×4.08×2	12.82		
	2	雨篷栏板	(4.8π－2×0.25)×1.2	17.5		
100		9-2-223-1	圆弧墙砂浆贴面砖 240×60 缝 10 内	＝	30.32	
101	40	011503001001	**金属扶手栏杆;不锈钢扶手带栏杆**	m		43.58
			(3.08×2＋3×8)×1.15＋0.26×10＋1.3＋1×5			
102		9-5-203	不锈钢管扶手不锈钢栏杆	＝	43.58	
103		9-5-204	不锈钢管扶手弯头另加工料	个	25	
104	41	011210005001	**成品隔断;塑钢隔断**	m²		98.08
			((2.86＋1)×7＋(1.4×2＋2.12)×5)×1.9			
105		9-2-311	全塑钢板塑钢隔断	＝	98.08	
106	42	011505001001	**洗漱台;大理石台面**	m²		1.81
			2.22(0.6＋0.215)			
107		9-5-107	大理石洗漱台台面及裙边	＝	1.81	
108		9-5-109	大理石台面现场加工开孔	个	2	

复 习 思 考 题

1. 掌握通过构件表计算有梁板的方法。
2. 如何简化计算框架梁中外梁和内梁的模板工程量?
3. 简述框架梁中有梁板(外梁、内梁和板)混凝土和模板工程量的计算方法。
4. 掌握通过辅助计算表计算室内装修的踢脚、墙面和脚手架的方法。
5. 如何校核门窗洞口在砌体中和内墙面抹灰中的扣减量?
6. 如何利用基数校核楼地面工程量?
7. 针对墙裙和墙面不同抹灰的情况,如何处理门窗洞口的扣减问题?

作 业 题

1. 应用你所学过或熟悉的算量软件验证有梁板的工程量。
2. 应用你所学过或熟悉的算量软件验证内装修的踢脚线和内抹灰工程量。

6 综合楼工程计价

本章以招标控制价为例介绍综合楼计价的全过程表格应用。

6.1 综合楼招标控制价纸面文档

本案例作为一个单项工程含 2 个单位工程(建筑、装饰分列)来考虑,故本节含 4 类 5 个表,即 1 个封面、1 个总说明、1 个单项工程招标控制价汇总表(表 6-3)、2 个单位工程清单全费模式计价表(表 6-4、表 6-5)。

6.1.1 封面

___综合楼___ 工程

招标控制价

招标人:

造价咨询人:

年　月　日

6.1.2 总说明

总　说　明

1. 工程概况

本工程为综合楼工程,系一吊脚 6 层框架结构。左侧由室外地坪 −0.300 至女儿墙顶 +22.8m,右侧由室外坪 3.900 至四面坡屋面檐口 24.6m。建筑面积 2145.76mm^2。

2. 编制依据

(1)综合楼施工图(附录 2)。

(2)《建设工程工程量清单计价规范》(GB50500-2013)。

(3)《房屋建筑与装饰工程工程量计算规范》(GB50854-2013)。

(4) 2003 山东省建筑工程消耗量定额及至 2013 年的补充定额、有关定额解释。

(5) 2013 山东省建筑工程消耗量定额价目表。

(6) 招标文件:将综合楼作为一个单项工程和两个单位工程(建筑和装饰)来计价,根据当前规定:在建筑中均按省 2013 价目表的省价作为计费基础,在装饰中均按省 2013 价目表的省价人工费作为计费基础。

(7) 相关标准图集和技术资料。

3. 相关问题说明

(1) 现浇构件清单项目按 2013 计量规范要求列入模板。

(2) 脚手架统一列入措施项目的综合脚手架清单内,按定额项目的工程量计价,以建筑面积为单位计取综合计价。

(3) 有关竹胶板制作定额的系数按某市规定 0.244 计算。

(4) 泵送商品混凝土由甲方供应,按商品混凝土省价增加 90 元泵送费用作为材料暂估价。乙方收取 1% 的总承包服务费。

(5) 计日工暂不列入。

(6) 暂列金额按 10% 列入。

(7) 按有关规定:本工程左侧由 ±0.000 以上、右侧由 +4.200 以上均按超高计算超高费用。

4. 施工要求

(1) 基层开挖后必须进行钎探验槽,经设计人员验收后方可继续施工。

(2) 采用泵送商品混凝土。

5. 报价说明

(1) 关于超高费的问题,本工程仍按山东省定额规定在综合单价中按直接费计取;如按 2013 计价规范要求按建筑面积计取时,需公布相应的计费规定后才能执行。

(2) 招标控制价为全费综合单价的最高限价,如单价低于按规范规定编制的价格 3% 时,应在招标控制价公布后 5 天内向招投标监督机构和工程造价管理机构投诉。

(3) 垂直运输项目按建筑面积计算列入建筑单位工程内统一计取。

6.1.3 单项工程招标控制价汇总表(表 6-1)

单项工程招标控制价汇总表

工程名称:综合楼   表 6-1

序号	单位工程名称	金额(元)	其　中(元)		
			暂列金额及特殊项目暂估价	材料暂估价	规费
1	综合楼建筑	2147373	158953	261550	123538
2	综合楼装饰	1163563	91621	768	74052
	合　计	3310936			197590

注:该表的总价 3310936 元与 2 个单位工程汇总表的合计一致;与全费价(表 6-4)的 2146952 元与(表 6-5)1163547 元基本一致。

6.1.4 清单全费模式计价表（表 6-2、表 6-3）

建筑工程清单全费模式计价表

工程名称：综合楼建筑

表 6-2

序号	项目编码	项目名称	单位	工程量	全费单价	合价
		建筑（不计超高）				
1	010101001001	平整场地	m²	377.54	7.54	2847
2	010101004001	挖基坑土方；坚土，地坑，2m 内	m³	11.01	66.07	727
3	010101004002	挖基坑土方；坚土，地坑，4m 内	m³	568.17	67.14	38147
4	010101003001	挖沟槽土方；坚土，地槽，2m 内	m³	36.18	51.03	1846
5	010501001001	垫层；C15 垫层	m³	14.79	513.97	7602
6	010501003001	独立基础；C20 柱基	m³	70.82	546.78	38723
7	010403001001	石基础；毛石基，M5.0 砂浆	m³	0.81	249.74	202
8	010502003001	异形柱；C30	m³	0.98	957.14	938
9	010502001001	矩形柱；C30	m³	6.95	1046.96	7276
10	010503001001	基础梁；C20 基础梁	m³	24.96	806.99	20142
11	010103001001	回填方	m³	584.56	12.64	7389
12	010402001001	砌块墙；硅酸钙砌块墙 300，M5.0 砂浆	m³	5.48	339.32	1859
13	010402001002	砌块墙；硅酸钙砌块墙 180，M5.0 砂浆	m³	1.31	379.83	498
14	010402001003	砌块墙；硅酸钙砌块墙 120，M5.0 砂浆	m³	0.1	372.38	37
15	010504001001	直形墙；地下砼墙，C30	m³	16.65	925.19	15404
16	010903002001	墙面涂膜防水；聚氨酯 2 遍	m²	86.1	75.09	6465
17	010401004001	多孔砖墙；M5.0 砂浆矸石多孔砖墙 115	m³	9.9	294.68	2917
18	010507001001	散水；砼散水	m²	54.08	61.01	3299
19	010507004001	台阶；C20	m³	2.19	724.45	1587
20	010501001002	垫层；C15	m³	20.06	466.4	9356
		建筑（计超高）				
21	010502001002	矩形柱；C30	m³	100.06	1076.07	107672
22	010502003002	异形柱；拐角柱，C30	m³	14.04	974.72	13685
23	010502003003	异形柱；圆柱 C30	m³	1.53	1200.79	1837
24	010502002001	构造柱；C20	m³	2.4	1974.38	4739
25	010503004001	圈梁；厕所墙底部防水，C20	m³	3.79	1111.07	4211
26	010503005001	过梁；现浇，C20	m³	17.31	1559.65	26998
27	010507005001	压顶；C20	m³	5.42	1836.61	9954
28	010402001004	砌块墙；硅酸钙砌块墙 300，M5.0 砂浆	m³	38.66	282.84	10935
29	010402001005	砌块墙；加气砼砌块墙 300，M5.0 混浆	m³	231.64	262.02	60694
30	010402001006	砌块墙；加气砼砌块墙 180，M5.0 混浆	m³	124.62	286.38	35689
31	010402001007	砌块墙；加气砼砌块墙 120，M5.0 混浆	m³	5.73	292.1	1674
32	010401003001	实心砖墙；煤矸石多孔砖墙 240，M5.0 混	m³	9.31	297.22	2767

（续表）

序号	项目编码	项目名称	单位	工程量	全费单价	合价
33	010504001002	直形墙;老虎窗侧墙,C30	m³	1	1051.53	1052
34	010505001001	有梁板;C30	m³	383.25	946.72	362830
35	010505001002	斜有梁板;C30	m³	46.74	1084.22	50676
36	010505006001	栏板;C30	m³	0.7	3327.26	2329
37	010505007001	檐沟;C30	m³	3.5	1775.47	6214
38	010505007002	挑檐板;飘窗檐板 C20	m³	1.15	1980.45	2278
39	010505008001	雨篷;C20	m³	0.33	2267.03	748
40	010506001001	直形楼梯;C30	m²	67.01	295.24	19784
41	010516002001	预埋铁件	t	0.038	9708.84	369
42	010904002001	楼面涂膜防水;厕所1.5厚高分子涂料防水	m²	82.08	69.64	5716
43	011102003001	屋面块料楼面;屋顶防滑地砖	m²	126.57	63.78	8073
44	010902001001	屋面卷材防水;改性沥青防水卷材	m²	133.29	51.32	6840
45	010902002001	屋面涂膜防水;高分子防水涂料	m²	133.29	69.64	9282
46	011101006001	平面砂浆找平层;1:3水泥砂浆找平	m²	133.29	13.31	1774
47	011101006002	平面砂浆找平层;填充料上1:3水泥砂浆找平	m²	126.57	14.46	1830
48	011001001001	保温隔热屋面;聚氨酯泡沫板	m²	126.57	51.87	6565
49	011001001002	保温隔热屋面;水泥珍珠岩1:8找坡	m²	126.57	44.98	5693
50	010901001001	瓦屋面;玻璃瓦坡屋面	m²	251.72	174.45	43913
51	010902003001	屋面刚性层;配φ4双向间距150钢筋网	m²	251.72	42.81	10776
52	010902002002	屋面涂膜防水;高分子防水涂料	m²	301.57	69.64	21001
53	011101006003	平面砂浆找平层;1:3砂浆	m²	301.57	13.31	4014
54	011001001003	保温隔热屋面;聚氨酯泡沫板	m²	251.72	51.87	13057
55	011001003001	保温隔热墙面;聚苯板50	m²	1557.76	87.8	136771
56	010902004001	屋面排水管;塑料水落管φ100	m	128.6	32.73	4209
57	010902002003	屋面涂膜防水;门厅顶聚氨酯2遍,防水砂浆	m²	44.56	89.25	3977
58	010904003001	楼面砂浆防水;雨篷顶防水砂浆面	m²	4.96	16.22	80
59	010507004002	台阶;C20	m³	0.06	663.83	40
60	010515001001	现浇构件钢筋;砌体拉结筋	t	0.697	11894.26	8290
61	010515001002	现浇构件钢筋;Ⅰ级钢	t	45.41	6809.41	309215
62	010515001003	现浇构件钢筋;Ⅱ级钢	t	45.581	6157.93	280685
63	01B002	竣工清理	m³	7609.97	1.3	9893
		措施项目				
64	011701001001	综合脚手架	m²	2145.76	20.37	43709
65	011703001001	垂直运输	m²	2145.76	31.86	68364
66	011705001001	大型机械设备进出场及安拆	台次	1		71014
		其他项目费				177775
		合　计				2146952

装饰工程清单全费模式计价表

工程名称:综合楼装饰 表 6-3

序号	项目编码	项目名称	单位	工程量	全费单价	合价
		装饰(不计超高)				
1	011102001001	石材楼地面;花岗石地面	m²	28.94	278.51	8060
2	011102003001	块料地面;地面,干硬水泥砂浆地板砖 300×300	m²	33.6	76.18	2560
3	011102003002	块料地面;地面,干硬水泥砂浆地板砖 500×500	m²	251.61	115.47	29053
4	011107001001	石材台阶面;花岗岩	m²	13.29	433.7	5764
		装饰(计超高)				
5	010802001001	金属地弹门;铝合金门	m²	7.92	552.17	4373
6	010802001002	金属平开门;铝合金门	m²	12.78	520.16	6648
7	010802003001	钢质防火门	m²	11.52	771.7	8890
8	010807001001	金属窗;铝合金窗	m²	311.49	441.27	137451
9	010807001002	塑钢窗;单层窗	m²	50.5	259.69	13114
10	010801001001	木质门;成品门扇	m²	119.88	254.99	30568
11	011401001001	木门油漆;底油 1 遍,调和漆 2 遍	m²	119.88	33.87	4060
12	010808003001	饰面夹板筒子板;中密度板基层、榉木板面	m²	150.87	139.5	21046
13	010808006001	门窗木贴脸;贴脸 50×20	m	1239.4	12.71	15753
14	011404002001	门窗套油漆;底油 1 遍,白色调和漆 2 遍	m²	212.84	23.28	4955
15	010809001001	木窗台板;中密度板基层、榉木板面	m²	23.17	128.63	2980
16	011404002002	窗台油漆;底油 1 遍,调和漆 2 遍	m²	23.17	21.51	498
17	010809004001	石材窗台板;大理石	m²	9.36	238.79	2235
18	011102003003	块料楼面;干硬水泥砂浆地板砖 300×300	m²	82.08	77.44	6356
19	011102003004	块料楼面;干硬水泥砂浆地板砖 500×500	m²	1411.84	116.73	164804
20	011101003001	细石混凝土楼地面;30 厚 C20	m²	82.08	21.14	1735
21	011106002001	块料楼梯面层;彩釉砖楼梯	m²	67.78	132.54	8984
22	011102003005	块料楼面;楼梯间地板砖 300×300(红)	m²	25.04	77.44	1939
23	011301001001	天棚抹灰;现浇板下水泥砂浆面	m²	1667.31	27.03	45067
24	011407002001	天棚喷刷涂料;顶棚刮腻子 2 遍,乳胶漆 2 遍	m²	1667.31	17.99	29995
25	011302001001	吊顶天棚;轻钢龙骨、石膏板基层	m²	540.97	132.12	71473
26	011407002002	天棚喷刷涂料;石膏板顶棚刮腻子 2 遍,乳胶漆 2 遍	m²	540.97	30.49	16494
27	011204003001	块料墙面;内墙贴瓷砖	m²	736.17	100.45	73948
28	011108003001	块料零星项目;门窗侧壁贴瓷砖	m²	15.55	255.88	3979
29	011105003001	块料踢脚线;水泥砂浆地板砖踢脚	m²	110.66	121.04	13394
30	011201001001	墙面一般抹灰;水泥砂浆内墙面(砼墙)	m²	168.57	29.93	5045
31	011202001001	柱面一般抹灰;水泥砂浆柱面	m²	39.72	36.15	1436
32	011201001002	墙面一般抹灰;混合砂浆内墙面(加气砼砌块墙)	m²	2169.69	38.01	82470
33	011407001001	墙面喷刷涂料;内墙面刮腻子 2 遍,乳胶漆 2 遍	m²	2377.98	16.86	40093
34	011204001001	石材墙面;花岗岩勒脚	m²	27.33	316.43	8648

(续表)

序号	项目编码	项目名称	单位	工程量	全费单价	合价
35	011201001003	墙面一般抹灰;混合砂浆外墙面(加气砼墙)	m²	1354.22	42.89	58082
36	011201001004	墙面一般抹灰;水泥砂浆外墙面(砖墙)	m²	42.12	26.29	1107
37	011203001001	零星项目一般抹灰;外墙檐口,水泥砂浆	m²	83.72	95.71	8013
38	011407001002	墙面喷刷涂料;外墙刷丙烯酸涂料	m²	1480.06	22.75	33671
39	011205002001	块料柱面;圆柱面贴面砖	m²	30.32	113.76	3449
40	011503001001	金属扶手栏杆;不锈钢扶手带栏杆	m	43.58	1060.81	46230
41	011210005001	成品隔断;塑钢隔断	m²	98.08	227.08	22272
42	011505001001	洗漱台;大理石台面	m²	1.81	634.04	1148
		措施项目				
43	011701001001	综合脚手架	m²	2145.76	6.62	14205
		其他项目费				101502
		合　计				1163547

6.2 综合楼招标控制价电子文档

电子文档的内容是一个计算过程,它的结果体现在纸面文档中。在招投标过程中,评标人员依纸面文档进行评标,遇到疑问时可通过电子文档进行核对。

6.2.1 全费单价分析表(表6-4、表6-5)

建筑工程全费单价分析表

工程名称:综合楼建筑 　　　　　　　　　　　　　　　　　　　　　　　　　　　　表6-4

序号	项目编码	项目名称	单位	直接工程费	措施费	管理费和利润	规费	税金	全费单价
1	010101001001	平整场地	m²	6.19	0.14	0.52	0.44	0.25	7.54
2	010101004001	挖基坑土方;坚土,地坑,2m内	m³	54.32	1.22	4.50	3.81	2.22	66.07
3	010101004002	挖基坑土方;坚土,地坑,4m内	m³	55.20	1.25	4.57	3.86	2.26	67.14

注:为节约篇幅,下略。

(1)本表的3项单价与表6-4的3项单价完全一致。

(2)本表的直接工程费表示人、材、机的单价合计,措施费是按费率计取的部分,管理费和利润的计算基数是直接工程费和措施费之和(又称直接费)。

装饰工程全费单价分析表

工程名称:综合楼装饰 　　　　　　　　　　　　　　　　　　　　　　　　　　　　表6-5

序号	项目编码	项目名称	单位	直接工程费	措施费	管理费和利润	规费	税金	全费单价
1	011102001001	石材楼地面;花岗石地面	m²	233.53	3.04	14.83	17.74	9.37	278.51
2	011102003001	块料地面;地面,干硬水泥砂浆地板砖 300×300	m²	54.05	2.33	12.39	4.85	2.56	76.18
3	011102003002	块料地面;地面,干硬水泥砂浆地板砖 500×500	m²	89.46	2.39	12.39	7.35	3.88	115.47

注:为节约篇幅,下略。

6.2.2 单位工程招标控制价汇总表(表6-6、表6-7)

建筑工程招标控制价汇总表

工程名称:综合楼建筑 表6-6

序号	项目名称	计算基础	费率(%)	金额(元)
1	分部分项工程量清单计价合计			1589528
2	措施项目清单计价合计			200523
3	其他项目清单计价合计			161569
4	清单计价合计	分部分项＋措施项目＋其他项目		1951620
5	其中,人工费R			420667
6	规费			123538
7	安全文明施工费			60891
8	环境保护费	分部分项＋措施项目＋其他项目	0.11	2147
9	文明施工费	分部分项＋措施项目＋其他项目	0.29	5660
10	临时设施费	分部分项＋措施项目＋其他项目	0.72	14052
11	安全施工费	分部分项＋措施项目＋其他项目	2	39032
12	工程排污费	分部分项＋措施项目＋其他项目	0.26	5074
13	社会保障费	分部分项＋措施项目＋其他项目	2.6	50742
14	住房公积金	分部分项＋措施项目＋其他项目	0.2	3903
15	危险工作意外伤害保险	分部分项＋措施项目＋其他项目	0.15	2927
16	税金	分部分项＋措施项目＋其他项目＋规费	3.48	72215
17	合　计	分部分项＋措施项目＋其他项目＋规费＋税金		2147373

装饰工程招标控制价汇总表

工程名称:综合楼装饰 表6-7

序号	项目名称	计算基础	费率(%)	金额(元)
1	分部分项工程量清单计价合计			916210
2	措施项目清单计价合计			42542
3	其他项目清单计价合计			91629
4	清单计价合计	分部分项＋措施项目＋其他项目		1050381
5	其中,人工费R			218352
6	规费			74052
7	安全文明施工费			40335
8	环境保护费	分部分项＋措施项目＋其他项目	0.12	1260
9	文明施工费	分部分项＋措施项目＋其他项目	0.1	1050
10	临时设施费	分部分项＋措施项目＋其他项目	1.62	17016
11	安全施工费	分部分项＋措施项目＋其他项目	2	21008
12	工程排污费	分部分项＋措施项目＋其他项目	0.26	2731
13	社会保障费	分部分项＋措施项目＋其他项目	2.6	27310
14	住房公积金	分部分项＋措施项目＋其他项目	0.2	2101
15	危险工作意外伤害保险	分部分项＋措施项目＋其他项目	0.15	1576
16	税金	分部分项＋措施项目＋其他项目＋规费	3.48	39130
17	合　计	分部分项＋措施项目＋其他项目＋规费＋税金		1163563

6.2.3 分部分项工程量清单与计价表(表6-8、表6-9)

建筑工程分部分项工程量清单与计价表

工程名称:综合楼建筑

表 6-8

序号	项目编码	项目名称 项目特征	计量 单位	工程 数量	金 额(元)		
					综合单价	合价	其中: 暂估价
		建筑(不计超高)				149088	
1	010101001001	平整场地	m²	377.54	6.69	2526	
2	010101004001	挖基坑土方;坚土,地坑,2m内	m³	11.01	58.72	647	
3	010101004002	挖基坑土方;坚土,地坑,4m内	m³	568.17	59.67	33903	
4	010101003001	挖沟槽土方;坚土,地槽,2m内	m³	36.18	45.36	1641	
5	010501001001	垫层;C15垫层	m³	14.79	459.69	6799	4631
6	010501003001	独立基础;C20柱基	m³	70.82	488.48	34594	22284
7	010403001001	石基础;毛石基,M5.0砂浆	m³	0.81	221.99	180	
8	010502003001	异形柱;C30	m³	0.98	853.18	836	333
9	010502001001	矩形柱;C30	m³	6.95	933.03	6485	2363
10	010503001001	基础梁;C20基础梁	m³	24.96	719.62	17962	7854
11	010103001001	回填方	m³	584.56	11.28	6594	
12	010402001001	砌块墙;硅酸钙砌块墙300,M5.0砂浆	m³	5.48	301.58	1653	
13	010402001002	砌块墙;硅酸钙砌块墙180,M5.0砂浆	m³	1.31	337.6	442	
14	010402001003	砌块墙;硅酸钙砌块墙120,M5.0砂浆	m³	0.1	330.96	33	
15	010504001001	直形墙;地下砼墙,C30	m³	16.65	824.58	13729	5593
16	010903002001	墙面涂膜防水;聚氨酯2遍	m²	86.1	66.73	5745	
17	010401004001	多孔砖墙;M5.0砂浆矸石多孔砖墙115	m³	9.9	261.91	2593	
18	010507001001	散水;砼散水	m²	54.08	54.32	2938	1019
19	010507004001	台阶;C20	m³	2.19	646.17	1415	689
20	010501001002	垫层;C15	m³	20.06	417.42	8373	6281
		建筑(计超高)				1440440	
21	010502001002	矩形柱;C30	m³	100.06	958.88	95946	34020
22	010502003002	异形柱;拐角柱,C30	m³	14.04	868.78	12198	4774
23	010502003003	异形柱;圆柱 C30	m³	1.53	1069.76	1637	520
24	010502002001	构造柱;C20	m³	2.4	1757.22	4217	744
25	010503004001	圈梁;厕所墙底部防水,C20	m³	3.79	988.99	3748	1193
26	010503005001	过梁;现浇,C20	m³	17.31	1388.6	24037	5447
27	010507005001	压顶;C20	m³	5.42	1634.68	8860	1705
28	010402001004	砌块墙;硅酸钙砌块墙300,M5.0砂浆	m³	38.66	251.39	9719	
29	010402001005	砌块墙;加气砼砌块墙300,M5.0混浆	m³	231.64	232.91	53951	
30	010402001006	砌块墙;加气砼砌块墙180,M5.0混浆	m³	124.62	254.54	31721	
31	010402001007	砌块墙;加气砼砌块墙120,M5.0混浆	m³	5.73	259.64	1488	

（续表）

序号	项目编码	项目名称 项目特征	计量单位	工程数量	综合单价	合价	其中：暂估价
					金 额（元）		
32	010401003001	实心砖墙；煤矸石多孔砖墙240，M5.0混浆	m³	9.31	264.18	2460	
33	010504001002	直形墙；老虎窗侧墙，C30	m³	1	936.87	937	336
34	010505001001	有梁板；C30	m³	383.25	843.67	323337	132260
35	010505001002	斜有梁板；C30	m³	46.74	965.86	45144	16289
36	010505006001	栏板；C30	m³	0.7	2959.53	2072	242
37	010505007001	檐沟；C30	m³	3.5	1580.25	5531	1208
38	010505007002	挑檐板；飘窗檐板 C20	m³	1.15	1762.5	2027	362
39	010505008001	雨篷；C20	m³	0.33	2017.76	666	127
40	010506001001	直形楼梯；C30	m²	67.01	262.93	17619	5355
41	010516002001	预埋铁件	t	0.038	8629.6	328	
42	010904002001	楼面涂膜防水；厕所1.5厚高分子涂料防水	m²	82.08	61.89	5080	
43	011102003001	屋面块料楼面；屋顶防滑地砖	m²	126.57	56.71	7178	
44	010902001001	屋面卷材防水；改性沥青防水卷材	m²	133.29	45.63	6082	
45	010902002001	屋面涂膜防水；高分子防水涂料	m²	133.29	61.89	8249	
46	011101006001	平面砂浆找平层；1∶3水泥砂浆找平	m²	133.29	11.84	1578	
47	011101006002	平面砂浆找平层；填充料上1∶3水泥砂浆找平	m²	126.57	12.85	1626	
48	011001001001	保温隔热屋面；聚氨酯泡沫板	m²	126.57	46.12	5837	
49	011001001002	保温隔热屋面；水泥珍珠岩1∶8找坡	m²	126.57	39.98	5060	
50	010901001001	瓦屋面；玻璃瓦坡屋面	m²	251.72	155.03	39024	
51	010902003001	屋面刚性层；配φ4双向间距150钢筋网	m²	251.72	38.11	9593	2755
52	010902002002	屋面涂膜防水；高分子防水涂料	m²	301.57	61.89	18664	
53	011101006003	平面砂浆找平层；1∶3砂浆	m²	301.57	11.84	3571	
54	011001001003	保温隔热屋面；聚氨酯泡沫板	m²	251.72	46.12	11609	
55	011001003001	保温隔热墙面；聚苯板50	m²	1557.76	78.05	121583	
56	010902004001	屋面排水管；塑料水落管φ100	m	128.6	29.11	3744	
57	010902002003	屋面涂膜防水；门厅顶聚氨酯2遍，防水砂浆	m²	44.56	79.33	3535	
58	010904003001	楼面砂浆防水；雨篷顶防水砂浆面	m²	4.96	14.42	72	
59	010507004002	台阶；C20	m³	0.06	592.3	36	19
60	010515001001	现浇构件钢筋；砌体拉结筋	t	0.697	10572.11	7369	
61	010515001002	现浇构件钢筋；Ⅰ级钢	t	45.41	6052.51	274844	
62	010515001003	现浇构件钢筋；Ⅱ级钢	t	45.581	5473.4	249483	
63	01B002	竣工清理	m³	7609.97	1.18	8980	
		合 计				1589528	258403

装饰工程分部分项工程量清单与计价表

工程名称:综合楼装饰

表 6-9

序号	项目编码	项目名称 项目特征	计量 单位	工程 数量	金　额(元)		
					综合单价	合价	其中: 暂估价
		装饰(不计超高)				40081	
1	011102001001	石材楼地面;花岗石地面	m²	28.94	247.97	7176	
2	011102003001	块料地面;地面,干硬水泥砂浆地板砖300×300	m²	33.6	66.15	2223	
3	011102003002	块料地面;地面,干硬水泥砂浆地板砖500×500	m²	251.61	101.56	25554	
4	011107001001	石材台阶面;花岗岩	m²	13.29	385.84	5128	
		装饰(计超高)				876129	
5	010802001001	金属地弹门;铝合金门	m²	7.92	492.49	3901	
6	010802001002	金属平开门;铝合金门	m²	12.78	464.21	5933	
7	010802003001	钢质防火门	m²	11.52	691.85	7970	
8	010807001001	金属窗;铝合金窗	m²	311.49	393.28	122503	
9	010807001002	塑钢窗;单层窗	m²	50.5	231.74	11703	
10	010801001001	木质门;成品门扇	m²	119.88	226.34	27134	
11	011401001001	木门油漆;底油1遍,调和漆2遍	m²	119.88	28.88	3462	
12	010808003001	饰面夹板筒子板;中密度板基层、榉木板面	m²	150.87	123.39	18616	
13	010808006001	门窗木贴脸;贴脸50×20	m	1239.4	11.25	13943	
14	011404002001	门窗套油漆;底油1遍,白色调和漆2遍	m²	212.84	19.72	4197	
15	010809001001	木窗台板;中密度板基层、榉木板面	m²	23.17	113.59	2632	
16	011404002002	窗台油漆;底油1遍,调和漆2遍	m²	23.17	18.25	423	
17	010809004001	石材窗台板;大理石	m²	9.36	212.02	1985	
18	011102003003	块料楼面;干硬水泥砂浆地板砖300×300	m²	82.08	67.21	5517	
19	011102003004	块料楼面;干硬水泥砂浆地板砖500×500	m²	1411.84	102.62	144883	
20	011101003001	细石混凝土楼地面;30厚C20	m²	82.08	18.33	1505	768
21	011106002001	块料楼梯面层;彩釉砖楼梯	m²	67.78	113.97	7725	
22	011102003005	块料楼面;楼梯间地板砖300×300(红)	m²	25.04	67.21	1683	
23	011301001001	天棚抹灰;现浇板下水泥砂浆面	m²	1667.31	22.9	38181	
24	011407002001	天棚喷刷涂料;顶棚刮腻子2遍,乳胶漆2遍	m²	1667.31	15.41	25693	
25	011302001001	吊顶天棚;轻钢龙骨、石膏板基层	m²	540.97	116.28	62904	
26	011407002002	天棚喷刷涂料;石膏板顶棚刮腻子2遍,乳胶漆2遍	m²	540.97	26.22	14184	
27	011204003001	块料墙面;内墙贴瓷砖	m²	736.17	86.76	63870	
28	011108003001	块料零星项目;门窗侧壁贴瓷砖	m²	15.55	217.04	3375	
29	011105003001	块料踢脚线;水泥砂浆地板砖踢脚	m²	110.66	104.28	11540	
30	011201001001	墙面一般抹灰;水泥砂浆内墙面(砼墙)	m²	168.57	25.5	4299	

（续表）

序号	项目编码	项目名称 项目特征	计量单位	工程数量	综合单价	合价	其中：暂估价
31	011202001001	柱面一般抹灰；水泥砂浆柱面	m²	39.72	30.6	1215	
32	011201001002	墙面一般抹灰；混合砂浆内墙面（加气砼砌块墙）	m²	2169.69	32.81	71188	
33	011407001001	墙面喷刷涂料；内墙面刮腻子2遍，乳胶漆2遍	m²	2377.98	14.46	34386	
34	011204001001	石材墙面；花岗岩勒脚	m²	27.33	280.47	7665	
35	011201001003	墙面一般抹灰；混合砂浆外墙面（加气砼墙）	m²	1354.22	36.86	49917	
36	011201001004	墙面一般抹灰；水泥砂浆外墙面（砖墙）	m²	42.12	22.37	942	
37	011203001001	零星项目一般抹灰；外墙檐口，水泥砂浆	m²	83.72	80.18	6713	
38	011407001002	墙面喷刷涂料；外墙刷丙烯酸涂料	m²	1480.06	19.76	29246	
39	011205002001	块料柱面；圆柱面贴面砖	m²	30.32	97.89	2968	
40	011503001001	金属扶手栏杆；不锈钢扶手带栏杆	m	43.58	948.34	41329	
41	011210005001	成品隔断；塑钢隔断	m²	98.08	201.91	19803	
42	011505001001	洗漱台；大理石台面	m²	1.81	550.39	996	
		合　计				916210	768

6.2.4 工程量清单综合单价分析表（表6-10、表6-11）

建筑工程量清单综合单价分析表

工程名称：综合楼建筑

表6-10

序号	项目编码	项目名称	单位	工程量	综合单价组成					综合单价
					人工费	材料费	机械费	计费基础	管理费和利润	
1	010101001001	平整场地	m²	377.54	6.19			6.19	0.5	6.69
	1-4-1	人工场地平整	10m²	56.235	6.19			6.19	0.31	
2	010101004001	挖基坑土方；坚土，地坑，2m内	m³	11.01	54.09	0.09	0.14	54.33	4.4	58.72
	1-2-18	人工挖地坑坚土深2m内	10m³	1.101	47.12		0.14	47.27	2.36	
	1-4-4-1	基底钎探（灌砂）	10眼	1	6.97	0.09		7.06	0.35	
3	010101004002	挖基坑土方；坚土，地坑，4m内	m³	568.17	55.1	0.03	0.07	55.2	4.47	59.67
	1-2-19	人工挖地坑坚土深4m内	10m³	56.817	53.13		0.07	53.2	2.66	
	1-4-4-1	基底钎探（灌砂）	10眼	14.6	1.97	0.03		2	0.1	
4	010101003001	挖沟槽土方；坚土，地槽，2m内	m³	36.18	41.91		0.05	41.96	3.4	45.36
	1-2-12	人工挖沟槽坚土深2m内	10m³	3.618	41.91		0.05	41.96	2.1	
5	010501001001	垫层；C15垫层	m³	14.79	86.34	346.65	1.99	305.02	24.71	459.69
	2-1-13-2′	C154商砼无筋砼垫层（独立基础）	10m³	1.479	74.13	315.3	1.17	260.64	13.03	
	10-4-49	砼基础垫层木模板	10m²	2.138	12.21	31.35	0.82	44.38	2.22	

注：为节约篇幅，下略。本表的综合单价是表6-10的计算依据。

装饰工程量清单综合单价分析表

工程名称:综合楼装饰   表 6-11

| 序号 | 项目编码 | 项目名称 | 单位 | 工程量 | 综合单价组成 | | | | | 综合单价 |
					人工费	材料费	机械费	计费基础	管理费和利润	
1	011102001001	石材楼地面;花岗石地面	m²	28.94	22.23	209.75	1.55	22.23	14.44	247.97
	9-1-160	楼地面酸洗打蜡	10m²	2.894	2.9	0.71		2.9	1.42	
	9-1-165H	1:3干硬水泥砂浆花岗岩楼地面	10m²	2.894	19.33	209.04	1.55	19.33	9.47	
2	011102003001	块料地面;地面,干硬水泥砂浆地板砖300×300	m²	33.6	18.61	34.37	1.07	18.61	12.1	66.15
	9-1-169-1	1:3干硬水泥砂浆全瓷地板砖300×300	10m²	3.36	18.61	34.37	1.07	18.61	9.12	
3	011102003002	块料地面;地面,干硬水泥砂浆地板砖500×500	m²	251.61	18.61	69.78	1.07	18.61	12.1	101.56
	9-1-169-2	1:3干硬水泥砂浆全瓷地板砖500×500	10m²	25.161	18.61	69.78	1.07	18.61	9.12	

注:为节约篇幅,下略。

6.2.5 措施项目清单计价与汇总表(表 6-12~表 6-17)

建筑工程措施项目清单计价表(一)

工程名称:综合楼建筑   表 6-12

序号	项目名称	计费基础	费率(%)	金额(元)	备注
1	夜间施工费	1397673	0.7	10576	
2	2次搬运费	1397673	0.6	9065	
3	冬雨季施工增加费	1397673	0.8	12087	
4	已完工程及设备保护费	1397673	0.15	2266	
	合　计			33994	

装饰工程措施项目清单计价表(一)

工程名称:综合楼装饰   表 6-13

序号	项目名称	计费基础	费率(%)	金额(元)	备注
1	夜间施工费	207694	4	9388	
2	二次搬运费	207694	3.6	8449	
3	冬雨季施工	207694	4.5	10561	
4	已完工程及设备保护	781003	0.15	1248	
	合　计			29646	

建筑工程措施项目清单计价表（二）

工程名称：综合楼建筑   表 6-14

序号	项目编码	项目名称 项目特征	计量 单位	工程 数量	金　额（元）		
					综合单价	合价	其中： 暂估价
1	011703001001	垂直运输	m²	2145.76	28.96	62141	
2	011701001001	综合脚手架	m²	2145.76	18.57	39847	
3	011705001001	大型机械设备进出场及安拆	台次	1	64540.56	64541	3147
		合　计				166529	

装饰工程措施项目清单计价表（二）

工程名称：综合楼装饰   表 6-15

序号	项目编码	项目名称 项目特征	计量 单位	工程 数量	金　额（元）		
					综合单价	合价	其中： 暂估价
1	011701001001	综合脚手架	m²	2145.76	6.01	12896	
		合　计				12896	

建筑工程措施项目清单计价汇总表

工程名称：综合楼建筑   表 6-16

序号	项目名称	金　额（元）
1	措施项目清单计价(一)	33994
2	措施项目清单计价(二)	166529
	合　计	200523

装饰工程措施项目清单计价汇总表

工程名称：综合楼装饰   表 6-17

序号	项目名称	金　额（元）
1	措施项目清单计价(一)	29646
2	措施项目清单计价(二)	12896
	合　计	42542

6.2.6 其他项目清单计价与汇总表（表 6-18～表 6-23）

建筑工程其他项目清单计价与汇总表

工程名称：综合楼建筑   表 6-18

序号	项目名称	计量单位	金额（元）	备注
1	暂列金额	项	158953	10％
2	暂估价	项		
3	特殊项目暂估价	项		
4	材料暂估价			
5	专业工程暂估价	项		
6	计日工			
7	总承包服务费		2616	
	合　计		161569	

装饰工程其他项目清单计价与汇总表

工程名称:综合楼装饰   表 6-19

序号	项目名称	计量单位	金额(元)	备注
1	暂列金额	项	91621	10%
2	暂估价	项		
3	特殊项目暂估价	项		
4	材料暂估价			
5	专业工程暂估价	项		
6	计日工			
7	总承包服务费		8	
	合 计		91629	

建筑工程暂列金额明细表

工程名称:综合楼建筑   表 6-20

序号	项目名称	计量单位	暂定金额(元)	备注
1	暂列金额		158953	
	合 计		158953	

装饰工程暂列金额明细表

工程名称:综合楼装饰   表 6-21

序号	项目名称	计量单位	暂定金额(元)	备注
1	暂列金额		91621	
	合 计		91621	

建筑工程总承包服务费清单与计价表

工程名称:综合楼建筑   表 6-22

序号	项目名称及服务内容	项目费用(元)	费率(%)	金额(元)
1	发包人发包专业工程			
2	发包人供应材料	261550	1	2616
	合 计			2616

装饰工程总承包服务费清单与计价表

工程名称:综合楼装饰   表 6-23

序号	项目名称及服务内容	项目费用(元)	费率(%)	金额(元)
1	发包人发包专业工程			
2	发包人供应材料	768	1	8
	合 计			8

6.2.7 规费、税金项目清单与计价表（表6-24、表6-25）

建筑工程规费、税金项目清单与计价表

工程名称：综合楼建筑

表 6-24

序号	项目名称	计费基础	费率（%）	金额（元）
1	规费			123538
2	安全文明施工费			60891
3	环境保护费	分部分项＋措施项目＋其他项目	0.11	2147
4	文明施工费	分部分项＋措施项目＋其他项目	0.29	5660
5	临时设施费	分部分项＋措施项目＋其他项目	0.72	14052
6	安全施工费	分部分项＋措施项目＋其他项目	2	39032
7	工程排污费	分部分项＋措施项目＋其他项目	0.26	5074
8	社会保障费	分部分项＋措施项目＋其他项目	2.6	50742
9	住房公积金	分部分项＋措施项目＋其他项目	0.2	3903
10	危险工作意外伤害保险	分部分项＋措施项目＋其他项目	0.15	2927
11	税金	分部分项＋措施项目＋其他项目＋规费	3.48	72215

装饰工程规费、税金项目清单与计价表

工程名称：综合楼装饰

表 6-25

序号	项目名称	计费基础	费率（%）	金额（元）
1	规费			74052
2	安全文明施工费			40335
3	环境保护费	分部分项＋措施项目＋其他项目	0.12	1260
4	文明施工费	分部分项＋措施项目＋其他项目	0.1	1050
5	临时设施费	分部分项＋措施项目＋其他项目	1.62	17016
6	安全施工费	分部分项＋措施项目＋其他项目	2	21008
7	工程排污费	分部分项＋措施项目＋其他项目	0.26	2731
8	社会保障费	分部分项＋措施项目＋其他项目	2.6	27310
9	住房公积金	分部分项＋措施项目＋其他项目	0.2	2101
10	危险工作意外伤害保险	分部分项＋措施项目＋其他项目	0.15	1576
11	税金	分部分项＋措施项目＋其他项目＋规费	3.48	39130

6.2.8 材料暂估价一览表（表6-26、表6-27）

建筑工程材料暂估价一览表

工程名称：综合楼建筑

表 6-26

序号	五位编号	材料名称、规格、型号	计量单位	数量	单价（元）	金额（元）	备注
1	81020	C202 现浇砼碎石＜20［商砼］	m³	9.362	310	2902	
2	81022	C302 现浇砼碎石＜20［商砼］	m³	456.92	340	155353	
3	81027	C203 现浇砼碎石＜31.5［商砼］	m³	45.304	310	14044	
4	81029	C303 现浇砼碎石＜31.5［商砼］	m³	17.438	340	5929	
5	81036	C154 现浇砼碎石＜40［商砼］	m³	35.199	310	10912	
6	81037	C204 现浇砼碎石＜40［商砼］	m³	82.032	310	25430	
7	81039	C304 现浇砼碎石＜40［商砼］	m³	123.56	340	42010	
8	81046	C20 细石砼［商砼］	m³	16.021	310	4967	
		合　计				261547	

装饰工程材料暂估价一览表

工程名称：综合楼装饰 表 6-27

序号	五位编号	材料名称、规格、型号	计量单位	数量	单价(元)	金额(元)	备注
1	81046	C20 细石砼[商砼]	m³	2.479	310	768	
		合　计				768	

复 习 思 考 题

1. 本工程需要进行临时换算的项目有哪些？如何进行换算？

2. 本工程与第 4 章案例对比有哪些区别？

3. 商品混凝土可分泵送和非泵送两种情况，在计价时将如何处理？

4. 本案例中对超高费是如何处理的？

5. 本案例中对塔式起重机的安拆和场外运输是如何处理的？

6. 本案例对斜屋面板的超高增加费用是如何计算的？

7. 通过本案例的学习，深刻理解执行全费价对造价业的影响有哪些？

8. 计价改革的目的：一是同国际接轨，二是量价分离。通过本教程的学习，有哪些体会？

9. 你认为我国实行招标控制价有哪些好处？招标控制价是对总价控制还是对单价控制，为什么？

10. 你认为我国实行工程量清单计价以来，对工程造价有哪些影响？为何有人还提出恢复定额计价？你认为清单计价与定额计价有何区别？

11. 有人提出将来 BIM 实现图纸自动带出工程量和清单与定额后，预算人员将面临失业，应把造价管理的重点放在财务管理和工程管理上，你对此有何看法？

作 业 题

1. 应用你所熟悉的算量和计价软件，依据附录 2 综合楼图纸和第 5 章的工程量计算结果，做出工程报价，并与本章结果进行对比，找出不同的原因。

附录1 泵房施工图

建筑设计说明

1. 墙体

(1) 墙体厚度：除标注外均为240mm，轴线穿过墙体中心。墙体材料采用蒸压粉煤灰砖。

(2) 内外墙装修详见建筑做法说明表（圈梁上抹1:2防水砂浆）。

(3) 当墙基为非混凝土、钢筋混凝土或条石砌块时，在室内地坪-1.560处设防潮层；墙身两侧室内地坪有高差时，在高差范围的墙身内侧做防潮层。防潮层做法为20mm厚1:2.5水泥砂浆内掺水泥重量5%的防水剂。

2. 屋面

(1) 不上人屋面，防水等级为二级，屋面做法见建筑做法说明表。

(2) 屋面均采用有组织排水，坡度2%，落水管及雨水管除注明外，均采用φ100PVC雨水管。

3. 门窗

(1) 外门及窗：均为塑钢门窗，所有开启扇启加纱窗。

(2) 玻璃：外门窗玻璃均为单框中空双层玻璃。

(3) 窗台：花岗石窗台，做法见"图集L96J901"第55页详图③。

建筑室内外装修表 (L06J002)

编号	名 称	做 法	部 位
散一	细石混凝土散水	P14散1	室外墙根处、宽度1000
外墙一	涂料外墙	P116外墙9	涂料颜色、品种甲方定
屋面一	水泥砂浆平屋面	P138屋面15	平屋面
内墙一	混合砂浆抹面内墙	P82内墙4	室内全部
踢一	面砖踢脚	P63踢4	室内全部
棚一	混合砂浆涂料顶棚	P101棚4	室内全部
地一	细石混凝土防潮地面	P22地6	消防泵房地面
台阶一	防水	L03J004 P9①	室外全部(踏步高150、宽300)
附注：	屋面防水做法为2道3厚的高聚物改性沥青防水卷材。		

图纸目录

序号	图 号	图 纸 名 称	页码
1	建施01	建筑设计说明、建筑做法、门窗表	1
2	建施02	建筑平面图、屋面平面图、消防泵基础平面图	2
3	建施03	立面图、剖面图及详图	3
4	结施01	结构设计说明	4
5	结施02	基础平面布置图及详图	5
6	结施03	屋面板配筋、屋面结构布置图	6
使用图集汇总	L96J901	室内装修	
	L99J605	PVC塑料门窗	
	L01J202	屋面	
	L03J004	室外配件	
	L03G313	多层砖房抗震构造详图	
	L06J002	建筑工程做法	

门窗表

类型	设计编号	洞口尺寸(mm)	数量	图集名称	页次	选用型号	备注
门	M1824	1800×2400	1	L99J605	76	PM-120	均为外开
窗	C1815	1800×1500	3	L99J605	22	PC-77	

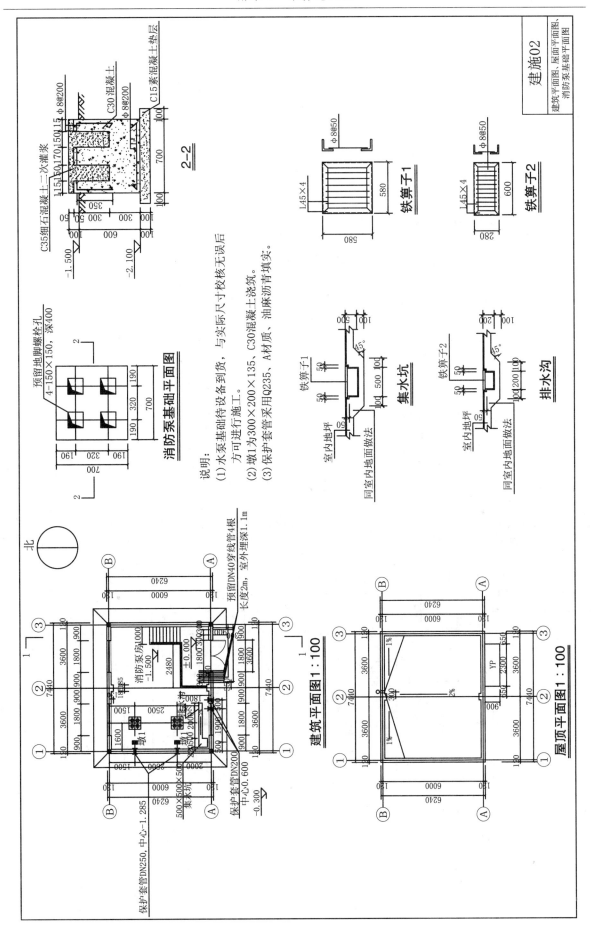

2-2

铁箅子1

铁箅子2

消防泵基础平面图

预留地脚螺栓孔
4-150×150，深400

说明：
(1) 水泵基础待设备到货，与实际尺寸校核无误后
方可进行施工。
(2) 墩1为300×200×135，C30混凝土浇筑。
(3) 保护套管采用Q235，A材质，油麻沥青填实。

集水坑

排水沟

建筑平面图1：100

屋顶平面图1：100

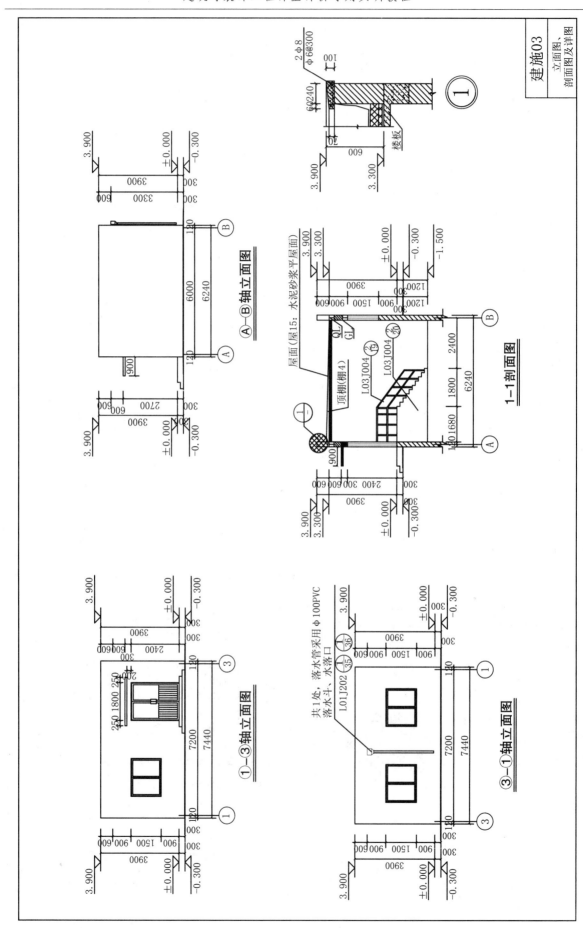

结构设计说明

1. 抗震与建筑防火设计要求

本工程建筑抗震设防分类为丙类，抗震设防裂度为6度。

2. 基础结构设计说明

(1) 本工程设计室外标高为-0.30，室外地坪下500mm为普通土，以下为坚土。

(2) 基础采用墙下条形基础，地基承载力特征值按fak=80KPa设计。
基础必须坐落在未扰动的原状土上，超挖部分用3:7灰土分层夯实至设计基底标高。

(3) 基坑开挖后，必须进行钎探验槽，满足设计要求后方可施工。
基础材料：混凝土C30，垫层C15；钢筋HPB300（φ），HRB400（Φ）级。
基础土保护层厚度：基础40mm；柱30mm。

(4) 回填土要求用3:7灰土分层夯实，回填土干容重不小于15.5kN/m³。

(5) 除注明者外，构造柱纵向钢筋插入基础内，锚固长度35d，构造做法见"图集L03G313"的有关大样。

(6) 防潮层做法：1:2.5水泥砂浆掺入5%防水剂（重量比），抹20mm厚，沿所有墙体设置。

(7) 构造柱与基础、砖墙、圈梁、现浇板、女儿墙的连接，圈梁与圈梁的连接，板与砖墙的拉结，砖墙转角处抗震构造措施及详图均按照"图集L03G313"相应的结点详图施工。

3. 上部结构设计说明

(1) 钢材：钢筋强度设计值（N/mm²）：HPB300（φ）：fy=270，HRB400（Φ）：fy=360。

(2) 混凝土：
①梁、板：C30；圈梁、构造柱：C25。
②本工程混凝土结构的环境类别：室内正常环境为一类，雨篷与基础部分为二类。

(3) 墙体：±0.00以下墙体采用M10水泥砂浆、MU10蒸压粉煤灰砖；±0.00以上采用M7.5混合砂浆、MU10蒸压粉煤灰砖。
考虑地下水对结构的腐蚀性，与外界接触的基础部分采用聚合物水泥砂浆抹面等防护措施。

(4) 钢筋保护层厚度：柱25mm，现浇板15mm，梁20mm，雨篷板35mm，雨篷梁35mm。

(5) 构造柱：截面尺寸240mm×240mm，纵向配筋4Φ12，箍筋φ8@100/200。

(6) 圈梁：在每层承重墙顶均设置，圈梁顶标高楼层处为居室板顶，屋顶为屋面板顶。圈梁连接构造详见"图集L03G313"中第8页，门窗洞口处另设置。圈梁索靠板底设置。

(7) 墙上门窗洞过梁：当洞宽为1500~2100mm时，梁高240mm，梁宽同墙厚，详见图一。
2Φ12，架立筋2Φ10，分布筋φ8@200，底筋2Φ12。

(8) 悬臂构件必须在混凝土强度达到100%设计强度后，且抗倾覆部分砌体施工完毕后，方可拆除支撑。现浇挑檐每隔12m设伸缩缝，伸缩缝用沥青油膏填堵，严禁漏水。

(9) 梁柱箍筋均应在两端加密，其弯钩端头平直段长度不小于直径的10倍，弯钩做135度弯钩，每边伸入墙内1m。

(10) 所有外墙转角及内外墙交接处，沿墙每隔500mm配置2φ6拉结钢筋，每边伸入墙内1m。

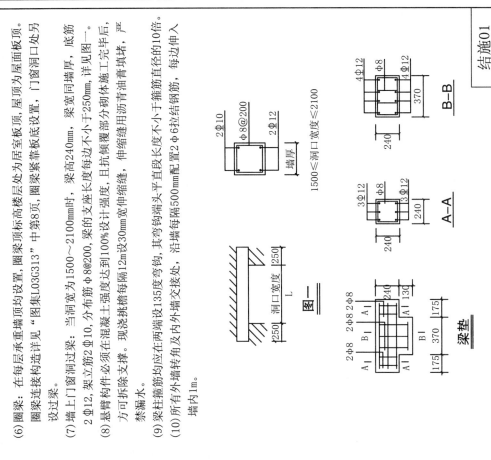

图一　梁垫　A—A　B—B

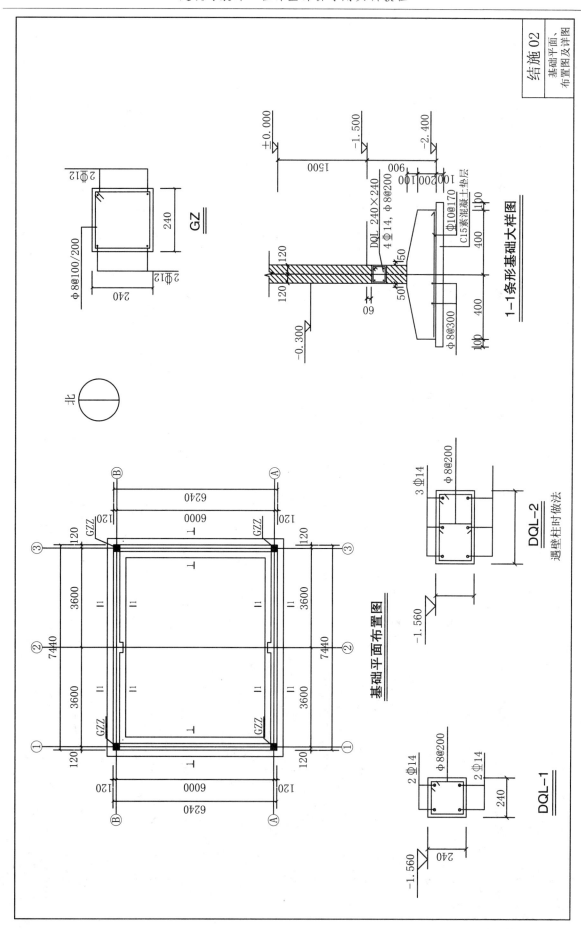

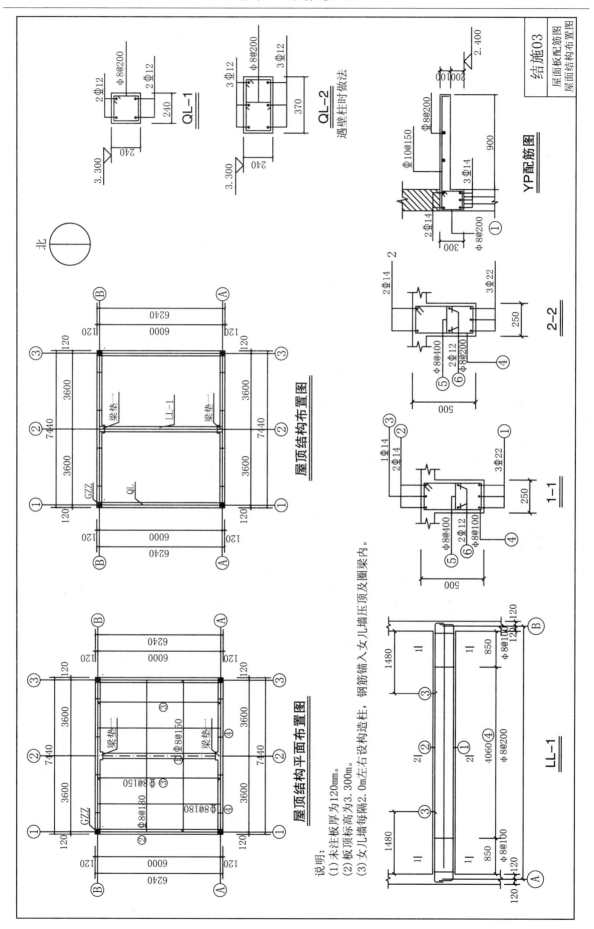

结施03

屋面板配筋图
屋面结构布置图

151

附录 2　综合楼施工图

图纸目录

序号	图号	图纸名称	页码	序号	图号	图纸名称	页码
建筑				结构			
1	建施 01	建筑设计说明	153	12	结施 01	结构设计说明	164
2	建施 02	1 层平面图	154	13	结施 02	基础平面图	165
3	建施 03	2～5 层平面图	155	14	结施 03	J-1～J-3 详图	166
4	建施 04	出屋顶平面图	156	15	结施 04	J-4～J-8 详图	167
5	建施 05	坡屋顶平面图	157	16	结施 05	地下室、2 层结构平面图	168
6	建施 06	地下室平面图、1-1 剖面图	158	17	结施 06	3～5 层结构平面图	169
7	建施 07	立面图	159	18	结施 07	6 层结构平面图	170
8	建施 08	2-2 剖面图	160	19	结施 08	屋面结构平面图	171
9	建施 09	厕所及老虎窗详图	161	20	结施 09	2 层楼面梁结构图	172
10	建施 10	门窗详图及门窗表	162	21	结施 10	3～5 层楼面梁结构图	173
11	建施 11	楼梯详图	163	22	结施 11	6 层楼面梁结构图	174
				23	结施 12	地下室梁、柱结构图	175
				24	结施 13	屋面梁结构图	176
				25	结施 14	1 层柱平面结构图	177
				26	结施 15	2～5 层柱平面结构图	178
				27	结施 16	出屋顶楼层柱平面结构图	179
				28	结施 17	楼梯结构图	180

建筑设计说明

1. 本工程为XX学院综合楼工程，建筑面积为2145.85m²。
2. 本工程的设计是依据甲方提供的设计任务书、规划部门的意见、本工程的《岩土工程勘察报告》及国家现行设计规范进行的。
3. 本单体建筑消防等级为2级。
4. 高程系统采用当地规划部门规定的绝对标高系统，±0.000相当于当地规划部门规定的绝对标高高+26.600m。
5. 图中尺寸除米(mm)为单位，标高以米(m)为单位。
6. 本工程填充墙采用加气砼砌块墙300(180、120)，女儿墙采用240厚煤矸石砖墙，厕所四周填充墙下做200高C20砼墙(与C20细石砼垫层整层整现浇)，均为M5.0混合砂浆砌筑。
7. 地下室及低于室内地坪50以下填充墙采用硅酸钙砌块墙300(180、120)，均为M5.0水泥砂浆砌筑，挡土墙由建设单位自理。
8. 建筑构造用料及做法(参见《山东省建筑标准设计图集》(L06J002))：
   (1) 室内装饰（参见《山东省建筑标准设计图集》(L06J002)）：
   地14：地面砖地面（取消3：7灰土垫层，用于室外平台，取消3：7灰土垫层）。
   地16：磨光花岗岩地面。
   楼15：地面砖楼面。
   楼17：地面砖防水楼面。
   踢5：面砖踢脚（砼墙）。
   踢6：面砖踢脚（加气砼砌块墙）。
   裙13：面砖墙裙。
   内墙2：水泥砂浆抹面内墙（砼墙）。
   内墙3：混合砂浆抹面内墙（加气砼砌块墙）。
   棚3：纸面石膏板吊顶（1层高3.4m，2~4层高2.5m）。
   棚7：水泥砂浆涂料顶棚。
   (2) 外墙面：
   外墙9：涂料外墙。
   外墙13：面砖外墙（砼圆柱、雨蓬栏板）。
   外墙19：粘贴聚苯板50保温涂料外墙。
   参9：磨光花岗岩勒脚。
   (3) 台阶做法：参见L03J004(上)。
   (4) 散水：参见L03J004(丰)。
   (5) 屋面做法：
   屋22：防滑清地砖上人平屋面。
   屋7：琉璃瓦屋面。
   (6) YP1雨蓬采用防水砂浆抹面。
9. 楼梯做法：
   (1) 踏面：同走廊楼面。
   (2) 楼梯底板：同顶棚。
   (3) 楼梯扶手：选用图集L96J401(28/16)。
   (4) 栏杆地脚采用螺栓后化学固定。
10. 门窗
    (1) 预埋在墙或柱中的木（铁）件均应做防腐（防锈）处理。
    (2) 除特别标注外，所有门窗均按墙中线定位。
    (3) 门详见图集L03J602、L92J601、L92J606。
    (4) 窗采用成品铝合金窗，详见图集L03J602。
    (5) 门窗按设计要求由厂家加工，构造节点做法及安装均由厂家负责提供图纸，经甲方看样认可后方可施工。
    (6) 除厕所、厨房窗内贴瓷砖外，其余所有门窗内侧均按L96J901第42页2做门窗口套（榉木板面层，贴脸木压条50mm×20mm）。
    (7) 木门及门窗口套均刷油1遍，白色调和漆2遍。
    (8) 飘窗做大理石窗台（L96J901第53页C）。
11. 防潮层：在-0.050处做20mm厚1：2水泥砂浆加5%防水粉。
12. 其他
    (1) 所有外露铁件均应先刷防锈漆1道，再刷调和漆2道。
    (2) 卫生间及厨房内墙面及隔墙面均贴瓷砖到顶。
    (3) 餐厅内夹饭窗口采用铝合金制作，镶白色玻璃，形式要求由厂家加工，经甲方认可后方可使用。
    (4) 一切管道穿过墙体时，在施工中预留孔洞，预埋套管并用砂浆堵严。
    (5) 本设计按7度抗震烈度设计，未尽事宜均严格遵守国家各项技术规程和现行规范。
13. 凡图中未注明和本说明未提及者，均按国家现行规范执行。

名称 部位	地面	楼面	踢脚	墙裙	墙面	天棚
楼梯间	地14(红色 300×300地砖)	楼15(红色 300×300楼梯砖)	踢6(150×300)		内墙5	棚3
教室、办公室、活动室、会议室	地14(红色 500×500地砖)	楼15(米色 500×500地砖)	踢6(150×500)		内墙5	棚3
餐厅、走道	地14(红色 500×500地砖)	楼15(红色 500×500地砖)			内墙5	棚7
厨房	地14(红色 300×300地砖)	楼17(红色 300×300地砖)		裙13(白色暗花 200×300面砖) 1500高	裙13(白色暗花 150×200面砖)	棚7
厕所	地14(米色 500×500地砖)		踢5(150×500)		裙13(白色暗花 150×200面砖)	棚7
地下室	地16(磨光花岗岩)				内墙2	棚3
台阶平台	地16(磨光花岗岩)					

建施01

建筑设计说明

153

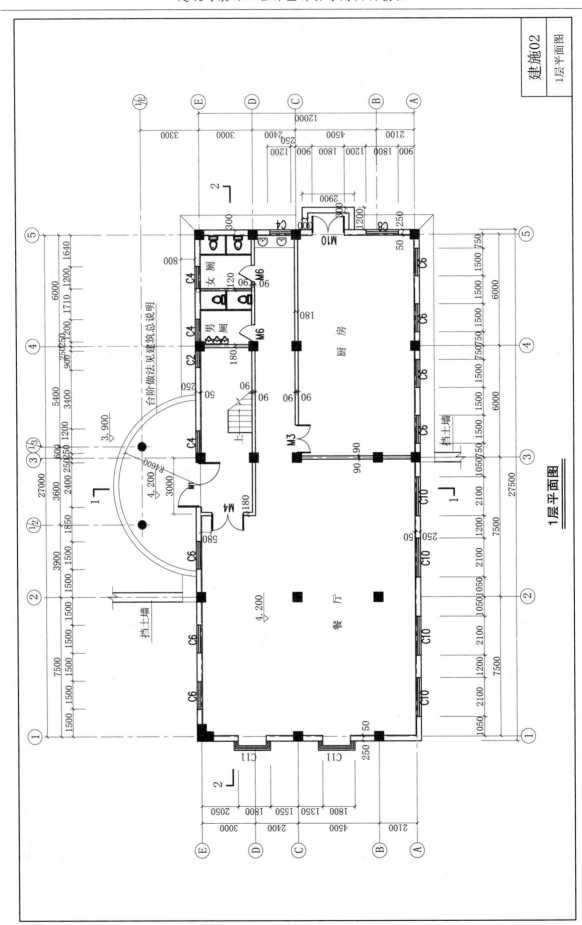

1层平面图

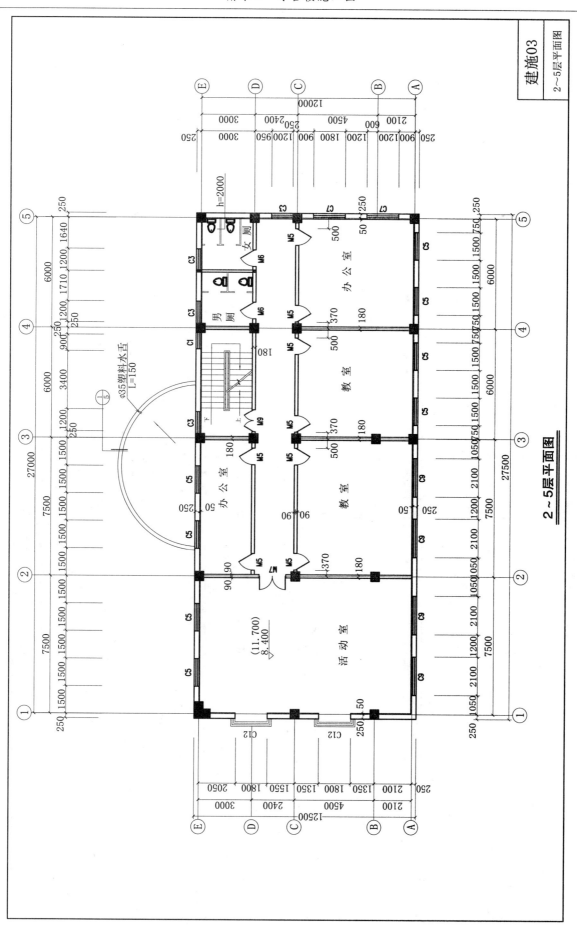

2～5层平面图

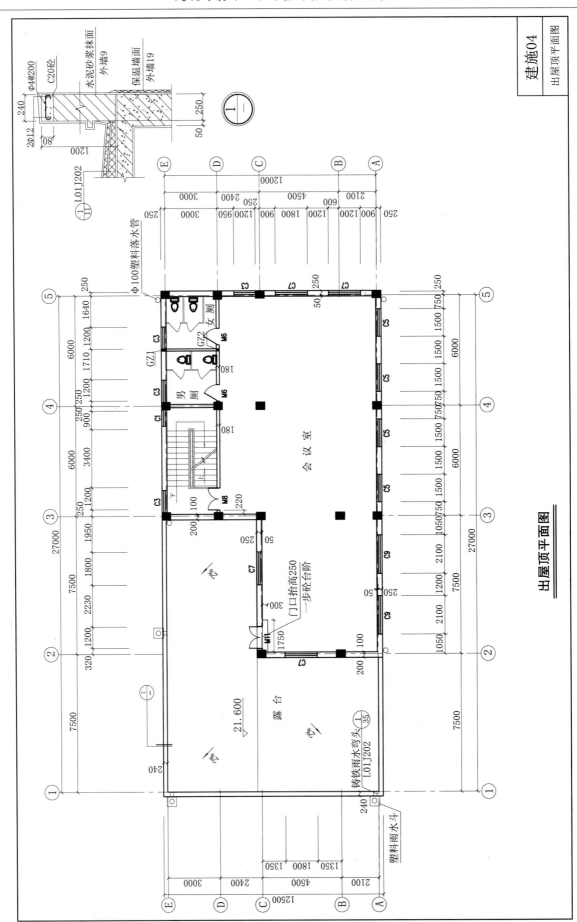

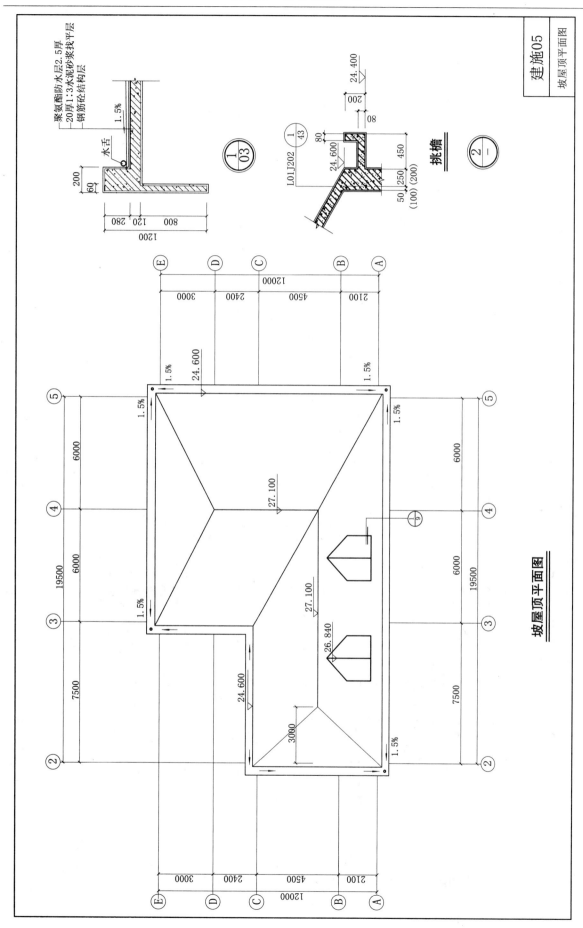

坡屋顶平面图

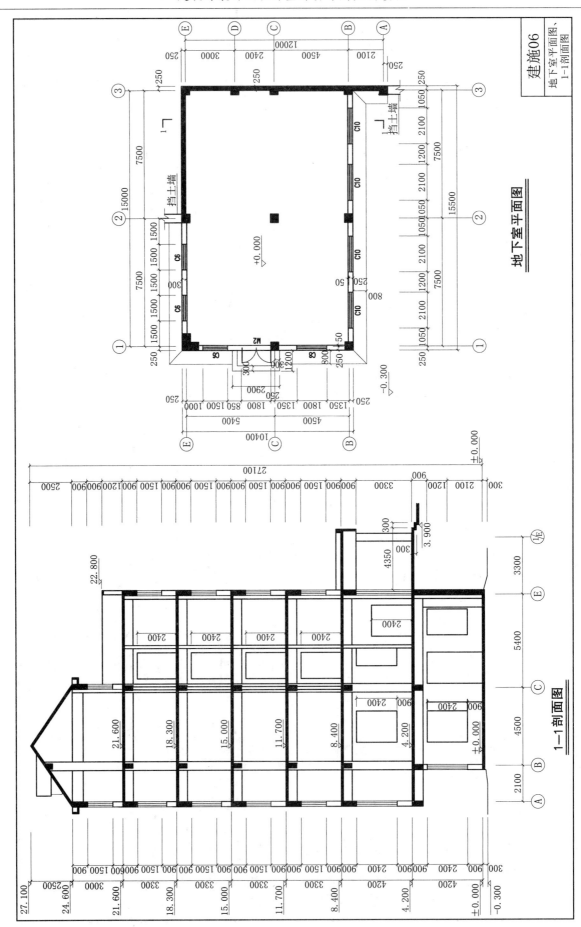

地下室平面图

1—1剖面图

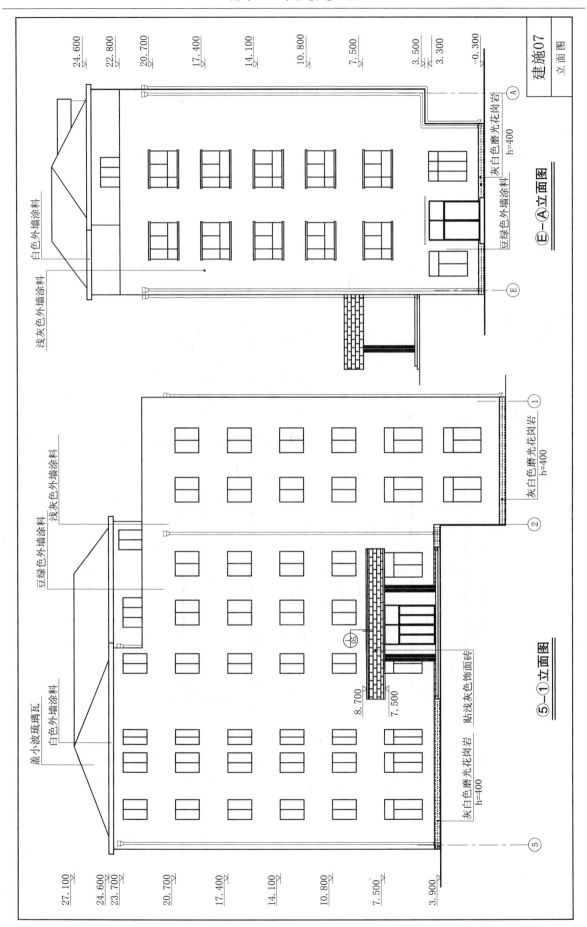

○E－○A立面图

○5－○1立面图

建施07

立面图

159

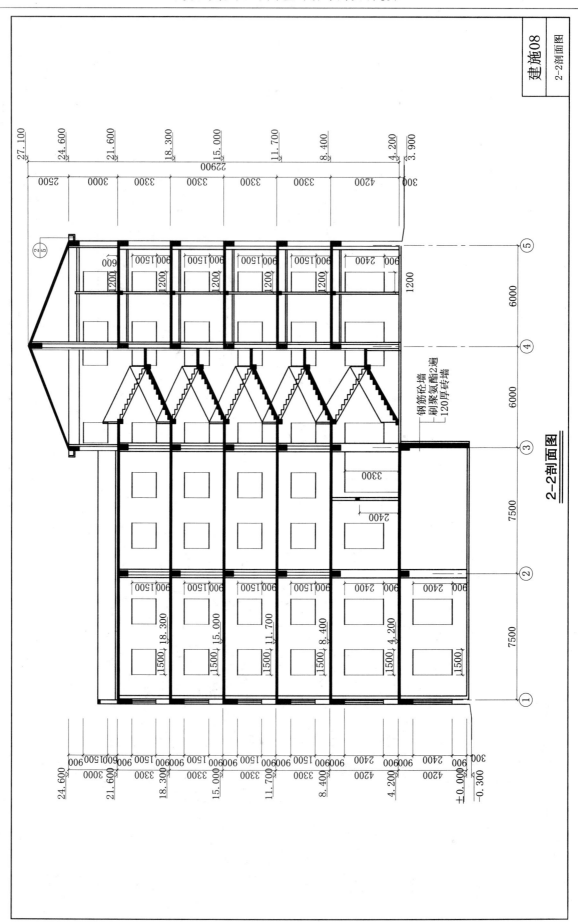

2-2剖面图

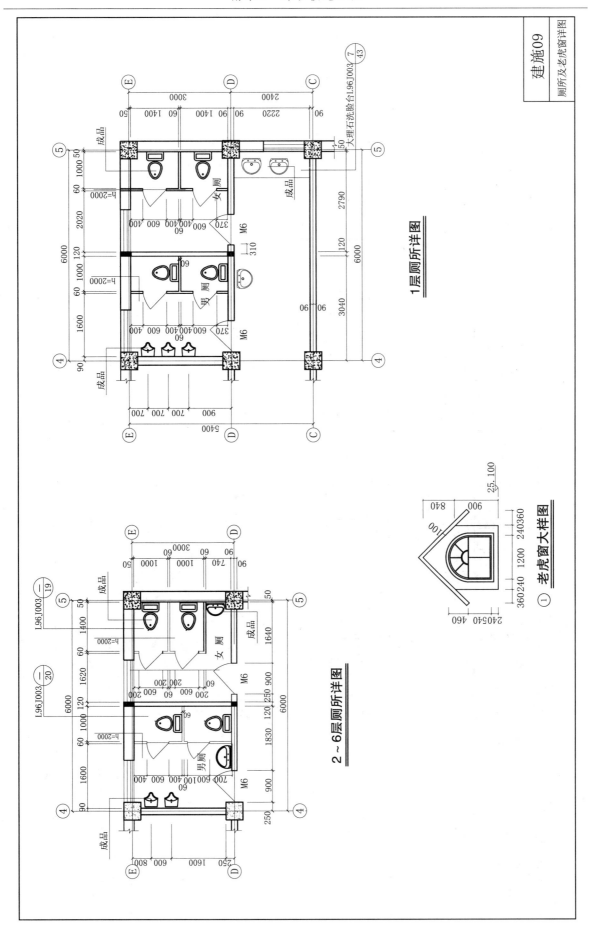

建施09

厕所及老虎窗详图

1层厕所详图

2～6层厕所详图

① 老虎窗大样图

门窗表

序号	编号	洞口尺寸	数量	类型	备注
M1	DLM100-44	2400×3300	1	铝合金地弹簧门	图集L03J602
M2	PLM70-120	1800×3300	1	铝合金平开门	图集L03J602
M3	M2-529	1500×2400	1	胶合板门	图集L92J601
M4	M2-601	1800×2400	1	胶合板门	图集L92J601
M5	M2-67	900×2400	32	胶合板门	图集L92J601
M6	M2-68	900×2400	12	胶合板门	图集L92J601
M7	M2-547	1500×2400	4	胶合板门	图集L92J601
M8	M2-313	1200×2100	1	胶合板门	图集L92J601
M9	GFM-1224-B	1200×2400	4	钢质防火门	图集L92J606
M10	PLM70-119	1800×2400	1	铝合金平开门	图集L03J602
M11	PLM70-105	1200×2100	1	铝合金平开门	图集L03J602
C1	PLC53-07	900×1500	5	铝合金窗蓝色玻璃	图集L03J602
C2	PLC53-08	900×2400	1	铝合金窗蓝色玻璃	图集L03J602
C3	PLC53-13	1200×1500	20	铝合金窗蓝色玻璃	图集L03J602
C4	PLC53-17	1200×2400	4	铝合金窗蓝色玻璃	图集L03J602
C5	PLC53-23	1500×1500	36	铝合金窗蓝色玻璃	图集L03J602
C6	PLC53-27	1500×2400	10	铝合金窗蓝色玻璃	图集L03J602
C7	PLC53-33	1800×1500	12	铝合金窗蓝色玻璃	图集L03J602
C8	PLC53-37	1800×2400	2	铝合金窗蓝色玻璃	图集L03J602
C9	PLC53-43	2100×1500	18	铝合金窗蓝色玻璃	图集L03J602
C10	PLC53-47	2100×2400	8	铝合金窗蓝色玻璃	图集L03J602
C11	TC1	1800×2400	2	塑钢飘窗	建施10
C12	TC2	1800×1500	8	塑钢飘窗	建施10
C13	老虎窗	1200×1000	2	塑钢窗	建施09

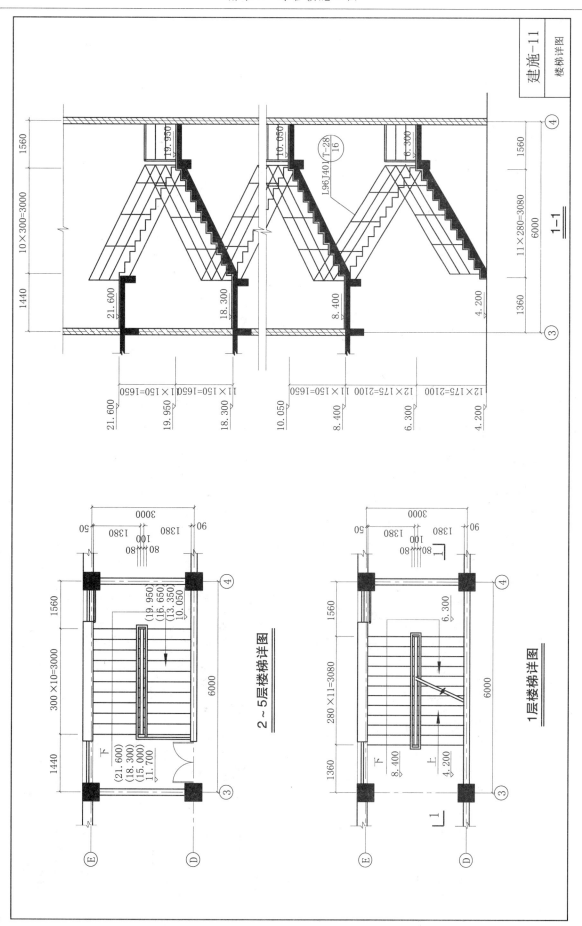

结 构 设 计 说 明

1. 一般说明

(1) 本设计尺寸以毫米(mm)计，标高以(m)计。

(2) 本工程±0.000同建筑设计说明。

(3) 抗震设防烈度为7度，抗震等级为4级（框架）。

2. 基础与地下部分

(1) 独立基础及JL采用C20混凝土，钢筋采用 φ-Ⅰ级、Φ-Ⅱ级；钢筋保护
层厚度：基础为35mm，JL为25mm。JL纵筋需搭接时，上部筋在跨中搭接，
下部筋在支座处搭接，搭接长度为500mm。

(2) 1层地下室及室内地坪－0.05m以下砌体采用硅酸盐砌块，M5水泥
砂浆砌筑。

3. 本工程混凝土采用现浇全框架结构体系。

4. 钢筋混凝土工程

(1) 柱和梁钢筋弯钩角度为135°，弯钩平直长度为10d。

(2) 柱中纵向钢筋直径大于大于20mm，柱子与内外墙间的连接设拉结墙筋，同一截面的搭接根数少
于总根数的50%，钢筋均采用电渣压力焊，自柱底＋0.5m至柱顶预
埋2 φ6@500筋，伸入墙中不小于200mm，伸入墙中不小于1000mm。

(3) 梁支座处不得留施工缝，混凝土施工中要振捣密实，确保质量。

(4) 钢筋保护层厚度：板15mm，梁柱25mm，剪力墙25mm。

(5) 现浇板中未注明的分布筋为 φ6@200。

(6) 楼面与次梁相交处抗剪吊筋和框架柱做法要求均参见"图集03G101"。

(7) 各楼层中门窗洞口需做过梁的，过梁两端各伸出250mm。

(8) 楼梯柱的钢筋上下各伸入框架梁或地梁内450mm。

(9) 卫生间构造柱参照"图集03G363"⑤施工，主筋4φ12，箍筋φ6@250。

(10) 雨篷YP1按"图集L99G320"中YP1509-21施工。

(11) 60mm厚钢筋窗台，长度为窗宽+2×60mm，内配3φ6，分布筋φ6@300。

(12) 女儿墙长大于4m时需加设砼构造柱，截面尺寸为240mm×240mm，内
配4φ12，φ6@200。

(13) 预埋件钢材为Q235b，焊条采用E4301，钢筋采用电弧焊接时，按下表
采用。

钢筋种类	搭接焊	帮条焊
Ⅰ级钢	E4301	E4303
Ⅱ级钢	E5001	E5003

5. 材料

(1) 混凝土：梁、板、柱、墙及楼梯均采用C30用，其他构件为C20。

(2) 钢筋：Ⅰ级、Ⅱ级。

(3) 墙体材料见建筑说明。

6. 其他

(1) 本工程施工时，所有孔洞及预埋件应预留预埋，不得事后剔凿，具体位
置及尺寸详见各有关专业图纸，施工时各专业应密切配合，以防遗漏。

(2) 设计中采用标准图集的，均应按图集说明要求进行施工。

(3) 本工程避雷引下线施工要求详见电气施工图。

(4) 材料代换应征得设计方同意。

(5) 本说明未尽事宜均应按照国家现行施工及验收规范执行。

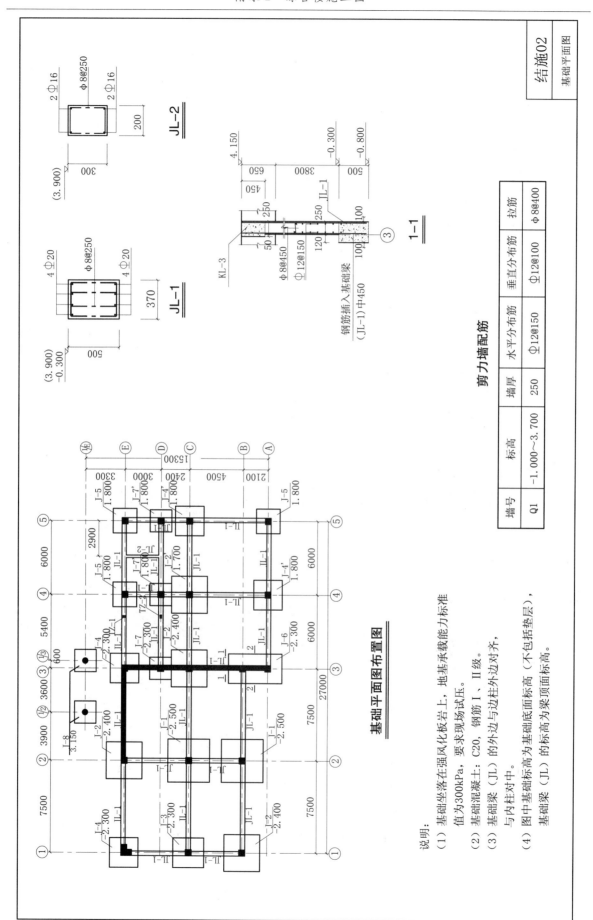

基础平面图布置图

说明：

(1) 基础坐落在强风化板岩上，地基承载能力标准值为300kPa，要求现场试压。

(2) 基础混凝土：C20，钢筋 I、II 级。

(3) 基础梁（JL）的外边与边柱外边对齐，与内柱对中。

(4) 图中基础标高为基础底面标高（不包括垫层），基础梁（JL）的标高为梁顶面标高。

剪力墙配筋

墙号	标高	墙厚	水平分布筋	垂直分布筋	拉筋
Q1	-1.000~3.700	250	Φ12@150	Φ12@100	Φ8@400

JL-2

2 Φ16
2 Φ16
Φ8@250
200
300
(3.900)

JL-1

4 Φ20
4 Φ20
Φ8@250
370
500
(3.900)
-0.300

1-1

KL-3
Φ8@450
Φ12@150
钢筋插入基础梁（JL-1）中450

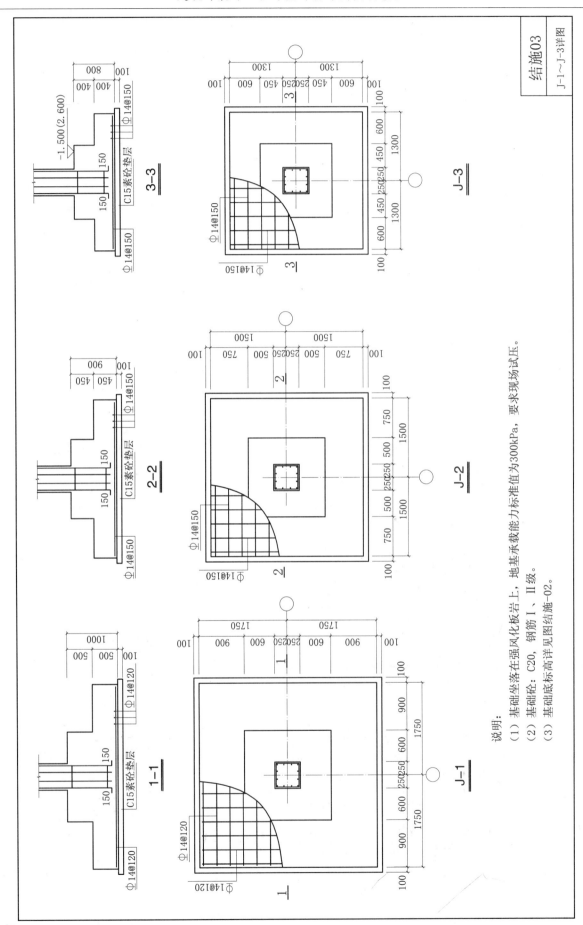

说明:

(1) 基础坐落在强风化板岩上,地基承载能力标准值为300kPa,要求现场试压。

(2) 基础砼:C20,钢筋Ⅰ、Ⅱ级。

(3) 基础底标高详见图结施-02。

结施03

J-1～J-3详图

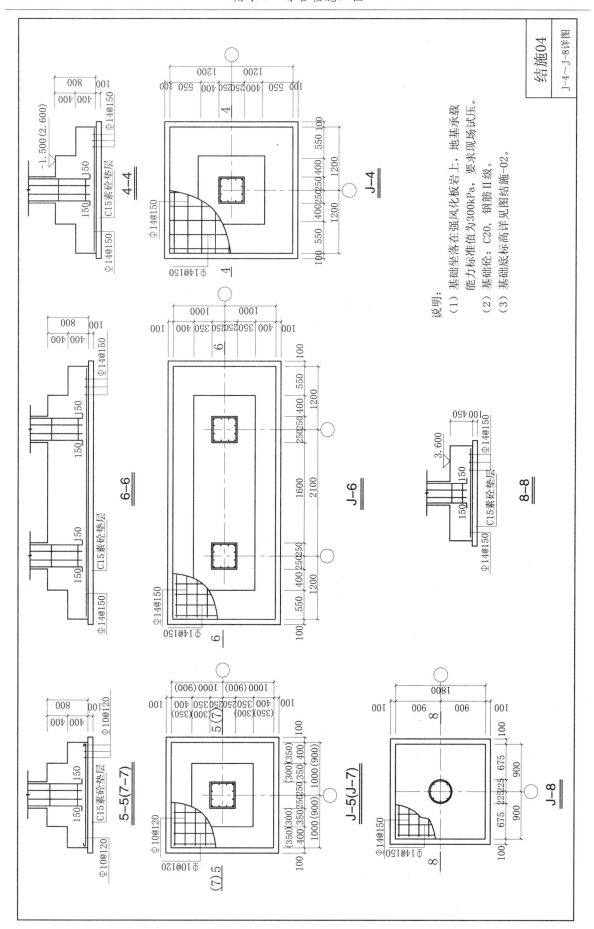

说明：

（1）基础坐落在强风化板岩上，地基承载能力标准值为300kPa，要求现场试压。

（2）基础砼：C20，钢筋Ⅱ级。

（3）基础底标高详见图结施-02。

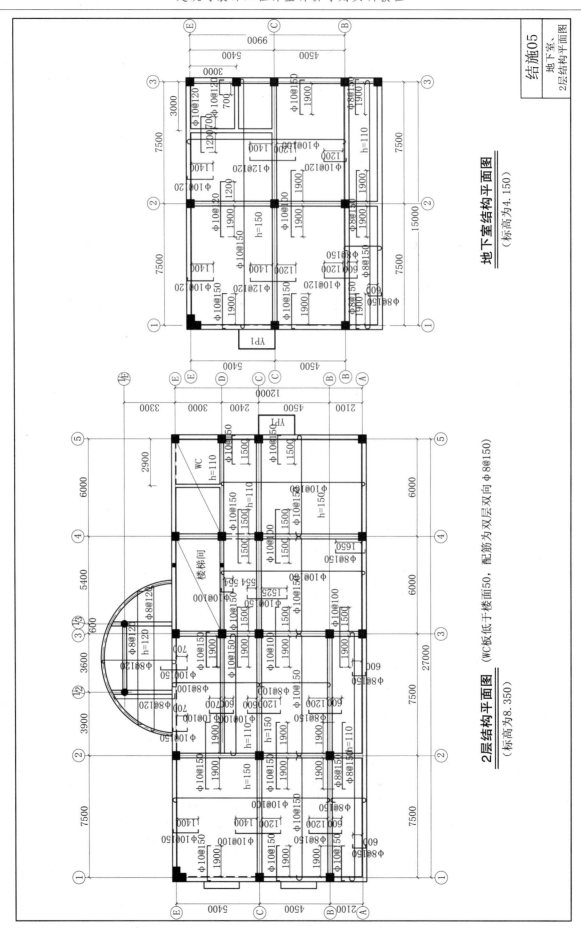

地下室结构平面图
（标高为4.150）

2层结构平面图（WC板低于楼面50，配筋为双层双向φ8@150）
（标高8.350）

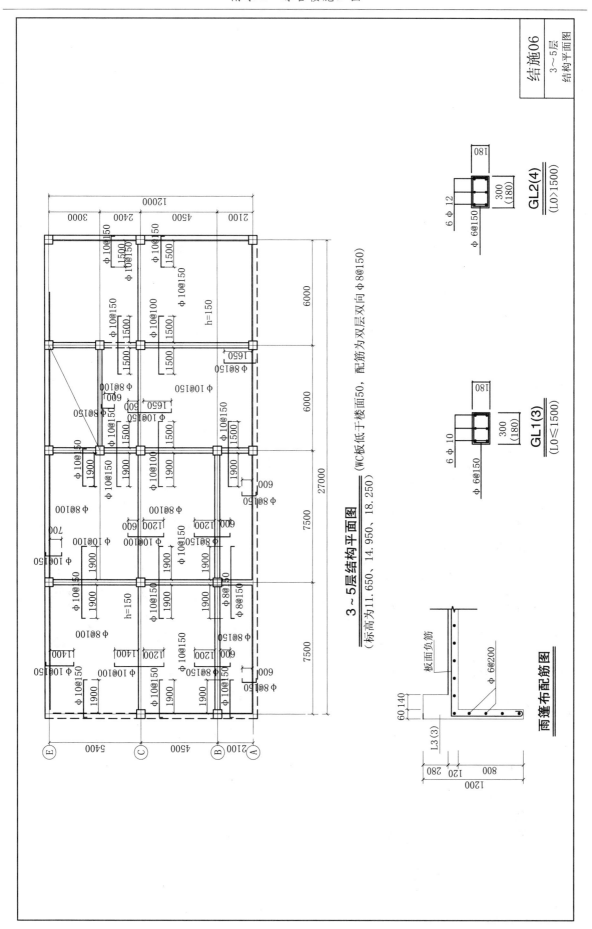

3～5层结构平面图

（标高为11.650、14.950、18.250）（WC板低于楼面50，配筋为双层双向 φ8@150）

雨篷布配筋图

GL2(4)
(L0>1500)

GL1(3)
(L0≤1500)

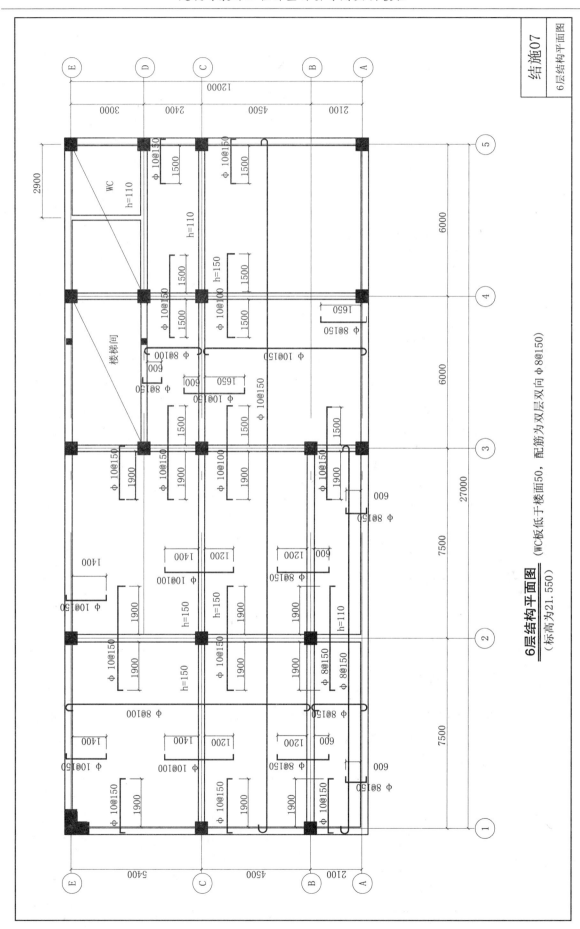

6层结构平面图 (WC板低于楼面50，配筋为双层双向 Φ8@150)

（标高为21.550）

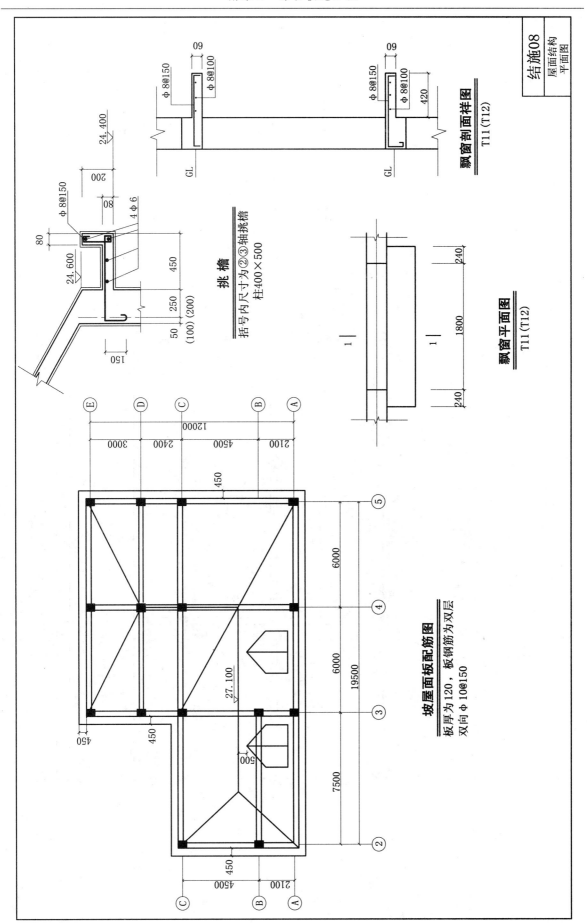

飘窗剖面详图
T11 (T12)

挑檐
括号内尺寸为②③轴挑檐
柱400×500

飘窗平面图
T11 (T12)

坡屋面板板配筋图
板厚为120，板钢筋为双层
双向 φ 10@150

结施08

结构
屋面结构
平面图

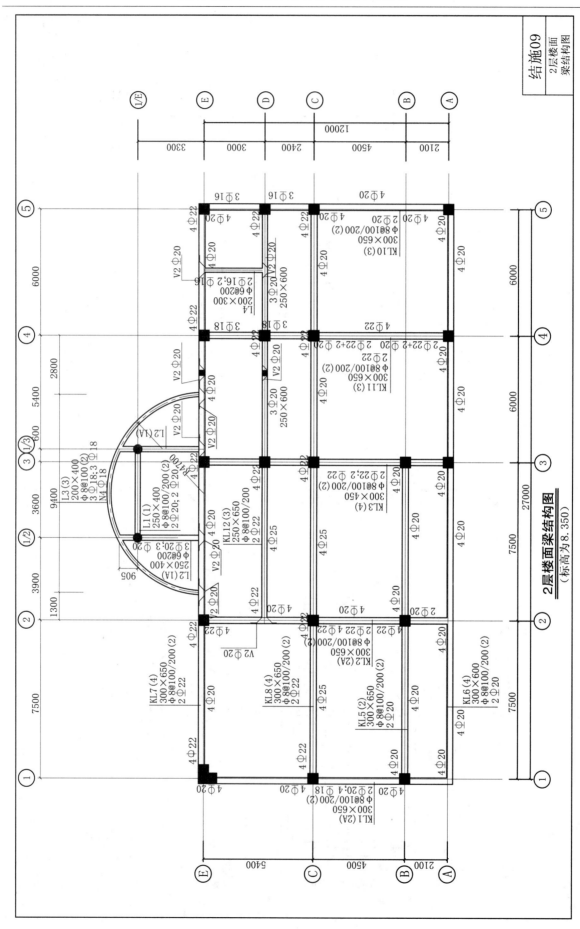

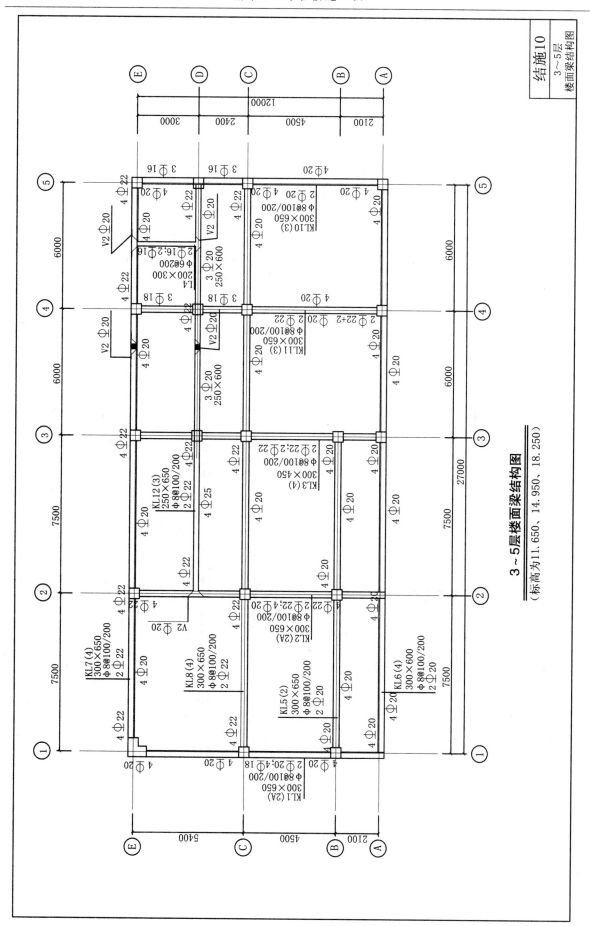

3～5层楼面梁结构图

（标高为11.650、14.950、18.250）

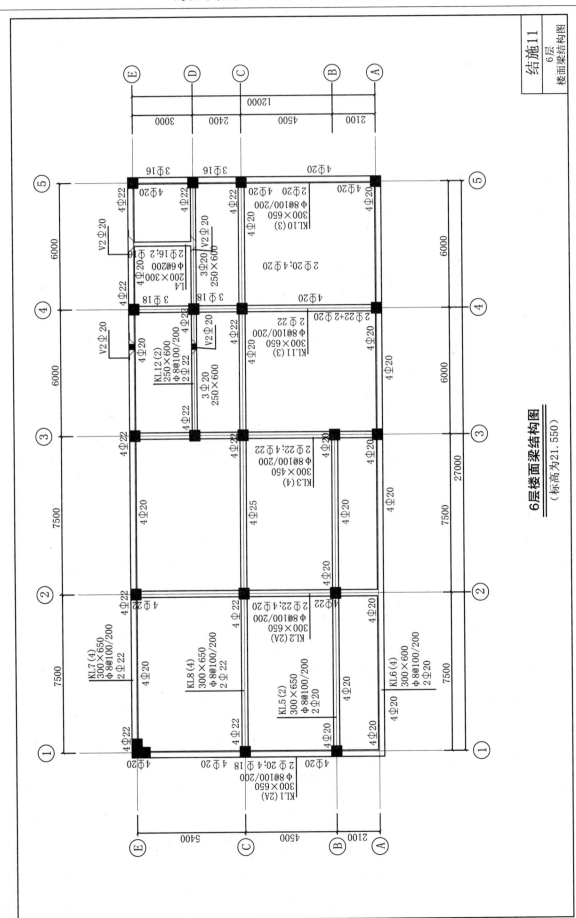

6层楼面梁结构图

（标高为21.550）

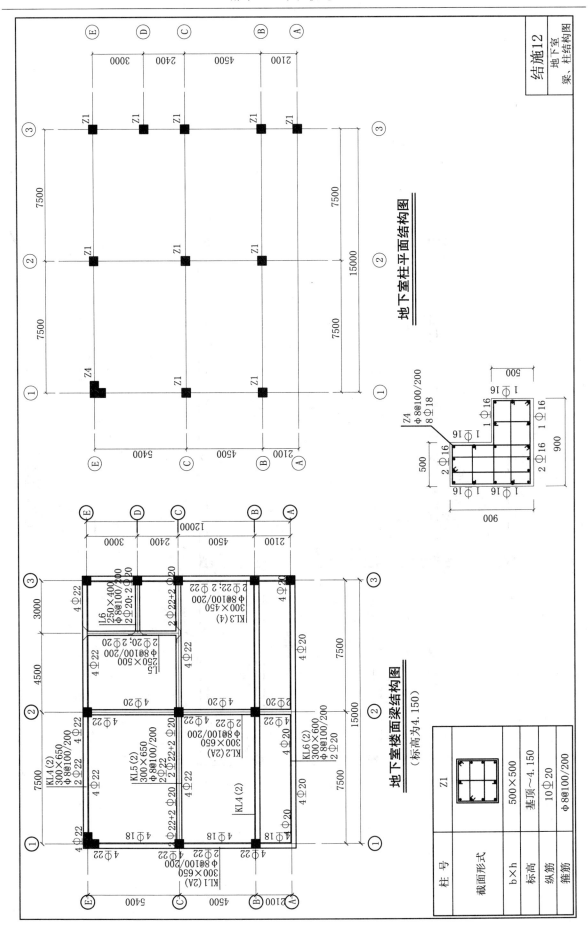

地下室柱平面结构图

地下室楼面梁结构图
（标高为4.150）

柱 号	Z1
截面形式	
b×h	500×500
标高	基顶～4.150
纵筋	10Φ20
箍筋	Φ8@100/200

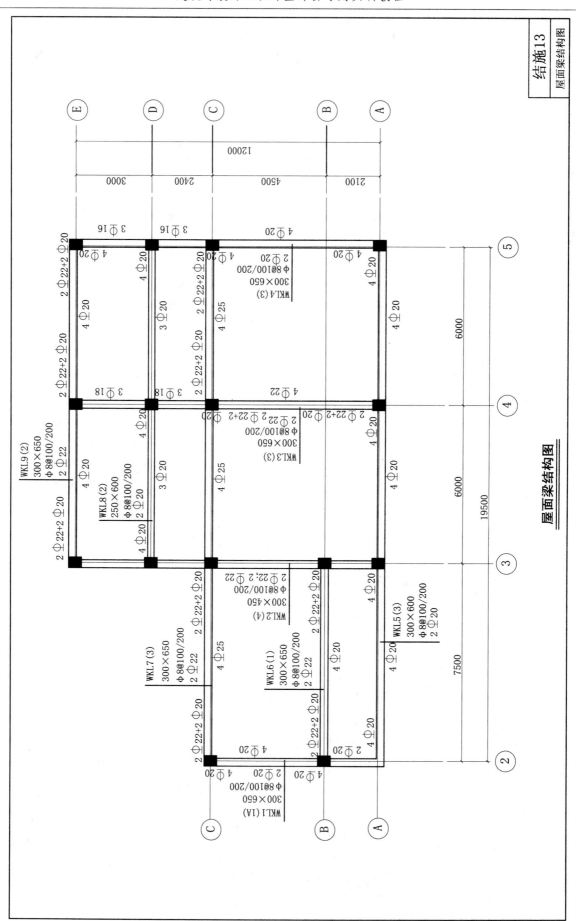

屋面梁结构图

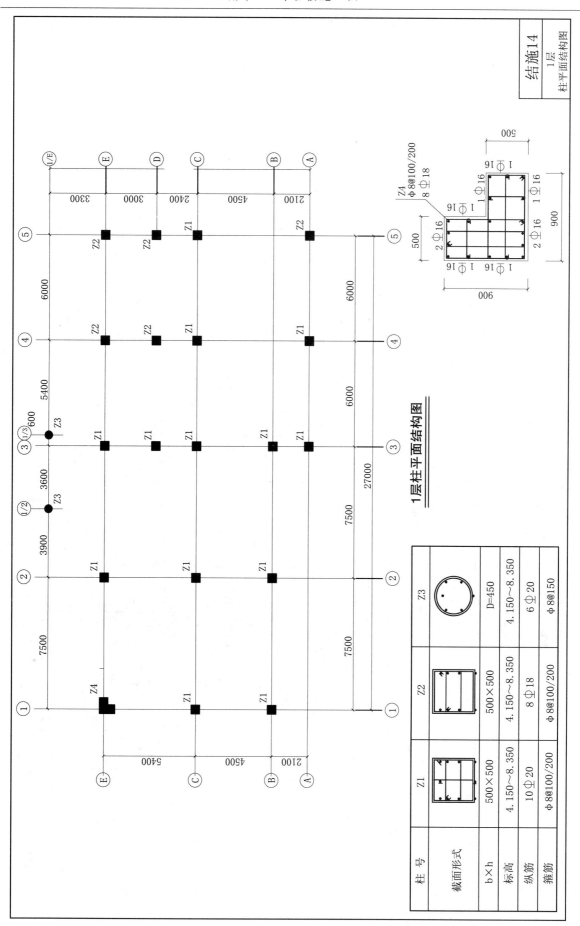

1层柱平面结构图

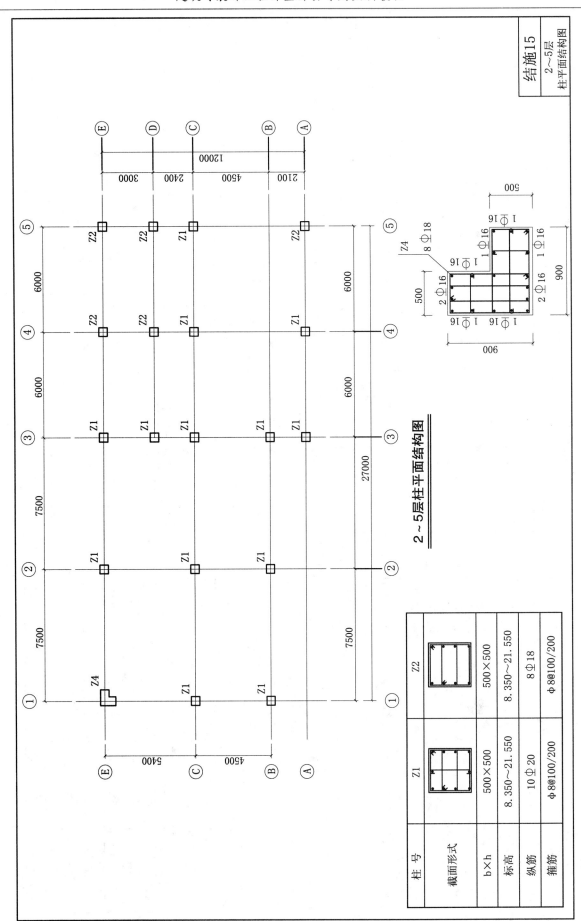

2～5层柱平面结构图

柱 号	Z1	Z2
截面形式		
b×h	500×500	500×500
标高	8.350～21.550	8.350～21.550
纵筋	10Φ20	8Φ18
箍筋	Φ8@100/200	Φ8@100/200

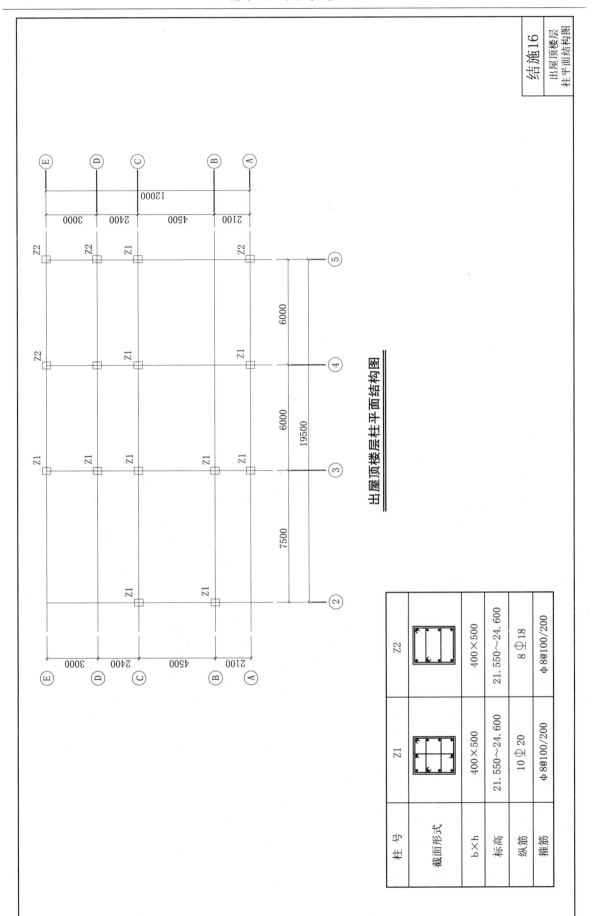

出屋顶楼层柱平面结构图

柱 号	Z1	Z2
截面形式		
b×h	400×500	400×500
标高	21.550~24.600	21.550~24.600
纵筋	10 Φ 20	8 Φ 18
箍筋	Φ8@100/200	Φ8@100/200

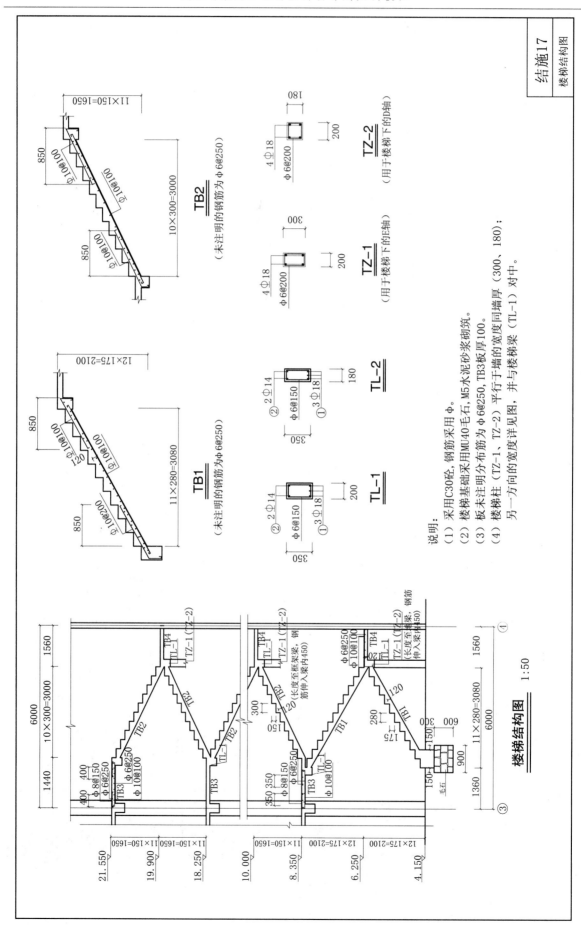

说明:
(1) 采用C30砼,钢筋采用φ。
(2) 楼梯基础采用MU40毛石,M5水泥砂浆砌筑。
(3) 板未注明分布筋为φ6@250,TB3板厚100。
(4) 楼梯柱(TZ-1、TZ-2)平行于墙的宽度同墙厚(300、180);另一方向的宽度详见图,并与楼梯梁(TL-1)对中。

楼梯结构图
1:50

附录 3

建筑与装饰工程
计量计价技术导则

前　言

　　本导则是在总结我国自 20 世纪 70 年代以来推广统筹法计量的经验基础上,针对当前大部分工程在计量时只图快、不求准、不校核,同一工程项目的不同阶段、不同参与主体重复算量,以及检查核对、审计工程量依据不统一、不规范、不科学的现状,为了统一建筑、装饰工程计量计价的计算方法,确保其准确性和完整性,公开工程量计算书,便于核对工程量而制定。

　　工程量清单计价规范、计量规范和定额工程量计算规则与本导则的区别在于:前者只是针对单位工程中一个分部分项(工序或构件)的工作内容和计算规则的规定;而后者是针对一个单位工程如何根据科学、统筹的理论快速地计算出完整、准确的整体工程量,做到不丢项、不漏项、不重复算量,通过套用项目模板减少挂接清单和套用定额的重复性劳动的一套方法。

　　本导则是对现行工程量清单计价规范、计量规范贯彻执行的具体方法和步骤,是保证单位工程计量的准确性和完整性的具体措施,主张在准确的前提下提高效率。

目　次

1 总　则

1.0.1 为统一房屋建筑、装饰工程计量计价的计算方法，规范计量计价流程，确保工程量计算的准确性和完整性，以便于公开工程量计算书、核对工程量，依据国家标准《建设工程工程量清单计价规范》（GB50500-2013，简称计价规范）和《房屋建筑与装饰工程工程量计算规范》（GB50854-2013，简称计量规范）制定本导则。

1.0.2 本导则适用于房屋建筑、装饰工程实施阶段的计量计价全过程。

1.0.3 本导则的指导思想是统筹安排、科学合理、方法统一、成果完整。

1.0.4 计量计价工作应遵循准确、完整、精简、低碳的原则。

1.0.5 工程计量应遵循闭合原则，对计算结果进行校核。

1.0.6 本导则的要求是统一计量、计价方法，规范计量、计价流程，公开计算表格。

1.0.7 房屋建筑、装饰工程计量计价活动除应遵守本导则外，尚应符合国家现行有关标准的规定。

2 术　语

2.0.1 图算

依据施工图,通过手工或识别建立模型,设置相关参数后,由计算机识图自动计算工程量,简称"图算"。包括二维计量、三维计量和 BIM(建筑信息模型)计量。

2.0.2 统筹 e 算

人工识图,运用统筹法原理设计的表格录入数据,应用计算机计算工程量,简称"统筹 e 算"。

2.0.3 碰撞检查

在计量时要对施工图进行审查,找出建筑与结构图的矛盾,平、立、剖面与大样图及门窗统计表的矛盾等,统称"碰撞检查"。

2.0.4 计量备忘录

在计量过程中发现的问题及处理措施,应形成《计量备忘录》,作为工程计量的依据,列入工程量计算书的附件中。

2.0.5 施工图会审记录

施工图会审一般由建设单位组织,设计、监理和施工单位参加,针对施工图中的问题商定解决方案,形成的施工图会审记录与原施工图具有同等效力。

2.0.6 闭合原则

闭合原则是最有效的校核方法之一,即采用逆向思维,用另一种方法算一遍,以保证其正确性。

2.0.7 转化

将施工图结合施工图会审记录或计量备忘录按计算规则要求转化为计算式和结果。

2.0.8 校核

应通过闭合原则校核工程量计算结果的准确。

2.0.9 公开

公开计算式及其辅助计算表格,以便于核对,并将计算过程一传到底,避免重复劳动。

2.0.10 项目模板

项目模板包括序号、项目名称、工作内容、编号(清单编码或定额编号)及清单或定额名称等 5 列内容,依据现有的工程实例,在此基础上修改为本工程所需要的内容,并可保存作为下一个工程的参考模板。

2.0.11 基数

基数是统筹法计算工程量的重要概念。传统的基数概念只限定于三线一面,现扩充为三类基数,即三线三面基数、基础基数和构件基数。可视为计算工程量的基本数据表,以便于进行重复利用。

2.0.12 六大表

工程计量时形成的原始数据、中间数据和结果的六大表格,包括门窗过梁表(表-3、表-4)、基数表(表-5)、构件表(表-6)、项目模板(表-7)、钢筋汇总表(表-8)和工程量计算书(表-9)。

2.0.13 一算多用

传统"统筹法计算工程量"的要点是"统筹程序、合理安排、利用基数、连续计算、一次算出、多次应用、结合实际、灵活机动",其中,"一次算出、多次应用"是提高效益的关键,现简化为"一算多用"。

2.0.14 二维序号变量

基数属一般变量,用字符表示,需要事先定义。二维序号变量用约定打头的字母加序号数字(如

D2 或 D2.5)表示该项计算结果(或计算式),当序号变量的前面发生插入或删除操作时,其序号数字会相应改变,故该变量是一种动态的二维变量,用来实现一算多用的功能。

2.0.15 全费用综合单价

即国际上的所谓综合单价,一般是指构成工程造价的全部费用均包括在分项工程单价或措施项目单价中,这与原建设部令第 107 号文中综合单价的定义是一致的。

2.0.16 定额换算

依据定额说明在原定额基础上进行的换算。

2.0.17 统一法

统一计算综合单价的一种方法。统一法不需要求出单位清单量,而是用人、材、机的合价被清单量相除得出单价后,直接得出综合单价。用统一法来避免正算和反算方法结果不一致的现象。

2.0.18 模拟工程量

工程项目实行边勘测、边设计、边施工的"三边"工程中,其工程量无法准确计算,为了招投标的需要而匡算的工程量,简称模拟工程量。

3 一般规定

3.0.1 工程计量的方法和要求："统筹 e 算"为主、图算为辅、两算结合、相互验证,确保计算准确和完整(不漏项)。

3.0.2 工程计量应提供计算依据,应遵循提取公因式、合并同类项和应用变量的代数原理以及公开计算式的原则,公开六大表。

3.0.3 在熟悉施工图过程中,应进行碰撞检查,做出计量备忘录。

3.0.4 工程量清单和招标控制价宜由同一单位、同时编制。

3.0.5 工程量清单和招标控制价中的项目特征描述宜采用简约式,定额名称应统一,宜采用换算库和统一换算方法来代替人机会话式的定额换算。

3.0.6 宜采用统一法计算综合单价分析表。

3.0.7 在招投标过程中,宜采用全费用计价表作为纸面文档,其他计价表格均提供电子文档(必要时提供打开该文档的软件),以利于环保和低碳。

3.0.8 计量、计价工作流程如下(图-1、表-1):

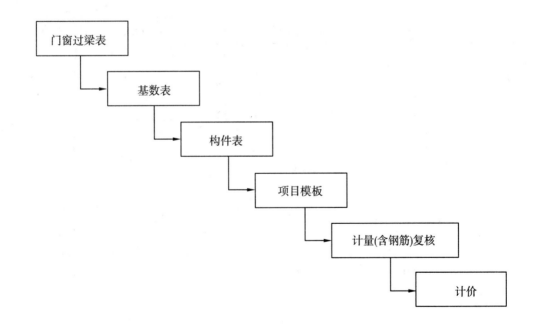

图 1　计量计价流程图

计量、计价工作流程表

表-1

阶段	序号	项目名称	工作内容
熟悉施工图完成四大表	1	门窗统计表（按层分列）	熟悉施工图，并找出问题，改正错误。该统计表可由 CAD 施工图导入。
	2	门窗过梁表（按墙分列）	按门窗洞所在墙体分配，并按 5 种过梁形式统计过梁，完成门窗过梁表
	3	三线三面基数	按三线三面计算各层基数
	4	基础基数	按基础类型统计长度和截面面积
	5	构件基数	按层、分强度等级统计梁长、柱截面和板面积
	6	构件表	按层、分强度等级统计构件
	7	项目模板	按分部复制并整理项目清单定额模板，导入工程量计算书
分部工程量计算	8	基础量计算	挖土、垫层、基础、回填、脚手架、模板
	9	±0.000 以下建筑	墙、柱、梁、板构件、砌体、台阶、护坡以及脚手架、模板
	10	±0.000 以上建筑	墙、柱、梁、板、其他构件、砌体、保温、屋面等以及脚手架、模板
	11	±0.000 以下装饰	门窗、地面、楼面、内外墙面、天棚、脚手架
	12	±0.000 以上装饰	门窗、地面、楼面、内外墙面、天棚、脚手架
钢筋	13	图算	钢筋、接头及相关工程量
校核	14	校核	图算与表算对量
计价	15	计价	清单、定额、计价表格及全费用价报表

4 数据录入规则

4.1 数据采集顺序

4.1.1 计算列式,顺序统一

计算式的顺序是长×宽×高×数量(变量表示:L×B×H×N)。

此原则适用于各个专业,可广泛用于体积、面积和长度的计算列式。

门窗洞口应按宽×高×数量的顺序输入,这样在计算机处理数据时才能依据门口的宽度确定扣除踢脚板的长度,或依据窗口的宽度确定窗台板的长度。

4.1.2 从小到大,先数后字

采集施工图数据顺序应遵循先数字轴、后字母轴和由小到大的原则。

外围面积的计算式必须先输数字轴长度,再输字母轴长度。

4.1.3 内墙净长,先横后纵

内墙长度以数字轴(横墙)为主,丁角通长部分一般不断开。

本条原则是针对墙体的计算要先算数字轴墙的长度,遇到拐角、十字角时,一般情况下内墙长度以数字轴(横墙)为主,纵墙扣除横墙墙厚;遇到丁字角时,应按通长部分不断开的原则计算。

4.2 数据采集约定

4.2.1 结合心算,采集数据

数据的采集要与心算相结合。

要求结合心算将简单计算式直接输成结果,这样做有两个原因:一是便于后面利用辅助计算表计算房间装修时调用;二是对这种简单运算,利用心算来简化列式是不难理解的。

4.2.2 遵循规则,保留小数

计算结果要严格按工程量计算规则保留小数位数。

1. 以"t"为单位,应保留小数点后 3 位数字,第 4 位小数四舍五入。

2. 以"m""m²""m³""kg"为单位,应保留小数点后两位数字,第 3 位小数四舍五入。

3. 以"个""件""根""组""系统"为单位,应取整数。

在计算结果中,将依据清单或定额的单位确定工程量的有效位数,足以保证其精确度。

4.2.3 加注说明,简约易懂

加注必要的简约说明,以看懂计算式为目的。对计算式的说明,可以放在部位列内,也可放在计算式中用中括号"[ ]"括起来。

4.3 数据列式约定

4.3.1 以大扣小,减少列式

面积的计算宜采用以大扣小的方法。

基数中的室内面积采用大扣小的方法,在辅助计算表调用计算式时,能够减少数据录入和计算式;在计算建筑面积时,采用大扣小的方法也是合理的,先算大面积、再扣小面积要比算出几个小面积相加更易于校对。

4.3.2 外围总长,增凸加凹

外墙长 W 要用外包长度加凹进长度简化计算。

本条原则用于计算凹进或凸出部分的外墙长度。

4.3.3 利用外长,得出外中

外墙中 L 一般可利用外墙长 W 扣减 4 倍墙厚求出。

4.3.4 算式太长,分行列式

计算式不要超过 1 行,数据多时分行计算。

4.3.5 工程过大,分段计算

大工程宜分单元或分段进行计算。

5 计量表格

5.1 门窗过梁表

门窗过梁表包含门窗统计表、门窗表和过梁表 3 种表格。

5.1.1 门窗统计表（表-2）

按层统计门、窗、洞数量。此表可由施工图中的门窗统计表转出,但要进行校对,改正表中错误,并按门以 M 打头、窗以 C 打头、洞口以 MD 打头的规则对门窗号变量进行命名。

门窗统计表 表-2

门窗号	洞口(B×H)	面积	数量	一1层	1层	2层	3～14层	15层	顶层	合计(m²)
M1	1×2.4	2.4	1						1	2.4
M2	1.3×2.15	2.8	1						1	2.8
M3	2.16(2.3+0.8)	6.7	1		1					6.7
M4	0.8×2.1	1.68	161	26	9	9	9×12	9		270.48
	……									
	合计(樘,m²)		565	34	38	35	420	35	3	1334.98
C1	0.6×1.5	0.9	103	5	7	7	7×12			92.7
C101	0.6×1.6	0.96	7					7		6.72
	……									
	合计(樘,m²)		413	18	27	26	312	27	3	833.2

5.1.2 门窗表（表-3）

按门、窗、洞所在墙体统计数量,最后生成按墙体划分的面积。此表是依据门窗统计表,将各层洞口分配到所在墙体列,并按以下 4 种类型填写过梁代号(n 表示序号):GLn 表示现浇过梁;YGLn 表示预制过梁;QGLn 表示圈梁代过梁;KGLn 表示与框架梁整浇部分。

门窗表 表-3

门窗号	施工图编号	宽×高	面积	数量	24W墙	24N墙	12N墙	砼墙	洞口过梁号
M1	M1 铝合金	1×2.1	2.1	1	1				QGL1
M2	M2 镀锌钢板	1.3×2.1	2.73	1	1				QGL2
M3	M3 自理	2.16(2.3+0.8)	6.7	1	1				KGL1
M4	M4 门洞	0.8×2.1	1.68	135			135		GL1
M5	M5 门洞	0.9×2.1	1.89	176			176		GL2
	……								
C18	C18	1.7×0.9	1.53	1	1				
			数量	1007	457	190	358	2	
			面积	2240.15	1202.26	365.68	670.05	2.16	

5.1.3 过梁表（表-4）

表中的长等于门窗表中的宽度加 500mm，宽等于门窗表中的墙体宽度，可以由计算机自动生成。高度需根据施工图要求填写，过梁长度可根据实际情况调整。

过梁表　　　　　　　　　　　　　　　　　　　　表-4

过梁号	施工图编号	长×宽×高	体积	数量	24W墙	24N墙	12N墙	砼墙	对应门窗号
GL1	GL1	1.3×0.12×0.12	0.019	135			135		M4
GL2	GL2	1.4×0.12×0.12	0.02	176			176		M5
GL3	GL3	2×0.24×0.18	0.086	3	1	2			、M6、M8
		……							
			数量	497	11	128	358		
			体积	15.27	0.72	6.89	7.66		

5.1.4 门窗过梁表变量的调用

统一规定如下：

5M4	表示 5 个 M4 的面积
M	表示所有门的面积
M〈24〉	表示 24 墙上所有门的面积
M〈24w〉	表示 24 外墙上所有门的面积
GL	表示所有现浇过梁的体积
GL〈24〉	表示 24 墙上现浇过梁的体积
GL〈24w〉	表示 24 外墙上现浇过梁的体积

以此类推。

5.2 基数表

基数是计算工程量的基本数据，可分为三类基数：

5.2.1 三线三面基数

分别用以下打头字母表示（其中，n 表示层，xx 表示墙厚）：

Wn	外墙长
Lnxx	外墙中
Nnxx	内墙净长
Sn	外围面积
Rn	室内面积
Qn	墙身水平面积

三线三面基数的校核公式：$Sn—Rn—Qn＝0$。

5.2.2 基础基数

分别用以下打头字母表示（其中，x 表示编号）：

Ix	外墙基础长（总长＝L）
Jx	内墙基础长
Kx	内墙基底长
Ax	基础断面
T	综合放坡系数
JM	建筑面积
JT	建筑体积

5.2.3 构件基数

分别用以下打头字母表示(其中,xx 表示板厚或类型):

Bxx	板面积
WKZxx	外框柱长度
KLxx	外框梁长度
KNxx	内框梁长度
KZxx	框柱截面积
WZxx	外框柱周长
NZxx	内框柱周长
YXxx	腰线长度
QLxx	圈梁长度

5.2.4 实例

表-5 的数据摘自一个工程实例中 2～15 层的基数计算式数据。

基数表

表-5

序号	基数	部位及名称	计算式	基数值
29		2～15 层		
30	S	外围面积	S0－6.76×2.2－0.96×2.4×2	436.486
31	W	外墙长	W0+2.4×4+2.2×2	126.36
32	L	外墙中	W－4×0.24	125.4
33	N	24 内墙	([6]3.66+[10]0.6+[12]4.86)×2+[水]2.4+[D]10.36+[E]2.58+5.52+[G]9.86×2	56.82
34		12 横	([3]5.86+[4]3.78+2.1+[5-]2+2.4[7]3.2)×2+[9]1.56+[10]4.5+[13]6.66+[电]2.16=53.56	
35	N12	12 内墙	H34+[C]6.86×2+3.38+3.18+[D]2.08×2+[E]2.06+[F]3.48×2+[J]3.48×2+[卫厨1](2+2.08)×2	102.14
36	Q	墙体面积	(L+N)×0.24+N12×0.12	55.99
37		C1 卧室	(3.48×2.76+3.36×2.98)×2=39.235	
38		C2 卧室	(3.48×3.78+3.26×3.78)×2=50.954	
39		C3 卧室	3.38×4.38+3.18×4.26=28.351	
40		C1 客厅	(7.56×5.86－2×2－2.2×4.4+0.12×0.98)×2=61.478	
41		C2 客厅	(6.86×6.06－3.6×2.1－2.2×2.4)×2=57.463	
42		C3 客厅	5.08×6.66－1.52×5.1=26.081	
43		厨 1,2	(2.08×3.08+3.48×1.98)×2=26.594	
44		厨 3	3.18×2.28=7.25	
45	RM1	楼面 1	Σ	297.406
46		卫 1,2	(2×1.88+2.08×2.28)×2=17.005	
47		卫 3	1.86×2.16=4.018	
48	RM2	楼面 2	Σ	21.023
49	RM3	前室、走廊	1.86×4.86+12.76×3.66－8.88×2.4+1.16×0.6	35.125
50	R	室内面积	RM1+RM2+RM3+DT+LT+BJ	380.496
51		校核	S－Q－R	0

说明:

(1) 本表定义了 10 个基数(7 个三线三面基数和 3 个构件基数)。

(2) 在序号 30、31 行中用到了前面定义的基数 S0(首层外围面积)和 W0(首层外围长度),序号 32、36 行中用到了本页定义的基数 W(外墙长)、L(外墙中)、N(24 内墙长)、N12(12 内墙长)。

(3) 计算式里的注释放入中括号"[ ]"内表示不参加运算,例如:序号 33 行中的[6]表示轴线,[水]表示在水表井一侧等。

(4) C2 客厅的计算式(6.86×6.06-3.6×2.1-2.2×2.4)×2=57.463,调入室内装修表后可形成 3 行数据:第 1 行 6.86、6.06、2 再填上高度可计算 2 个房间的踢脚线长度、平面面积和立面面积;第 2 行-3.6、2.1、2 和第 3 行-2.2、2.4、2 只用于计算 2 个房间的平面扣减面积。

(5) 序号 45、48 行的 ∑ 表示分段汇总序号 37~44 行和 46~47 行的结果,并在指定段内计算式后面加等号和中间结果。

(6) 根据楼面的不同做法,在基数中定义了 RM1、RM2、RM3 变量。

(7) 序号 50 行中的 DT、LT、BJ 分别表示电梯、楼梯和表井面积,均在前面予以定义。

(8) 序号 51 行的校核结果为 0,说明基数计算正确。

5.3 构件表

一个单位工程一般要包含几百到上千个砼构件,按教科书和现阶段图形计量的方法是分层、分部位、分构件编号逐一列出计算式。如此庞大的计算式势必带来了较高的出错率,增加了对量的困难。

5.3.1 构件表可按定额号分类、分层统计构件数量,可起到提纲作用,以便有序计算构件体积和模板,并提供给钢筋计算软件,以便统一按构件提取钢筋数据。

5.3.2 根据工程量计算应遵循提取公因式、合并同类项和应用基数变量的代数原则而设计的构件表,内含构件尺寸和各层的数量,可方便、快捷的校核和计算工程量。

5.3.3 构件表的数据应与工程量计算书关联,建议软件中实现在索引中双击名称,可将其所含构件的计算式和数量调入计算书中,若只双击某一构件,则只调入该构件的计算式和数量。

5.3.4 构件表示例(表-6):构件表中利用了基数变量 B14、B10、B12、BDB、KL60、KL50、KL47、KL40。

构件表 表-6

序号	构件类别/名称	L	a	h	基础	1~6层	7~8层	9~14层	15层	顶层	数量			
27	有梁板 7 至顶层 C25													
	7~15 层板厚 140	R14		0.14			2	6	1		9			
	板厚 100	R10		0.1			2	6	1		9			
	板厚 120	RB		0.12			2	6	1		9			
	顶板厚 120	RDB		0.12						1	1			
	LL2	2	0.24	0.7			2	6			9			
	LL2	2	0.24	0.9					1		1			
	7~8 层外梁 600	KL60	0.24	0.6			2				2			
	外梁 500	KL50	0.24	0.5			2				2			
	外梁 470	KL47	0.24	0.47			2				2			
	外梁 400	KL40	0.24	0.4			2				2			

5.4 项目模板——项目清单定额表

工程计价活动可分为计量和计价两个阶段,其中的纽带是清单和定额的套用。计量是创造性劳动,套清单、定额则可以看做重复性劳动。为避免或减少重复劳动和漏项,倡导采用项目模板来完成工程的套项工作。模板建立的格式参见表-7,可按工程结构类型的不同归类建立或自动形成,再遇到同类相近工程时参照调用即可,主要作用是快速套项;不漏项;统一清单名称的特征描述、定额名称及常用换算表示方法。

项目清单定额表   表-7

序号	项目名称及工作内容	编号	清单/定额名称
	±0.000 以下建筑		
1	平整场地	010101001	**平整场地**
		1-4-2	机械场地平整
		10-5-4	75kW 履带推土机场外运输
2	基础土方	010101002	**挖一般土方;坚土**
	①挖土方(坚土)	1-3-10	挖掘机挖坚土
	②挖地坑(坚土)	1-2-4-2	人工挖机械剩余 5%坚土深 4m 内
	③挖地槽(坚土)	1-4-4-1	基底钎探(灌砂)
	④钎探	1-4-6	机械原土夯实
	⑤基底夯实	10-5-6	1m³ 内履带液压单斗挖掘机运输费
		010101004	**挖基坑土方;基坑坚土**
		1-3-13	挖掘机挖槽坑坚土
		1-2-3-2	人工挖机械剩余 5%坚土深 2m 内
		1-4-4-1	基底钎探(灌砂)
		1-4-6	机械原土夯实
		010101003	**挖沟槽土方;人工挖地槽坚土**
		1-2-12	人工挖沟槽坚土深 2m 内

5.4.1 分部

在一个单位工程内,为了计价需要,可分成多个分部进行计算,例如:可分为±0.000 以下建筑分部计算基础、±0.000 以上建筑分部计算计取超高费的项目。

5.4.2 项目名称

按施工项目顺序填写。

5.4.3 工作内容

填写该施工项目中所含工作内容,一般应严格按施工图说明中的做法列出,以便对照。

5.4.4 编号

指工程量清单的前 9 位编码(后 3 位在调入时自动生成)、定额编号和换算编号。

5.4.5 清单项目名称

根据新的《山东省建设工程工程量清单计价规则》,已将 2008 规范中的项目名称与项目名称特征合并为一列,项目特征描述应遵循的原则是:

（1）要结合拟建工程项目的实际要求予以简约描述，而不要按格式化刻板地进行描述。

（2）可采用详见 XX 图集 XX 图号的方式。

（3）项目特征描述是为了确定综合单价，与单价无关的内容不要描述。

（4）钢筋可不分规格，仅按种类列出清单项目。

5.4.6 定额名称

（1）定额名称具有专业性，要由造价专家来审定，不应根据定额本的各级标题来罗列和叠加。

（2）定额名称宜控制在 16 个汉字内，按简约的方式清晰表述。

（3）山东省已习惯用 1、2、3、4 来分别表示混凝土的石子粒径<15、<20、<31.5 和<40 的 4 个级别，故名称中不需要再重复表述，例如：

简约表示法:4-2-17.40′C354 商品砼矩形柱；

其他表示法:4-2-17hs 水泥砂浆 1:2/C354 现浇砼碎石<40/现浇矩形柱；

简约法用 4-2-17.40′可直接带出换算名称，也不需要进行换算操作；

若采用 4-2-17hs,则需要人机对话来对强度等级和商品混凝土进行换算操作。

（4）在清单所含的定额项中列出了措施费项目，如大型机械进场费、模板和脚手架定额项目，以便于计量。转入计价时自动归入措施费的清单项目中。

5.4.7 换算定额名称

对定额换算的处理有 5 种方法:

（1）换算定额:指定额说明或综合解释提到的换算，将视同定额一样建立换算库来解决，一劳永逸。这些换算定额已被许多地市采用，并刊登在价目表上。如 1-2-4-2 表示人工挖机械剩余 5%坚土深 4m 内,人工挖土套用相应定额时乘以系数 2。

（2）标号(强度等级)换算:指混凝土和砂浆标号的换算，用定额号带小数表示，小数部分可以是定额中多单价的顺序号，也可以是配合比表中的序号,如 3-1-14.2 与 3-1-14.03 均表示为 M5.0 混浆混水砖墙 240。

（3）倍数换算:用定额号加" * "号和倍数表示,如 4-2-46 * -1′,表示 C202 商品混凝土梯板厚-10；4-2-46 * 3′表示 C202 商品混凝土梯板＋10×3。

（4）常用换算:指定额说明中影响大量定额的系数调整和有关规定，由于它具有唯一性，故统一用定额号和换算号后面加"′"表示,如 2-1-13-2′表示 C154 商品混凝土无筋混凝土垫层(独立基础)。例如针对山东定额可用定额号加"′"表示以下 6 种换算:

①商品混凝土:在计价软件中进行价格调整。

②三、四类材:木门窗制作人机乘 1.3,安装人机乘 1.35。

③弧形墙砌筑:人工乘 1.1,材料乘 1.03。

④弧形墙抹灰:人工乘系数 1.15。

⑤竹胶板制作:山东省各地规定将胶合板模板定额中胶合板扣除，另增加制作费用。

⑥灰土中的就地取土。

通过前面 4 种换算方法，解决了大量定额中有规定的换算问题，它们均可在计量中直接应用，导入计价软件后无需再次进行人机会话调整。

（5）临时换算:针对个别分部分项工程项目的施工图要求与定额和换算定额的含量不符时需要进行的换算，采用定额号或换算号后面加"H"表示,在项目模板中仅可以修改名称,在计价中进行换算数据的调整。

6 图算与钢筋计算

6.1 图形计量

6.1.1 图形计量是"统筹 e 算"必要的校核步骤。

6.1.2 钢筋计算是工程量计算的重要组成部分。由于钢筋计算的特殊性,宜参照构件表采用图表结合的钢筋算量软件或图形算量软件计算。

6.2 钢筋汇总表

6.2.1 钢筋计算结果应提供按 10 大类分列的钢筋汇总表,其重量以千克(kg)为单位取整。

6.2.2 钢筋计算需提供按定额汇总的钢筋工程量表,汇入工程量计算书中,其重量以吨(t)为单位,此表与钢筋汇总表的合计值应一致。

6.2.3 钢筋汇总表示例,见表-8。

钢筋汇总表 表-8

构件 规格	基础	柱	构造柱	墙	梁、板	圈梁	过梁	楼梯	其他构件	拉结筋	合计
φ4											
φ6											
φ8											
φ10											
……											
φ10											
φ12											
φ14											
φ16											
φ18											
φ20											
φ22											
φ25											
φ合计											

说明:

(1) 框剪柱和暗柱钢筋均并入柱钢筋内。

(2) 暗梁钢筋并入墙内。

(3) 措施钢筋及板凳筋等列入相应构件内。

(4) 其他钢筋包括雨篷、阳台、挑檐、压顶等构件。

(5) 钢筋接头另行统计。

(6) 地面和屋面的 φ4 钢筋网可根据工程量清单的内容单列。

7 工程量计算书

7.0.1 工程量计算书的清单、定额应套用项目模板,当需要调整时应同步修改项目模板,以利于存档和其他工程的调用。

7.0.2 清单和其定额的工程量应同时计算,当其计量单位和计算规则与上项相同时,建议软件中实现在计量单位处用"="号表示,工程量自动形成。

7.0.3 应充分利用基数变量和二维序号变量避免重复计算。

7.0.4 应充分利用提取公因式、合并同类项等代数原理简化计算。

7.0.5 可采用辅助计算表和图形计量计算实物工程量,将其计算式或结果调入实物量计算书中;实物量计算书的格式与工程量计算书相同,只是没有清单和定额的编号及名称,其结果(用 Yn 表示)和计算式均可选择调入工程量计算书中。

7.0.6 应通过校核证明自己的算式正确。

7.0.7 工程量计算书示例,见表-9。

工程量计算书   表-9

序号		编号/部位	项目名称/计算式		工程量
25	45	010402001001	**矩形柱;C35**	m³	54.72
		1~3 层	KZ1×2.9×3		
26		4-2-17.40'	C354 商品砼矩形柱	=	54.72
27	46	010402001002	**矩形柱;C30**	m³	54.72
		4~6 层	D25		
28		4-2-17.2'	C304 商品砼矩形柱	=	54.72
29	47	010402001003	**矩形柱;C25**	m³	146.65
	1	7~8 层	KZ1×2.9×2	36.48	
	2	9~15 层	KZ9×(2.9×6+3.1)	110.17	
30		4-2-17'	C254 商品砼矩形柱	=	146.65
31		10-4-88'	矩形柱胶合板模板钢支撑[扣胶合板]	m²	2256.33
	1	1~8 层	(WZ1+NZ1)×2.9×8	1244.45	
	2	9~15 层	(WZ9+NZ9)×(2.9×6+3.1)	1011.88	
32		10-4-311	柱竹胶板模板制作	m²	550.55
			D31×0.244		
33		10-1-102	单排外钢管脚手架 6m 内	m²	3423.58
	1	内柱模板量	NZ1×2.9×8+NZ9×(2.9×6+3.1)	1221.1	
	2	周长另加 3.6m	(2.9×14+3.1)×14×3.6	2202.48	

说明：

（1）本例用 9 行计算式完成了 15 层框剪结构全部柱子的砼、模板和脚手架的计算工作，与其他计量方法相比，该计算书列式（200～430 行）可减少 95% 以上。

（2）第 1 列序号表示本分部编号，包含清单和定额；第 2 列左侧序号表示本单位工程的清单编号，在此将依据一个单位工程内不能有重码的原则将项目模板中的 9 位编码自动加上 3 位顺序号；右侧的斜体序号表示一个项目内计算式的序号。

（3）Hn 表示调用项内计算结果或算式（前面加等号可复制粘贴计算式）。

（4）Dm 表示调用第 m 项的计算结果或算式；Dm.n 表示调用第 m 项中第 n 行的计算结果或算式。

（5）计算式中的 KZ1、KZ9、WZ1（NZ1）、WZ9（NZ9）是基数变量，分别表示 1～8 层柱截面、9～15 层柱截面、1～8 层外（内）柱周长和 9～15 层外（内）柱周长。

（6）序号第 32 项中的 D31×0.244 的 0.244 是根据济南市的规定自动带出的竹胶板制作系数。

8 计价表格

8.0.1 工程量表是工程计价的依据,它由工程量计算书生成。在生成过程中将计算式屏蔽,将措施项目(模板、脚手架)分列出来。

8.0.2 在工程量表生成时,可生成原始顺序文件或按清单项目编码排序后文件。

8.0.3 同一工程量表可以按不同地区价格生成不同的计价文件,可以将同一工程量文件生成的任意两个计价文件进行对比。

8.0.4 工程量表是一个中间的电子文档,它的输出结果体现在计价文件中的综合单价分析表中(见表-10 的 1～5 列),该表应作为招标控制价和竣工结算价的必要组成部分。

8.0.5 综合单价分析表宜采用统一法计算,并遵循简约和低碳的原则,采用统一模式(表-10)输出。

综合单价分析表(统一模式)   表-10

序号	项目编码	项目名称	单位	工程量	综合单价组成					综合单价
					人工费	材料费	机械费	计费基础	管理费和利润	
1	010505001001	有梁板;C30	m³	46.34	304.51	490.10	22.44	795.15	64.4	881.45
	4-2-41.2′	C302 商品砼斜板	10m³	4.634	78.21	281.22	0.94	338.48		
	10-4-160-1′	有梁板胶合板模板钢支撑(扣胶合板)	10m²	36.19	177.57	71.46	19.36	268.39		
	10-4-315	板竹胶板模板制作	10m²	8.83	23.52	132.57	0.84	156.93		
	10-4-176	板钢支撑高＞3.6m 每增 3m	10m²	21.069	25.21	4.85	1.3	31.35		

8.0.6 电子计价表格应遵循 2013 计价规范公布的 26 种表格样式(宜提供电子文档)。除此之外,宜提供纸质的全费计价表(表-11),作为招标控制价、投标报价和竣工结算书的必要文件。该文件必须与电子文档的结果保持完全一致。

全费计价表   表-11

序号	项目编码	项目名称	单位	工程量	全费单价	合价
		屋面部分				
1	010405001002	有梁板:C30	m³	46.34	435.75	20193
		小　计				20193
2	CS1.1	砼、钢筋砼模板及支撑				25170
3	CS1.3	垂直运输机械				4593
		小　计				29763
		合　计				49956

注:全费计价表汇总了 2013 计价规范中的下列表格:表-04 为单位工程招标控制价/投标报价汇总表;表-08 为分部分项工程和单价措施项目清单与计价表;表-11 为总价措施项目清单与计价表;表-12 为其他项目清单与计价汇总表。

建筑与装饰工程
计量计价技术导则

条 文 说 明

目　次

1 总 则

1.0.1 本条阐述了制定本导则的目的和法律依据。

工程造价管理包括合理确定和有效控制工程造价两个方面,工程造价的合理确定包括"量、价、费"3个核心,在工程造价的合理确定过程中,工程量计算消耗的时间占的比重最大。对于建设项目来说,工程造价的有效控制包括纵向控制和横向控制,其中,纵向控制就是用"投资估算控制设计概算、设计概算控制招标控制价、招标控制价控制合同价、合同价控制结算价",前者是后者的控制目标,后者是对前者的补充和完善。而控制工程造价的一个主要方面就是对工程量的有效控制。为了将2013年清单计价规范中"招标人对工程量清单的完整性、准确性负责"落到实处;避免在建设项目实施阶段(招投标阶段、施工阶段、竣工结算阶段)工程量计算的重复工作,节约社会劳动力资源;提高工程量校核和核对的效率;解决工程造价计量难、计价难;减少重复计算、高估冒算、丢项漏项的情况发生,有效控制工程造价。有必要在建设项目招投标阶段编制工程量清单、招标控制价的时候,在计量时整理出一套完整和标准统一的工程量计算书。它是计量过程的记录,是中间结果,是对工程量计算完整性、准确性审查的必要条件和主要依据之一,对工程量计算书进行审查是造价工作中的主要控制环节。

1.0.2 本条所指的适用范围是编制招标控制价和工程价款结算的工程量计算过程,而不包括投标中的工程量计算,这是因为规范明确规定:工程量的准确性和完整性由招标方负责,投标方没有计算工程量的义务和修改工程量的权利。

本导则要求工程量计算要通过两种计算方法(图算和表算)结合来保证其正确性和完整性。关于时间问题,在招标控制价编制时没有限制;投标时虽有时间限制但不需要计量;在竣工结算时应根据施工阶段积累的资料,而不是到结算时才搜集,所以政策上规定的时间是充足的。故以时间紧迫而造成工程量计算"图快不图准"的理由不能成立。

当前,对于"高、大、特、新、奇"的建设项目来说,手工计算工程量速度慢、效率低、易出错,已经越来越被电算化所取代。电算化包括图算和表算两种方法。目前,图算尚没有提供统一的中间计量结果——工程量计算书,用于工程量的校核与对量;也没有一传到底的措施来避免下游的重复计量。本导则提出了两算结合的方法来解决对量和一传到底的问题,使计量成果服务于整个工程计量计价的全过程。

1.0.3 本条指出了本导则的指导思想。

(1)统筹安排:工程量计算应遵循"一算多用"的统筹法原则。由于统筹法是我国20世纪70年代开始在全国推广的计算方法,它是一种科学的计算方法,应当继续发扬光大;如果图算中加入统筹法的元素,将是一项重大的改进。

(2)科学合理:代数原则将会改变目前教材中和表算中大多采用小学课程的算术算法的现状,用代数代替算术,应用变量(二维变量)技术,是计量技术中一种科学、简约的计算方法。

(3)方法统一:导则提出的11项数据采集规则将在后续章节中列出,为了有利于统一计算式,便于核对,建议图算和表算均参照执行。

(4)成果完整:导则第5~7章对计量六大表的格式和内容进行了详细约定;第8章对计价表格补

充了全费价模式,并分出了纸面文档和电子文档,这样做有利于整套造价成果的完善和保存。

1.0.4 准确、完整、精简、低碳是本导则的主要原则。

为了保证工程量计算的正确性和完整性,解决对量难的问题,导则提供了录入数据采集规则和六大计量表格(门窗统计表及门窗过梁表、基数表、构件表、项目清单定额表、钢筋汇总表、工程量计算书)的整体解决方案来统一工程量计算方法,规范建筑、装饰工程计量行为。

采用单位工程项目模板保证计量项目的完整性,避免了挂接清单和定额的重复劳动;遵循闭合原则进行结果校核,采用图算与表算相结合验证计算结果的正确性和完整性;在保证正确性的前提下,基于统筹 e 算,以提高速度。

本导则提出了精简、低碳的原则,顺应时代潮流且符合国策。具体措施包括定额名称、换算名称、清单项目特征描述的简化。这一点对某些习惯于盲目死板硬套的预算员来说,是一个思想意识上的革命。

1.0.5 本条提出用闭合原则校核是一个创新。

(1)它是对统筹法的重要改进。原统筹法提出了"三线一面",和后人提出的"三线二面",其中的室内面积是用外围面积减墙身面积得出的,这样在"三线二面"的各项计算中都有出错的可能,因此,我们无法用基数本身来证明其基数的正确。计算了"三线三面"后,就可以用"外围面积－墙身面积－室内面积≈0"这一闭合原则来校核,即可证明各项基数的正确。

(2)现在的教材中只讲如何计算,一般都不讲如何校核,甚至将错误和误差混淆,认为是不可避免的正常现象。这就必然与工程量计算的正确性和完整性相悖,从而使 2013 规范中的这一强制性条文成为一条没有相应措施来保证的空话。

(3)本条文提出要采用图算与表算相结合的方法验证其正确性和完整性,并提供校核依据。目前,国内已经逐步淘汰手工用笔和纸来计量(简称手算),并发展为图算和表算。验证图算正确与否,不能用手算,必须用电算(表算)来验证。

1.0.6 本条提出了导则的 3 个要求。

(1)统一计量、计价方法:应用项目模板同时计算清单和定额工程量是落实计价改革中实行招标控制价政策的重要举措,不但可以避免重复劳动,保证工程量清单的完整性,而且将使工程量清单计价中所产生的复杂性、操作性和应用性中的诸多问题迎刃而解。

(2)规范计量、计价流程:第 3 章提出的计量计价工作流程清晰地展示了造价工作步骤。一般教科书上罗列了多种顺序,如按施工先后顺序,按清单、定额编码顺序或按图纸轴线编号顺序等。由于缺乏科学性和统一性,而造成了"10 人算 10 个样,甚至 1 人算 10 遍也是 10 个样"的局面。按此工作流程可以使整个计量计价工作步骤达到统一和清晰。

(3)公开计算表格:本导则设计了六大表用于工程计量,并要求一传到底,打破算量信息孤岛。这是一个创新,必将带来巨大的社会效益。

1.0.7 本导则的条款是房屋建筑、装饰工程计量计价的活动中应遵守的专业性条款,在计量、计价活动中,除应遵守本导则外,还应遵守国家现行有关标准的规定。

2 术　语

2.0.1 图算是依据设计图纸,通过手工输入或导入 CAD 图形识别建立模型,设置相关参数后,根据软件内置的计算规则计算得出工程量。现在流行的是二维计量和三维计量,将来 BIM(建筑信息模型)的发展可实现在输出设计图纸的同时直接输出钢筋和混凝土等的工程量。图算采用布尔运算时得不出计算式,只能输出简单图形的部分计算式。图算时可导出工程量统计表,但导出中间计算式过于复杂、不简约,不便于检查和对量,也不便于工程量计算书的存档管理。初学造价的人虽然也可以快速掌握图算技巧,但应用图算的人员未必真正懂得图算原理,未必能做到工程量计算的准确性和完整性。图算具有直观、快速的特点,但其准确性和完整性并非完全由操作者控制。有时会出现明知有错但找不出原因的尴尬状态。

2.0.2 统筹 e 算是表算的一种形式。表算的原理如同手算,简单的只是用计算机来代替笔和纸的功能。表算基本上分为两类:一类是基于 Excel 平台开发的软件,这种软件在国内应用较为普遍,缺陷是计算表格不统一,一般是自己应用,种类繁多,交流不便;另一类是公开发行的软件,如天仁表格计算、爱算工程量表格计算、算王安装计量、纵横工程量计算稿、快算表格计量等。它们共同的特点是计算方法各异,交流不便。

统筹 e 算是通过人工识图,运用统筹法原理设计的表格录入数据,应用计算机依据计算式来计算工程量;它还能解决用代数方法(变量、函数)实现"一算多用"的问题。表算应用者对工程的识图能力、造价知识的掌握要求更高,工程量计算值也更准确。

统筹 e 算与 Excel 表计量功能对照表　　　　表-12

序号	统筹 e 算	Excel 表算
1	专业的工程量计算表格,符合造价行业手算习惯,并且统一、规范,便于核对和交流	自行设计表格,格式不统一、不规范,便于核对和交流
2	挂接清单和定额计价依据,可实时查阅有关数据和计算规则	无
3	能根据定额组成,自动带出主材和系数	无
4	可显示计算式	经过二次开发的 Excel 表才能显示计算式
5	采用二维序号变量技术实现每项和每行计算式和计算结果的调用	调用功能局限、麻烦
6	自动生成做法清单/定额表,可任意调用,让造价员只干创造性劳动	无
7	设有 13 种辅助计算表,可以图表结合录入数据,实现一数多用,让计算变简单	无
8	包含钢筋、电气等一些特殊字符	无
9	与套计价软件无缝连接	与套计价软件连接不便
10	提供软件及专业服务	无

统筹 e 算将计量与计价合为一体,将计量作为计价的前处理。它不仅仅是代替了笔和纸,而且是

利用统筹法原理,将计量和计价实现了完美的组合。统筹e算综合了传统统筹法计量和其他表格计量的功能,与Excel表计量相比,它属于高档次的表算。

2.0.3 碰撞检查类似于图纸审查和会审,即在工程量计算过程中发现不同专业的图纸之间出现矛盾、遗漏的地方,影响工程量计算的准确性。

图纸的碰撞检查是工程计量的必经过程,也是造价人员从业基本能力的体现。首先,根据目前建设程序的规定,经施工图审查机关审核后的图纸,即可作为编制招标工程量清单的依据,因而图纸的质量直接影响工程量清单的准确性及完整性。其次,《建设工程工程量清单计价规范》(GB50500-2013)第4.1.2条规定:招标工程量清单必须作为招标文件的组成部分,其准确性和完整性由招标人负责。这就要求在计算清单工程量时,造价人员必须进行图纸的碰撞检查,以保证工程量清单的准确性及完整性。

2.0.4 计量备忘录形式上类似于传统的编制说明中对图纸不详或矛盾之处的处理说明,但其法律地位和作用等同于编制说明。

本导则所述的计量备忘录是碰撞检查的处理结果,必须作为招标工程量清单的组成部分和结算的依据。只有这样才能杜绝招标工程量清单流于形式的弊端。

2.0.5 施工图会审记录是指工程各参建单位(建设单位、监理单位、施工单位)在收到设计院施工图设计文件后,对图纸进行全面细致的熟悉,审查出施工图中存在的问题及不合理情况,并提交设计院进行处理的一项重要活动。图纸会审内容由建设单位组织记录、整理为图纸会审记录。图纸会审记录经各参审单位签字盖章后生效,是建设工程合同的组成部分。

图纸会审与碰撞检查的区别主要表现在时间、人员及目的等方面。

(1)时间:碰撞检查多发生于招投标前期,而图纸会审是招标结束后、工程开工前进行。

(2)人员:碰撞检查的人员主要是编制工程量清单的造价人员;图纸会审的人员是工程的各参建方,包括建设单位、监理单位、施工单位、造价咨询单位、设计单位等。

(3)目的:碰撞检查的目的主要是保证工程量清单的准确性和完整性,为今后施工阶段工程造价的调整奠定基础;图纸会审的目的主要使各参建单位(特别是施工单位)熟悉设计图纸、领会设计意图、掌握工程特点及难点,找出需要解决的技术难题并拟定解决方案,从而将因设计缺陷而存在的问题消灭在施工之前。

2.0.6 本条对工程量校核的闭合原则进行了解释。

闭合原则一是通过图算和表算相结合的方法来实现;二是通过关联量的校核来实现,如三线三面基数用“$S_n-R_n-Q_n=0$”的闭合公式来校核基数的正确性,具体见表-5。

2.0.7~2.0.9 这3条是对传统概念的工程量计算定义的诠释。

传统概念的工程量计算指建设工程项目以工程设计图纸、施工组织设计或施工方案及有关技术经济文件为依据,按照相关工程国家标准的计算规则、计量单位等规定,进行工程数量的计算活动。

该计算活动应包含转化、校核、公开等三方面内容,将更完整地诠释工程量计算的作用和目的。

(1)转化:根据工程量计算规则及相关做法,将设计图纸中标注的尺寸转化为工程量及相应的计算式。只有结果而没有中间过程,不能成为一个合格的工程量计算结果。

(2)校核:对工程量的计算结果要进行校核,并对其正确性和完整性负责,主要是验证自身计算结果的正确性。工程量的准确性直接决定了工程造价的正确与否。

(3)公开:按照统一的工程量计算规程进行列式,形成工程量计算书,并将其与设计图纸等一传到底,可以有效地避免全过程造价管理中有关工程量计算的重复劳动。

强调公开计算式,是因为多年来预算工作都存在"工程量计算 10 人算 10 个样,甚至 1 人算 10 遍也是 10 个样"的现象。说明目前普遍存在的是工程量计算结果不能统一,做不到准确。主要原因是缺乏校核机制和计算式不公开。

工程量计算式的公开对规范建筑行业至关重要,透明的机制是规范的必要前提,它可减少许多不必要的纷争,避免工程招标中的弄虚作假、暗箱操作等不规范行为,进而为招投标的良好发展起到奠基作用。其次,可以真正避免所有投标人按照同一图纸计算工程量做重复性的劳动,从而节省大量的劳动时间和提高劳动效率。实行公开工程量计算式的政策后,将促使工程量计算书编制规范的产生,从而使工程量计算书的编制迈入科学化轨道。

2.0.10 本导则提出的项目模板(项目清单定额表)概念是对工程计量计价方法的重大改革。它的作用是:

(1)解决了普遍认为清单计价难的问题。在定额计价模式下,输入一个定额号,软件就能带出该定额号所表示的名称、单位、人材机组成及消耗量,工作内容、计算规则和单价。

在清单计价模式下,输入一个清单号,软件能带出清单名称和一连串问题让你逐项回答特征描述,软件还能带出软件编程人员认为应套的定额(不一定准确),你得判断该定额是否合适。所以,人们普遍感到清单计价难,尤其是新手感到更难。调入项目模板后,以上问题全部解决,使造价工作更简单。

(2)自动用简化式特征描述代替了问答式描述。这样做的后果是节约了大量资源,实现了环保和低碳。

(3)改变了传统套清单与定额的查字典方式为调档案方式,其意义如同采用集装箱代替零担式运输那样的变革。

(4)统一了一个咨询单位甚至一个地区的计价模式,避免了大量的重复劳动。

2.0.11 所谓基数,是指在工程量计算中需要反复使用的基本数据。为了避免重复计算,一般事先把它们计算出来,随用随取。"基数"是统筹法计量的精华,原统筹法的概念是 32 个字:"统筹程序、合理安排、利用基数、连续计算、一次算出、多次应用、结合实际、灵活机动"。其中"基数和一算多用"是关键词,其他则是较为广义的提法。

2.0.12 六大表来源于实践,应打破计量信息孤岛一传到底,避免重复劳动。

实行工程量清单计价以前的计划经济年代,由上级下达任务,竣工时按实结算;后来在招投标过程中,招标方只提供设计院的概算书,但不对工程量的正确性和完整性负责,当时也没有咨询单位,而是让投标方根据施工图自己计量和报价。在施工过程中,一个施工队的预算员对外要下达门窗加工单、构件加工单甚至钢筋下料单,对内要根据工程量下达任务单和材料供应单,统称施工预算;完工后提出竣工结算。六大表中的门窗过梁表、构件表和钢筋汇总表用于外加工;基数表、项目模板和工程量计算书的成果用于对内下达任务单和供料单。六大表是编制施工预、结算的基础。

实行工程量清单计价,工程量清单和招标控制价由招标方委托的咨询单位提供,利用六大表来辅助计量计价的任务落到了咨询单位手中。

2.0.13 在统筹 e 算中主要通过以下功能实现"一算多用"的目的。

(1)规范数据,校核基数:采集数据要规范,基数由三线一面扩展为三线三面,形成一闭合体系,必须进行校核。

(2)数据算式可调用:计算书中所有计算结果和计算式均可以二维变量的形式调用。

(3)重复内容调用模板:可调用整个工程数据;清单/定额做法模板;清单、定额工程量或计算式;

建筑做法挂接定额模板等。

（4）重复数据不必录入：定额量与清单量相同、同列与上行数据相同均自动带出。

（5）图表结合，数据共享：辅助计算表均配有图形，可选择填表录入数据或按图示位置录入。

（6）关联数据自动带出：有关联的数据经规范的顺序输入后可自动带出，不必重新计算。

2.0.14 所谓"序号变量"，就是利用序号作为变量名，可以不再定义变量名。以前只应用在费用文件中，如表-13 中的计费基础栏内，字母 A、B、C、R 变量值取自表外计算结果，第 4 行的计费基础是前 3 项之和，直接用 1＋2＋3 表示；第 7～10 项的计费基础是第 4 项清单计价合计，直接用"4"表示；当插入一行，第 4 行成为第 5 行后，原计费基础中的"4"自动改为"5"，也就是说，序号变量具有联动性，这是它与其他变量的主要区别，故称其为序号变量。

费用表　　　　表-13

序号	费用名称	费率	说明	金额	计费基础
1	一、分部分项工程量清单计价合计			507346	A
2	二、措施项目清单计价合计			137989	B
3	三、其他项目清单计价合计			89020	C
4	四、清单计价合计		一＋二＋三	734355	1＋2＋3
5	其中，人工费 R			136769	R
6	五、规费		1＋……＋4	23573	7＋8＋9＋10
7	1.工程排污费	0.26%	四	1909	4
8	2.社会保障费	2.6%	四	19093	4
9	3.住房公积金	0.2%	四	1469	4
10	4.危险作业意外伤害保险	0.15%	四	1102	4
11	六、税金		四＋五	26073	4＋6
12	七、合计		四＋五＋六－社会保障费	764907	4＋6＋11－8

目前在工程量计算中引入了二维序号变量 Dm.n 概念。原理是：用 m 表示各行的序号，n 表示某项清单或定额内工程量计算式的序号，则 Dm 表示第 m 项清单或定额的工程量或全部计算式，Dm.n 表示第 m 项清单或定额工程量中的第 n 行中间结果或计算式。

工程量计算书　　　　表-14

序号		编号/部位	项目名称/计算式		工程量
3		10-4-160-1′	斜有梁板胶合板模板钢支撑［扣胶合板］	m²	361.9
	1	顶板	WM＋D1.3/0.1	225.2	
	2	外梁 WKL1,4,7,9	WKL65×(0.57＋0.65＋0.3)	53.12	
	3	WKL2,5	4.4×(0.45＋0.37＋0.3)＋18.75×(0.6＋0.52＋0.3)	31.55	
	4	内梁 WKL2,3,6,7	(D1.7＋D1.8)/0.3×2	40.38	
	5	WKL8	D1.9/0.25×2	11.64	
4		10-4-315	板竹胶板模板制作	m²	88.30
			D3×0.244		
5		10-4-176	板钢支撑高＞3.6m 每增 3m	m²	210.69
	1	屋面板超高系数	1.9/2.5＝0.76		
	2	超高面积	(D3.1＋D3.4＋D3.5)×H1	210.69	

表-14 中 D3 表示序号第 3 项定额的工程量,若=D3 则表示调用序号第 3 项或全部计算式;D3.1、D3.4、D3.5 分别表示 225.202、40.38、11.64;H1 表示本项内第 1 行中间结果 0.76。

2.0.15 全费用综合单价:从 2002 年我国实行计价改革以来,开始提出了量价分离和向国际接轨的口号,至今并未完全实现。从量价分离的政策来看,有些甲方总是不愿意承担量的责任,总想通过总价合同将工程量的风险转嫁给乙方;国际上的所谓综合单价,一般是指包括全部费用的综合单价,这与原建设部令 2002 年第 107 号文的综合单价定义是一致的。虽然 2013 计价规范仍采用了狭义的综合单价,但规范辅导中已经明确指出,实行全费价只是时间问题了。所以,本导则提出的全费综合单价也许超前一点,但并不是盲目的。

2.0.16 定额换算:统一换算方法来代替人机会话式的定额换算。定额的附注、说明都是定额的组成部分,是可以都变成定额的方式来应用的。这就需要建立换算定额库,有了它就可以如同定额那样通过定额号调用。否则,需要人机对话解决,既造成了调用时的麻烦,又增加了软件开发的代码。

2.0.17 统一法:综合单价的计算方法从 2003 规范的宣贯辅导教材中开始就出现了正算(用于建筑)和反算(用于安装)两种方法。早在 2004 年《青岛工程造价信息》第 2 期刊登了"统一法"计算综合单价分析表的方法,由于没有得到软件开发人员的理解,一直没有在国内得到广泛应用。导则中提出这一科学方法的目的是提倡低碳,简化操作,以利于清单计价的应用。

2.0.18 模拟工程量:工程基本建设程序:①完成前期工作;②进行施工图设计;③施工设计图审查(进入建设局办理);④工程招投标。

根据以上程序,前三项尚未完成就进行招投标,也可称为三边工程。对三边工程如何执行清单计价的问题,按本导则的要求,应套用项目模板,提出模拟工程量,编制招标控制价,实行单价合同,竣工时按实际完成量结算。

3 一般规定

3.0.1 工程计量的方法是：统筹 e 算为主、图算为辅、两算结合、相互验证。

统筹 e 算可以完全代替手算及其工具(笔和纸)，它能显示人的创造力和知识水平，适用于任何专业(建筑、装饰、修缮、园林、仿古、安装、市政等)工程；统筹 e 算的成果输出简单、明了，便于对量。这两大特点是图算不可替代的，所以本导则提出了统筹 e 算为主、图算为辅、两算结合、相互验证的计量方法。

工程计量的要求是：确保计算准确和完整(不漏项)。

要把"做"改成"做好"，并非易事，这是做任何事情的基本观念的改变。要认识到判定合格的标准，首先是正确和完整，在此前提下才能考虑提高速度。

3.0.2 本条要求提供计算依据(六大表)是一个创举。

首先应遵循提取公因式、合并同类项和应用变量的代数原则简化计算式，这样做才有利于计算式的公开。由于图算采用布尔运算时没有计算式，故要求与表算结合，公开表算的计算式，用图算验证表算结果。计算式的公开可以防止计量的造假行为，可以提高计量人员的业务素质和技术水平，可以减少扯皮，促进计量科学的创新和发展。

公开六大表(包含工程量计算式)将其与施工图等一传到底，有效地避免全过程造价管理中同一工程、不同造价人员的重复计量工作，打破计量信息孤岛，提高了造价管理的社会效率，真正实现工程量计算的电算化、简约化、规范化、模板化，从而有效地控制工程造价。

3.0.3 本条强调了工程量计算过程中应对图纸进行碰撞检查，将解决方案做出计量备忘录。这是目前国内计算工程量被忽略的一个问题，现作为条文执行。

以某测试工程为例，在门窗统计表中发现了 16 处错误，可分为数量统计不对、门窗高度与结构碰撞、门窗尺寸与立面不符、表中尺寸与大样不符等多种情况。

图纸中建筑与结构的矛盾，平面与立面、剖面及大样的矛盾层出不穷，计量的过程也是一个模拟施工的过程，及早发现问题、早日解决可以给建设单位避免许多不必要的损失。

一个好的预算员不应仅仅满足于看懂图纸，而应当是懂建筑、懂结构、懂施工的全才。对于图纸中的问题，应做出备忘录，在图纸会审后，根据三方会审记录对工程量计算中的问题及时做出调整。

3.0.4 工程量清单和招标控制价不能分别编制，应由同一单位同时完成。招标控制价不能只公布总价，应连所有资料同时公开，并报主管部门备案，以利于投标人进行投诉。

招标控制价既然是最高限价，高出部分应由招标单位的上级部门负责审批；低价部分应允许投标单位投诉，以防止招标单位的恶意限价行为。

3.0.5 项目清单特征描述的混乱、定额名称和换算方法的不统一，不但造成了不同软件的数据不能共享，而且也不符合简约和低碳要求。

项目特征描述宜采用简约式，定额名称应统一，倡导用换算库和统一换算方法来代替人机会话式的定额换算。由政府主管部门统一实现规范化很有必要。

3.0.6 目前教材中计算综合单价的方法分正算和反算两种。正算的缺点是不能显示原清单和定额量，反算的缺点是不能直接得出人、材、机单价，但它们的优点是计算原理简单、容易理解。其正算与反算共存的缺点是有时结果不一致，反算结果是准确的。统一法的优点是既能显示原清单量和定额量，又能得出人、材、机单价(在计算出人、材、机总价后,再被清单量除得出相应的单价),其计算原理稍微复杂一点,计算结果与反算一致。

3.0.7 全费用综合单价的应用只是时间问题。全费价对招投标和工程结算十分有利。有人提出在招投标中全面使用电子文档是不妥的,因为纸面文档的法律效力是不可替代的。

本条提出由各投标人提供软件来打开自己造价文档,不存在将数据导入指定软件的接口问题。评标时应以纸质文档的全费价为主。投标过程中宜采用全费用计价表作为纸面文档,其他计价表格均提供电子文档(必要时提供打开该文档的软件),以利于环保和低碳。

3.0.8 计量、计价工作流程(图-1、表-1):关于工程计量计价的工作流程是一个老问题,也是至今从书本上没有涉及的一个课题。

依据某测算工程图纸:15层框剪结构,建筑面积7300m²,要求按±0.000以下建筑、±0.000以上建筑、±0.000以下装饰、±0.000以上装饰等4个分部计算工程量和完成计价工作。

下面列出了计量、计价的5个步骤和大致需要的时间是30天。

(1)熟悉图纸,完成四大表(门窗过梁表、基数表、构件表、项目模板),需要12天。

(2)分部工程量计算10天。

(3)钢筋计算(图算)4天。

(4)图算与表算对量2天。

(5)计价2天。

以上共计30天。

一般图形计量,6天就可以完成,但不敢保证其正确性和完整性。甚至老板也不敢相信,于是凭他的经验,让怎样调就怎样调,一直到他满意为止。具体操作人员也不敢违背老板的意志,因为是用软件算的,他们不知对错。这就是现状。例如:某工程开始算了1200万元,大致匡算了一下,不超高定额管理部门公布的上限,就上报了。后来发现一个计量单位错了,相差200万元,降到1000万元,一看也不低于下限。最后由于4家单位的计算结果都不一致,测算工作不了了之。

为了对工程量计算的准确性和完整性负责,要求预算员增加4倍的时间,确实是让人难于接受的。这里面要解决的问题是:

(1)观念问题。为什么是做而不是做好?任何人都可以去做,但"做"与"做好"仅一字之差,就可以决定一个人的命运、一个企业的前途甚至一个民族在世界上的地位。

(2)社会效益问题。图算6天做出来的结果,因为它没有详细计算式,没有经过校核,对下游的借鉴意义不大,故不敢公之于众。统筹e算的计算书可以一传到底,通用于项目实施的各个阶段,从招标控制价的编制到投标报价、各施工阶段的进度款结算、一直到竣工结算都有指导意义,所产生的社会效益是巨大的。

(3)投标时间紧迫,要求快速计量问题。规范辅导强调:投标人对工程量清单不负有核实的义务,更不具有修改和调整的权力。故以投标时间紧迫和必须应用图形计量软件来快速计算工程量的理由并不成立。

总之,计量计价技术导则的制定和推广应用是计价改革的需要,将是造价事业发展的必然趋势。

4 数据录入规则

4.1 数据采集顺序

4.1.1 计算列式,顺序统一

本条规定了工程量计算时列式的顺序。

L(Length)表示长度   B(Breadth)表示宽度

H(Height)表示高度   N(Number)表示数量

例如:门窗口要按"宽(B)×高(H)×数量(N)"的顺序列式,一定要把高(H)放在第 2 位,数量(N)放在最后,这样在软件中才能依据门口的宽度来确定扣除踢脚板的长度,或依据窗口的宽度来确定窗台板的长度。也就是说,门窗按"B—H—N"的顺序输入,软件自动带出与门窗口宽度相关的踢脚板扣除量或窗台板的工程量。

本导则 5.1.2 条门窗表(表-3)中,门窗按宽(B)×高(H)输入,5.1.3 过梁表(表-4)中过梁按长(L)×宽(B)×高(H)输入,遵从"L—B—H—N"的约定。

4.1.2 从小到大,先数后字

本条规定了图纸数据的采集输入顺序。

这里的数字轴和字母轴分别对应设计图纸中的水平横轴(①②③……)和垂直纵轴(ABC……)。

"由小到大"是指轴线编号从小到大,即采集数据输入时要从编号小的轴线开始。轴线从小到大的顺序是:数字轴(①②③……)、字母轴(ABC……)。

例如:本导则 5.2.4 条基数表(表-5)中,序号 30 外围面积的计算式必须先输 6.76 和 0.96(数字轴长度),再输 2.2 和 2.4×2(字母轴长度);序号 33 内墙的计算式中数字轴按[6][10][12]顺序输入,字母轴按[D][E][G]顺序输入。

4.1.3 内墙净长,先横后纵

本条规定了内墙长度的采集输入顺序。

"内墙净长"是指内墙按净长度输入。

"先横后纵"包含两方面意思:一是内墙采集顺序为先横墙(数字轴)、后纵墙(字母轴);二是计算纵横交叉的内墙(拐角、十字角)时,横墙优先,即断纵不断横,但遇丁字角时通长部分不应断开。例如:表-5 中,序号 33"24 内墙"的计算式中,D 轴 10.36 按总长录入,不应被纵墙分开。

4.2 数据采集约定

4.2.1 结合心算,采集数据

本条规定了计算式中间接数据的输入原则。

在工程量计算式中,主要包含两大类型数据:一是可以直接从图纸中找到的,称为直接数据,如外墙中心线长、门窗洞口尺寸、混凝土构件截面尺寸等;二是虽不能直接找到,但可通过简单计算得出的,称为间接数据,如内墙净长、外墙外边线长等。为简化计算,在对间接数据采集输入时,要结合心算,直接输入结果,无需输入计算过程。例如:用 6.24 代替 6+0.24 或 6+0.12×2。

4.2.2 遵循规则,保留小数

本条规定了工程量计算过程中及计算结果的有效位数。

工程量计算中,小数位数的取定要依据计算规则要求,要明确准确与精确的区别。一般学生总认为越精确越好,其理由是对投资大的项目,这种影响是明显的。但它与计算规则相悖,为保证工程量计算结果的统一,规定统一的有效位数取定原则是非常必要的。

4.2.3 加注说明,简约易懂

本条强调了加注说明的必要。

以往的工程量计算式,只有实际计算人自己能看懂,而且时间长了,甚至计算人本人会忘记原来的计算过程。为此,统筹e算以灵活的方式在计算式中加注适当的简约说明,做到无论何人、无论何时,只要有造价知识的人都能看懂,实现了成果公开、共享。

例如:本导则表-5中,序号33计算式里的中括号内不参加运算,只是注释,[6]表示轴线,[水]表示在水表井一侧等。

4.3 数据列式约定

4.3.1 以大扣小,减少列式

本条规定了面积的计算原则。

"以大扣小"是指先算整体的面积(大面积),再减去需扣除的其中某部分的面积(小面积)。

例如:本导则表-5中,序号30计算外围面积时,先计算整体面积S_0,再减去需扣除部分的面积6.76×2.2和$0.96 \times 2.4 \times 2$;序号42计算C3客厅面积时,先计算整体面积5.08×6.66,再减去需扣除部分的面积1.52×5.1。

这样做的好处是:利用将基数计算式调入室内装修表,扣减部分只计算面积,而省略了计算周长、墙面积和脚手架面积的3个计算式。

4.3.2 外围总长,增凸加凹

本条规定了外墙有凹凸时外围长度的计算规则。主要用于带有凹凸阳台、墙垛等外墙外围长度的计算。"外围总长"是指不管是否有凹凸,先按外墙外围总长度计算;"增凹加凸"是指在外围总长的基础上,再加上凹凸处侧面的长度。

4.3.3 利用外长,得出外中

本条规定了三线中$L_\text{中}$的计算方法,体现了$W_\text{外}$与$L_\text{中}$的关联关系。

$L_\text{中}$表示外墙中心线长;$W_\text{外}$表示外墙外围长;$L_\text{中} = W_\text{外} - 4 \times$墙厚。

此算法省去了分段计算$L_\text{中}$的繁琐。

4.3.4 算式太长,分行列式

本条规定了计算式过长时的处理方法。

例如:本导则表-5中,序号34、35均为计算"12内墙"的计算式,由于采用了序号变量H34,则将4行计算式分成两部分计算,前半部计算式后面加个等号表示中间结果(=53.56),后半部计算式开头加H34表示上半部结果,最后不加等号表示两部分的合计值,放在右侧(102.14)。

有些教材上列出的多行计算式太长,不易检查。

4.3.5 工程过大,分段计算

本条规定了规模较大工程的计算原则。

当遇到规模较大工程时,若一起整体计算,会带来项目过多、不宜核对的难题。有的装饰工程装修做法不同,均可按分部分段计算。

5 计量表格

5.1 门窗过梁表

门窗统计表、门窗表与过梁表在软件中是一个整体，分成 3 种表格输出。门窗过梁表的生成步骤如下：

5.1.1 门窗统计表生成（表-2）

该表可由 CAD 图纸中的门窗统计表转出，并按门（含门连窗）以 M 打头、窗以 C 打头的规则，对门窗号变量进行自动命名（洞口以 MD 打头另行命名），在门窗号列内存放楼层信息，对应数量放墙体第一列；有的图纸在门窗表中只给出总量，如果计算工程量需要分楼层的数量时，应对总量进行分解，填上楼层信息及对应数量。洞口列的尺寸自动生成，面积列的结果自动计算，这样在输出门窗统计表时，才可以输出表-2 的样式。

5.1.2 门窗表生成（表-3）

按墙体分类修改表头，将各类门窗的总数分配到各墙体列，如表-3 所示。在洞口过梁列内按规定填写过梁代号。如遇到一个门窗对应多个墙体或不同过梁的情况，可将门窗号后面加-1、-2 等来表示。

5.1.3 过梁表生成（表-4）

过梁表是根据门窗表中的过梁号自动生成的。

过梁表中只需输入过梁高，其他数据均调用上面门窗表的内容。过梁长度可根据实际情况调整。

5.1.4 门窗过梁表的调用

目前国内造价业内大都以图形计量软件为主。一般对门窗部分采用外包形式，故对门窗工程量的计算不予重视。

现以某测试工程为例。主办方只让计算 40 个项目的工程量，竟然没有门窗工程量。对图纸中的门窗问题提出了两个修改是正确的。一是 C4 的 1200×1600 改 1200×1500，C7 的 1800×1200 改 1700×1500；二是架空层的 M4 尺寸由 800×2000 改 900×2000，显然不合适。因为 M4 不仅用于架空层，1～15 层皆用到，故正确的修改意见是架空层的 M4 改 M5。

经审查图纸，我们又提出了 13 处错误，分别属于三类：①门窗表尺寸与大样不符 6 处；②数量不对 6 处；③门高与结构梁碰撞，M1、M2 的高度应由 2.4 和 2.15 改为 2.1。

以上修改意见一般不会引起重视。究其原因是由于大家只迷信图形计量软件，该软件对砌体中和装饰中的门窗洞口工程量是不校核的，故与门窗表无关。错了不会发现，更不会知道。我们认为这种不管对错的现象是不应有的。

为此，本导则提出的门窗过梁表要求图形计量软件也要提供。

5.2 基数表

本条规定了基数表的数据采集和输入方法。

"基数"和"一算多用"是统筹法计量的精华,属于统筹法的专用术语。是学习"统筹 e 算"的两项基本知识,是工程量计算应用电算的基础。关于基数的内容,理论界有不同的观点。

最早的定义是"三线一面":$L_外$ 表示外墙外边线长度;$L_中$ 表示外墙中心线长度;$L_内$ 表示内墙净长线长度;S 表示外围面积。

2005 年黄伟典主编的《建设工程计量与计价》中将基数定义为"四线二面一册":$L_外$ 表示外墙外边线;$L_中$ 表示外墙中心线;$L_内$ 表示内墙净长线;$L_净$ 表示内墙基槽或垫层净长度;$S_底$ 表示底层外围面积;$S_房$ 表示房心净面积;一册表示指构件工程量计算手册,由各地根据具体情况自行编制。

本导则采用的是 1990 年王在生编著的《微电脑用于编制预算》中"三线三面"的定义,并进一步将基数定义延伸为在整个工程中可调用的数据,如建筑面积、各类基础长和基底长、放坡系数、屋面延尺系数和隅延尺系数以及弧长、弓形面积等。具体分为三类:

5.2.1 三线三面基数

用于计算内外墙装饰、地面、天棚、墙体、散水等。如表-5 中,序号 31、32、33、34、35 计算的是三线:Wn(外墙边线长)、Ln(外墙中线长)和 Nn(内墙净长),序号 30、36、50 计算的是三面:Sn(外围面积)、Rn(室内面积)和 Qn(墙体面积),序号 51 是对三线三面的校核:$Sn-Rn-Qn=0$。

5.2.2 基础基数

用于计算土方放坡系数、基础垫层、基础砌体、建筑面积、体积等。

5.3.3 构件基数

用于填写构件表,计算构件体积、模板面积、脚手架面积等。本导则要求图形计量软件也要提供基数表。

实践证明:图形计量如能应用基数,将会节省大量的表格,《中国建设信息》杂志在 2012 年 11 月发表的一篇论文《三种计量方式的输出结果对比》中,采用基数原理可由图形计量的 430 行计算式简约为 33 行。无疑这将大幅度缓解图形计量对量难的问题。

关于基数的校核问题,初学者往往不容易闭合。这说明了两个问题:一是如果不闭合,说明原来计算的基数是不正确的,如果应用不正确的基数,将会带来一系列的错误而自己还不知道,这样的话,基数还有何用;二是经过简单的训练后,一般原来需要 3 天才能算正确的基数,半天即可完成,这说明基数的校核并非难题,而是初学者没有经验、不得要领所致。下一步将研制通过图纸识别来解决基数计算的问题。

5.3　构件表

本条表明了构件表的设计意图是为了解决上千个构件对量难的问题。

5.3.1 构件表的结构是序号、类别(按定额号分类)和名称(构件名)、构件尺寸、各分层的数量及合计数量。

例如:表-6 中的构件类别是有梁板,它是根据定额号来划分的。因为对有梁板来说,无论清单还是定额都是按梁、板体积之和计算的。但在定额计算规则中又规定梁算至板下平,则与按梁、板体积之和计算矛盾。在此情况下,我们执行的是清单与定额统一的按梁、板体积之和的计算规则。

5.3.2 构件尺寸的数据采集要执行本条规定的代数原则。

例如:表-6 中的构件尺寸中,B14 是板厚 140 的 7～15 层的每层面积数,KL60 是 7～8 层外墙梁高为 600 的总长度等,它们均取自基数。这里面既有每层相同厚度的多块板面积之和,又有每层相同截面的多段梁体积之和。在对量时,先核对基数,再核对总工程量,几百个算式可以汇为几十个算式,如果图形计量也能采取这种模式,则对量难的问题将会大幅度缓解。

5.3.3 本条指的是构件表与工程量计算书的关联功能。在辅助窗口中双击某一项构件,则可将该项所含构件的数据和数量调入计算书中形成计算式和结果,也可实现单项构件的调入。

5.4 项目模板——项目清单定额表

项目模板来源于已竣工的工程实例,在此基础上修改为本工程所需要的内容,并可作为下一个工程的参考模板。本条从项目名称、工作内容、编号(清单编码或定额编号)及清单或定额名称等方面对项目模板的建立进行了详细说明。

5.4.1 分部

填在工作内容列中,表明按分部计量和计价。

5.4.2 项目名称

按项目的施工顺序填写,防止漏项。

5.4.3 工作内容

应包含完成该项目所需的全部工作内容。一般摘自图纸说明或指定的做法图集。2003 规范辅导(P141)明确规定:施工图纸、标准图集标注明确的,可不再详细描述,并建议这一方法在项目特征描述中尽可能采用。这就从根本上否定了软件中自动带出的问答式描述方法。项目模板的作用就是将通用的做法说明写进工作内容中供反复使用。这是项目模板对清单计价的一大贡献。

5.4.4 编号

填写清单编码以及定额编号或换算定额编号。清单编码只需填写前 9 位编码,后 3 位在调用时由软件自动生成。

本导则将定额换算分为 5 种,并规定了不同的定额换算编号表示方法。

一切按定额说明或解释而增加的项目均应做成换算定额与原定额一样调用,强度等级换算和倍数调整的方法均应统一。这样做不但将大大降低软件的开发成本,而且便于用户的应用和交流。

对个别工程中需要增加的临时换算,本导则采用了国内其他软件通用的在定额号后面加 H 的方式,通过人机对话来解决。

5.4.5 清单项目名称

提倡将项目名称与特征描述合为一体、采用简化式描述原则填写项目名称,与单价无关的内容可不写,也可以不按规范名称填写,力求简洁明了。如:011407001 墙面喷刷涂料,可采用 011407001001 外墙乳胶漆、0114070001002 内墙乳胶漆,较为直观。

5.4.5 定额名称

一般由软件自动带出,应避免按定额本的大小标题机械叠加,提倡按简约的方式清晰表述,并控制在 16 个汉字内。

6 图算与钢筋计算

6.1 图形计量

6.1.1 图形计量:本条明确了表算和图算的关系,即表算为主、图算为辅、两算结合、相互验证,这是保证工程量计算准确性的有效措施。如闭合法校核出来的问题再用图形计量证实;图形计量的结果可以纠正计算公式的错误。目前常用的图形计量软件有广联达、斯维尔、鲁班等。

6.1.2 图形钢筋计量是国内比较成熟的计算方法。可分为自主平台和 CAD 平台、量筋合一与量筋分离两种模式,均需要画图建模计算。统筹 e 算也有单独的钢筋计算软件,用户较少,以表格计算为主,适合于图纸简单、操作人员不愿意图算的情况。

　　无论是采用哪一种图算还是表算,均宜参照构件表来列项,与构件表配合进行构件数量的核对,利用钢筋汇总表方便与对方进行总量的核对。

6.2 钢筋汇总表

6.2.1　本条规定了钢筋计算结果的汇总方式:按 10 大类分列的构件钢筋汇总(纵向)和按钢筋类别与规格汇总的钢筋工程量(横向)。其重量以千克(kg)为单位取整。

6.2.2　钢筋汇总表的合计值以吨(t)为单位(保留 3 位小数),并转入工程量计算书。

6.2.3　本导则要求各种钢筋计算软件的输出结果均应按表-8 的格式。

7 工程量计算书

本节规定了工程量计算书的编制方法。

7.0.1 利用项目模板解决套清单和套定额。

与传统做法相比,这可以说是一次计量的革命。它的意义在于:

(1)图形计量软件实现的自动套清单和自动套定额的功能,首先是不准确的;其次是只能一项一项地解决,远不如利用模板一次解决一个工程的套用省事。

(2)关于工程量计算顺序,一般教材上讲了3个顺序,即施工顺序、图纸顺序和定额顺序,结果是一人一个理解,甚至对于同一个人,这次按施工顺序,下次又按图纸顺序,到底哪个好? 自己也讲不清楚。使用了项目模板可以彻底改变这种状态。起码在一个单位内,通过交流、总结达到共享模板的效果,便可以把顺序统一起来。

7.0.2 本条强调了清单与定额必须同时计算,是一次革新。我们可以看一下国内的教材,基本上是讲了一章清单后,接着讲计算清单工程量的例题。在2013宣贯辅导中,也都是讲如何计算清单工程量。有的教材却只讲定额工程量如何计算。几乎没有清单与定额同时计算工程量的教材实例。

当清单和定额的计量单位和计算规则与上项相同时,建议软件中实现在"单位"处用"＝"号表示,工程量自动形成。这里的前提是要求定额与清单一样按基本单位计算,在计量时不应过早折算成定额单位,应在计价时由软件依据单位中的数量自动生成(例如:定额单位为 $10m^2$ 时,将原单位工程量被10除换算为定额工程量)。

7.0.3～7.0.4 强调了利用变量避免重复计算以及应用代数原理来简化计算,这在国内教材上也不多见。实际上这也是一次由算数到代数的革新。在手算中使用笔和纸是无法进行代数运算的,只有应用计算机才能实现由算数到代数的飞跃。

7.0.5 本条提出了应用辅助计算表和图形计量来计算实物量(无需挂接定额或清单的工程量)。

在统筹 e 算里提供了12种辅助计算表,分别是 A 基础综合、B 挖槽、C 挖坑、D 带型基础、E 截头方锥体、F 独立基础、G 工型柱、H 构造柱、I 现浇构件、J 室内装修、K 门窗装修、L 屋面表。

下面我们以室内装修表为例加以说明。例:计算房间的地面、顶棚、墙面抹灰及脚手架工程量。

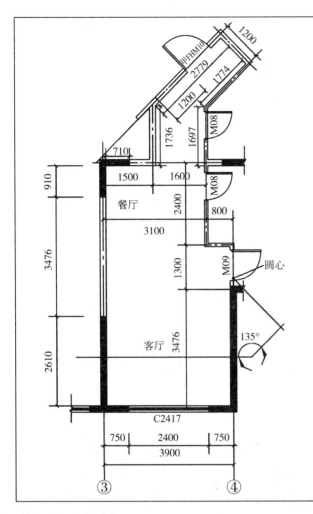

客、餐厅装修做法

1. 参见L06J002建筑工程做法标准图集：面砖踢脚高150(踢5)；地砖楼面500×500(楼15)；水泥砂浆内墙?面(内墙2)；水泥砂浆涂料顶棚(棚3)。

2. 塑钢窗(甲方自理)、成品门扇、大理石窗台板。

3. 门窗套采用L96J901-42②，榉木板面层门窗贴脸宽50，窗台板加宽50、加长50。

4. 木材面刮透明腻子2遍、底油1遍、聚酯清漆2遍。

5. 墙面及天棚满刮腻子2遍、乳胶漆2遍。

6. 防护门甲FHM10(已安装)为1000×2100，门M08为800×2100，门M09为900×2100，窗C2417为2400×1700，门平内边安装，窗居中安装(框厚80)。

7. 砼墙及填充墙180，隔墙100；层高2900，板厚110；走廊处板下墙梁180×400。

一室户平面图

第一步：计算基数。

基数表　　　　　　　　　　　　　　　　　　　　　表-15

序号	基数	名称	计算式	基数值
1		餐客厅	$3.72×6.996-0.76×2.36=24.232$	
2		走廊	$(1.736+1.697)×1.46/2=2.506$	
3			$(2.779+1.774)×1.06/2=2.413$	
4	R		Σ	29.151

第二步：利用辅助计算表计算房间周长、墙面、平面及脚手架工程量。

辅助计算表　　　　　　　　　　　　　　　　　　　表-16

室内装修表J									
说明	a边	b边	高	增垛扣墙	立面洞口	间数	踢脚线	墙面	平面	脚手架
餐、客厅	3.72	6.996	2.79	−1.46	C＋M08＋M09	1	18.27	48.07	26.03	55.72
	0.76	−2.36				1			−1.79	
走廊	1.736+1.697	1.46	2.79	−1.46−斜边	M08	1	2.63	7.9	2.51	9.58
	2.779+1.774	1.06	2.79	−斜边	M10	1	4.61	13.56	2.41	15.66
							25.51	69.53	29.16	80.96

第三步:将辅助计算表计算结果调入实物量计算书。

实物量计算表

表-17

序号		编号/部位	项目名称/计算式		工程量
1	J		踢脚线	m	25.51
	1	餐客厅	2×(3.72+6.996)−1.46−(0.8+0.9)	18.27	
	2	走廊	1.736+1.697+1.46−1.46−0.8	2.63	
	3		2.779+1.774+1.06−1	4.61	
2	J		墙面	m²	69.53
	1	餐客厅	(2×(3.72+6.996)−1.46)×2.79−C−M08−M09	48.07	
	2	走廊	(1.736+1.697+1.46+1.461−2.921)×2.79−M08	7.9	
	3		(2.779+1.774+1.06)×2.79−M10	13.56	
3	J		平面	m²	29.16
	1	餐客厅	3.72×6.996	26.03	
	2		0.76×(−2.36)	−1.79	
	3	走廊	(1.736+1.697)×1.46/2	2.51	
	4		(2.779+1.774)×1.06/2	2.41	
4	J		墙脚手架	m²	80.96
		餐客厅	(2×(3.72+6.996)−1.46)×2.79	55.72	
	2	走廊	(1.736+1.697+1.46+1.461−2.921)×2.79	9.58	
	3		(2.779+1.774+1.06)×2.79	15.66	

第四步:由实物量计算书转入工程量计算书。

如果是 Excel 表的图形计量数据,也可先转入实物量计算书,然后再根据清单或定额的要求,转入工程量计算书中。

8 计价表格

　　本节规定了计价的流程:工程量计算书、工程量表、综合单价分析表、全费计价表以及规范规定的所有计价表格。

8.0.1 工程量表是在计量模块中生成而由计量转计价的一个过渡文件。在计量模块中,为了计算方便,一般将工程措施项目(模板/脚手架)与主体项目(构件或砌体)同时计算,所以由工程量计算书生成工程量表时,除了在生成过程中将计算式去掉外,为了适应计价要求,还应将措施项目分列出来。

8.0.2 有的工程要求一定按清单项目编码排序时,故允许在工程量表生成时,可生成原始顺序文件或按清单项目编码排序文件。

8.0.3 在实际工作中经常遇到要对同一工程进行按不同地区价格或不同取费标准的对比问题。本导则主张计量与计价一体化,故要求对同一工程可以生成不同的计价文件,可以将同一工程量文件生成的任意两个计价文件进行对比。

8.0.4 在清单计价规范中没有清单定额工程量表,故我们生成的工程量表是一个中间的电子文档,没有设计单独表格,但它的内容全部体现在计价文件中的综合单价分析表中。

8.0.5 原来的正算法在分析表中体现的是单位清单所含的定额量,往往由于清单与定额的计算规则或计量单位不同,将定额量换算成单位清单含量后,原始的定额量消失。所以,本导则采用的是统一法计算综合单价。

　　关于正算与反算的详细论述可参阅有关资料(参考文献[2]P68,参考文献[13]P54)。

8.0.6 本条主张提供纸质文档的全费价表,是增加的新表。原 2013 计价规范公布的 26 种表格样式照常应用,只是建议以电子文档的形式提供,且与全费价表的结果保持完全一致,以利于环保、低碳、节能,符合时代的要求。

参考文献

1　王在生.微电脑用于编制预算.北京:中国建筑工业出版社,1990

2　王在生,王传勤.建筑及装饰工程算量计价综合案例.北京:中国建筑工业出版社,2008

3　深圳市斯维尔科技有限公司.三维算量软件高级实例教程.北京:中国建筑工业出版社,2009

4　王在生.工程量清单招标控制价实例教程.北京:中国建筑工业出版社,2009

5　王在生,连玲玲.统筹 e 算实训教程(建筑工程分册).北京:中国建筑工业出版社,2011

6　黄伟典,王在生.新编建筑工程造价速查快算手册.济南:山东科学技术出版社,2012

7　中华人民共和国国家标准.建设工程工程量清单计价规范(GB50500-2013).北京:中国计划出版社,2013

8　中华人民共和国国家标准.房屋建筑与装饰工程工程量计算规范(GB50854-2013).北京:中国计划出版社,2013

9　规范编制组.2013 建设工程计价计量规范辅导.北京:中国计划出版社,2013

10　殷耀静,刁素娟,李曰君.工程量清单计价现状与解决方案——建筑装饰工程量计算规程的探讨.中国建设信息,2013(2)

11　王在生,孙圣华,李曰君.再论工程量计算的四化.工程造价管理,2013(2)

12　殷耀静,仇勇军,郑云.论项目模板的应用.中国建设信息,2013(6)

13　吴春雷,杨建辉,郑冀东.对 2013 建设工程计价计量规范之浅见.中国建设信息,2013(7)

14　吴春雷,陈兆连,孙鹏.探讨框架梁中有梁板的工程量计算问题.工程造价管理,2013(5)